高等院校经典教材同步辅导及考研复习系列

线性代数同步测试卷

文旌课堂　编

内容提要

本书是同济大学数学科学学院编写的《线性代数》（第七版）教材的配套同步测试卷，旨在帮助学生检测所学知识，提升解题能力.

本书由章测试、期中测试、期末测试三部分构成，共21套测试卷，具体包含15套章测试卷（共5章，每章各3套）、3套期中测试卷、3套期末测试卷．同时，章测试与期中、期末测试均设置了A、B、C三个难度等级的试卷，以满足学生在不同阶段的学习需求．其中，A卷注重基础知识的巩固，难度偏易；B卷注重进阶知识的拓展，难度适中；C卷注重考研知识的探索，难度较大.

本书可作为高等学校学生学习线性代数课程的同步测试卷，也可作为准备参加全国硕士研究生招生考试的学生的备考用书.

图书在版编目（CIP）数据
线性代数同步测试卷 / 文旌课堂编. -- 上海 : 上海交通大学出版社, 2025. 3. -- ISBN 978-7-313-32236-4
Ⅰ. O151.2-44
中国国家版本馆CIP数据核字第202533EJ54号

线性代数同步测试卷
XIANXING DAISHU TONGBU CESHIJUAN

编　　者：文旌课堂
出版发行：上海交通大学出版社　　地　　址：上海市番禺路951号
邮政编码：200030　　电　　话：021-64071208
印　　制：北京鑫益晖印刷有限公司　　经　　销：全国新华书店
开　　本：787 mm×1092 mm　1/8　　印　　张：10.5
字　　数：275千字
版　　次：2025年3月第1版　　印　　次：2025年3月第1次印刷
书　　号：ISBN 978-7-313-32236-4　　电子书号：ISBN 978-7-89564-161-7
定　　价：29.80元

前言

PREFACE

线性代数是高等学校大部分专业的重要基础课程，也是全国硕士研究生招生考试（以下简称“研究生考试”）数学科目的重要考查内容．为了帮助学生检测所学知识，提升解题能力，解决课后练习不足的问题，我们编写了这本与同济大学数学科学学院（以下简称“同济”）编写的《线性代数》（第七版）教材配套的同步测试卷．同时，本书也可以帮助准备参加研究生考试的学生快速回顾线性代数的基础知识和基本题型，提升应试能力．

具体来说，本书具有以下特色．

1．学考并进，通考必备

本书按照同济《线性代数》（第七版）教材的章节顺序编排，覆盖了教材中的重要知识点和研究生考试的重要考点，不仅方便学生随学随测，及时查漏补缺，还能帮助学生进行期中和期末的考前自测，更能有效助力考研学生完成考研基础阶段的全面检测．

2．三级三型，卓越进阶

本书章测试与期中、期末测试均设置了 A、B、C 三个难度等级的试卷：A 卷筑基，稳扎稳打，夯实概念基础；B 卷进阶，融会贯通，深化知识应用；C 卷挑战，突破极限，助力考研征途．同时，每套测试卷都由单项选择题、填空题、解答题三大核心题型构成，题目描述清晰准确，题量设置合理恰当，旨在全面考查学生的知识掌握与应用能力．

3．精解启思，总结领航

本书提供了详细的参考答案及解析，并配有“思路点拨”与“方法总结”，帮助学生厘清解题思路，掌握解题方法和技巧，并逐步搭建完整的知识框架，提高独立分析和解决问题的能力．

4．平台支撑，资源丰富

本书配有丰富的数字资源，学生可以借助手机或其他移动设备扫描书中二维码查看考点精讲视频课，也可以登录文旌综合教育平台“文旌课堂”查看和下载相关配套资源．学生在学习过程中有任何疑问，都可以登录该平台寻求帮助．此外，本书可与《线性代数同步辅导及教材习题精解》《线性代数习题集》（同济第七版配套）搭配使用．

本书由文旌课堂编写．在编写本书的过程中，我们参考了大量的文献资料．在此，我们对这些资料的作者和编者表示衷心的感谢．此外，由于部分资料来自网络，我们未能确认出处，也暂时无法联系到原作者．对此，我们深表歉意，并欢迎原作者随时与我们联系，我们将按相关规定支付稿酬．由于编者水平有限，书中难免存在疏漏或不当之处，敬请广大读者批评指正，并将意见及时反馈给我们，以臻完善．

本书配套资源下载网址和联系方式

网址：https://www.wenjingketang.com

电话：400-117-9835

邮箱：book@wenjingketang.com

片 头

目录

CONTENTS

学校：________ 班级：________ 姓名：________ 考号：________

弥 封 线 内 不 准 答 题

考点精讲课

第一章 行列式

第一章　行列式测试 A 卷

（本试卷共 3 道大题，20 道小题，满分 100 分）

题　号	一	二	三	总　分
得　分				

一、单项选择题（本大题共 8 小题，每小题 4 分，共 32 分）

1. 二阶行列式$\begin{vmatrix} 1 & 2 \\ -5 & 3 \end{vmatrix}=$（　　）.

A. 2　　B. −13　　C. 13　　D. −7

2. 三阶行列式$\begin{vmatrix} 1 & 3 & 2 \\ 2 & 1 & 3 \\ -1 & 2 & 0 \end{vmatrix}=$（　　）.

A. 4　　B. −3　　C. 10　　D. −5

3. 三阶行列式$\begin{vmatrix} 3 & 1 & 4 \\ 8 & 9 & 5 \\ 1 & 1 & 1 \end{vmatrix}$中元素$a_{32}=1$的代数余子式$A_{32}=$（　　）.

A. 1　　B. 8　　C. 15　　D. 17

4. 四阶行列式$\begin{vmatrix} 1 & 0 & 0 & x \\ x & x & 0 & 0 \\ 0 & x & 1 & 0 \\ 0 & 0 & x & 1 \end{vmatrix}=$（　　）.

A. $x-x^4$　　B. 1　　C. $1-x^4$　　D. 0

5. 已知四阶行列式D的第 4 行元素依次为2，−1，3，1，它们对应的余子式分别是3，1，2，−1，则行列式$D=$（　　）.

A. −14　　B. 13　　C. −15　　D. −5

6. 若四阶行列式$D=\begin{vmatrix} 1 & 5 & 1 & 3 \\ 1 & 1 & 3 & 4 \\ 1 & 1 & 2 & 3 \\ 2 & 2 & 3 & 4 \end{vmatrix}$，则$A_{41}+A_{42}+A_{43}+A_{44}=$（　　）.

A. −2　　B. 3　　C. 1　　D. −4

7. 若四阶行列式$D=\begin{vmatrix} 1 & 1 & 1 & 1 \\ 0 & 1 & 3 & -6 \\ 1 & 8 & 2 & 3 \\ 2 & 2 & 4 & 7 \end{vmatrix}$，则$A_{31}+A_{32}+A_{33}+A_{34}=$（　　）.

A. 0　　B. 3　　C. 1　　D. −4

8. n阶行列式$\begin{vmatrix} 1 & 2 & 3 & \cdots & n \\ 2 & 1 & 0 & \cdots & 0 \\ 3 & 0 & 1 & \cdots & 0 \\ \vdots & \vdots & \vdots & & \vdots \\ n & 0 & 0 & \cdots & 1 \end{vmatrix}=$（　　）.

A. $1-\sum_{i=2}^{n} i^2$　　B. $1-\sum_{i=2}^{n} i$

C. $n!$　　D. n

二、填空题（本大题共 6 小题，每小题 4 分，共 24 分）

9. 三阶行列式$\begin{vmatrix} 1 & 100 & 2 \\ 0 & 3 & 3 \\ 0 & 0 & 8 \end{vmatrix}=$____________.

10. 三阶行列式$\begin{vmatrix} 2 & 1 & -1 \\ 7 & 9 & 5 \\ 1 & -1 & 2 \end{vmatrix}$中，元素9的余子式$M_{22}=$____________.

11. 排列1，3，5，7，8，4，6，2，9的逆序数是____________.

12. 四阶行列式$\begin{vmatrix} -1 & 0 & 1 & 2 \\ 0 & 2 & 3 & 0 \\ 3 & -1 & 4 & -2 \\ 6 & 7 & 0 & 1 \end{vmatrix}$中，元素7的代数余子式$A_{42}=$____________.

13. 若函数$f(x)=\begin{vmatrix} 1 & 1 & 2 \\ 1 & 1 & x^2-2 \\ 2 & x^2+1 & 1 \end{vmatrix}$，则方程$f(x)=0$的根是____________.

14. 若行列式$D=\begin{vmatrix} a_{11} & a_{12} & a_{13} \\ a_{21} & a_{22} & a_{23} \\ a_{31} & a_{32} & a_{33} \end{vmatrix}=-2$，则$D_1=\begin{vmatrix} 2a_{11} & a_{11}-3a_{12} & a_{13} \\ 2a_{21} & a_{21}-3a_{22} & a_{23} \\ 2a_{31} & a_{31}-3a_{32} & a_{33} \end{vmatrix}=$____________.

三、解答题（本大题共 6 小题，15～18 题每小题 7 分，19～20 题每小题 8 分）

15．解方程组$\begin{cases}2x_1+3x_2=6,\\ x_1-4x_2=5.\end{cases}$

16．计算行列式$\begin{vmatrix}1&1&1&1\\1&2&2&2\\1&2&3&3\\1&2&3&4\end{vmatrix}$.

17．计算行列式$\begin{vmatrix}0&y&0&x\\x&0&y&0\\0&x&0&y\\y&0&x&0\end{vmatrix}$.

18．已知函数$f(x)=\begin{vmatrix}x-2&x-1&x-2&x-3\\2x-2&2x-1&2x-2&2x-3\\3x-3&3x-2&4x-5&3x-5\\4x&4x-3&5x-7&4x-3\end{vmatrix}$，求方程$f(x)=0$的根.

19．计算行列式$\begin{vmatrix}y+a&b&c&d\\a&y+b&c&d\\a&b&y+c&d\\a&b&c&y+d\end{vmatrix}$.

20．计算行列式$\begin{vmatrix}1+a&1&1&1\\1&1-a&1&1\\1&1&1+b&1\\1&1&1&1-b\end{vmatrix}$.

弥封线内不准答题

学校：______ 班级：______ 姓名：______ 考号：______

弥封线内不准答题

第一章　行列式测试 B 卷

（本试卷共 3 道大题，20 道小题，满分 100 分）

题　号	一	二	三	总　分
得　分				

一、单项选择题（本大题共 8 小题，每小题 4 分，共 32 分）

1. 若二阶行列式$\begin{vmatrix} 1 & 3 \\ a & 9 \end{vmatrix}=0$，则常数 $a=$（　　）.

A．-1　　B．-7　　C．1　　D．3

2. 在五阶行列式中，取“$-$”号的项是（　　）.

A．$a_{34}a_{23}a_{52}a_{11}a_{45}$　　B．$a_{44}a_{52}a_{35}a_{11}a_{23}$

C．$a_{14}a_{23}a_{31}a_{45}a_{52}$　　D．$a_{15}a_{24}a_{31}a_{43}a_{52}$

3. 三阶行列式$\begin{vmatrix} 3 & 2 & 2 \\ 2 & 3 & 2 \\ 2 & 2 & 3 \end{vmatrix}=$（　　）.

A．0　　B．2　　C．3　　D．7

4. 已知行列式$D=\begin{vmatrix} 1 & -1 & 2 \\ 2 & 2 & 1 \\ 3 & -4 & 2 \end{vmatrix}$，元素 a_{ij} 的代数余子式记为 A_{ij}，则 $A_{31}-A_{32}+2A_{33}=$（　　）.

A．0　　B．6　　C．-13　　D．-19

5. 四阶行列式$\begin{vmatrix} 1 & 1 & 1 & -1 \\ 1 & 1 & -1 & -1 \\ 1 & -1 & -1 & -1 \\ -1 & -1 & -1 & -1 \end{vmatrix}=$（　　）.

A．9　　B．8　　C．-20　　D．-8

6. 已知关于 x 的多项式 $f(x)=\begin{vmatrix} 1 & 1 & 1 & 1 \\ 0 & 1 & -1 & -1 \\ 0 & -1 & 1 & -1 \\ x & -1 & -1 & 1 \end{vmatrix}$，则该多项式的常数项是（　　）.

A．1　　B．-2　　C．5　　D．-4

7. “$x=1$”是“$\begin{vmatrix} 1 & 1 & 1 \\ 1 & x & x^2 \\ 1 & -2 & 4 \end{vmatrix}=0$”的（　　）条件.

A．充分必要　　B．充分不必要

C．必要不充分　　D．既不充分也不必要

8. n 阶行列式$\begin{vmatrix} n & n-1 & n-2 & \cdots & 1 \\ 1 & n-1 & 0 & \cdots & 0 \\ 1 & 0 & n-2 & \cdots & 0 \\ \vdots & \vdots & \vdots & & \vdots \\ 1 & 0 & 0 & \cdots & 1 \end{vmatrix}=$（　　）.

A．$(n-1)!$　　B．$(n+1)!$

C．$n!$　　D．$n(n+1)!$

二、填空题（本大题共 6 小题，每小题 4 分，共 24 分）

9. 行列式$\begin{vmatrix} 201 & 199 \\ 100 & 99 \end{vmatrix}=$__________.

10. 已知行列式$\begin{vmatrix} 1 & 2 & 3 \\ 2 & k & 1 \\ -1 & -2 & 1 \end{vmatrix}=0$，则常数 $k=$__________.

11. 四阶行列式$\begin{vmatrix} 0 & 0 & x & 0 \\ 0 & y & 0 & 0 \\ x & 0 & 0 & 0 \\ 0 & 0 & 0 & y \end{vmatrix}=$__________.

12. 若由数字 $1,2,\cdots,9$ 构成的排列 $158m67n93$ 为奇排列，则常数 $m=$__________，$n=$__________.

13. 四阶行列式$\begin{vmatrix} -a_{11} & -a_{12} & -a_{13} \\ 3a_{21} & 3a_{22} & 3a_{23} \\ -6a_{31} & -6a_{32} & -6a_{33} \end{vmatrix}=$__________$\begin{vmatrix} a_{21} & a_{22} & a_{23} \\ a_{11} & a_{12} & a_{13} \\ a_{31} & a_{32} & a_{33} \end{vmatrix}$.

14. 五阶行列式$\begin{vmatrix} 0 & 2 & 0 & 0 & 0 \\ 0 & 0 & 4 & 0 & 0 \\ 0 & 0 & 0 & 0 & 1 \\ 3 & 0 & 0 & 0 & 0 \\ 0 & 0 & 0 & 5 & 0 \end{vmatrix}=$__________.

三、解答题（本大题共 6 小题，15～18 题每小题 7 分，19～20 题每小题 8 分）

15．解方程组$\begin{cases}2x+3y-5z=3,\\ x-2y+z=0,\\ 3x+y+3z=7.\end{cases}$

16．计算行列式$\begin{vmatrix}1 & -1 & 1 & y-1\\ 1 & -1 & y+1 & -1\\ 1 & y-1 & 1 & -1\\ y+1 & -1 & 1 & -1\end{vmatrix}$.

17．已知$abcd=1$，计算行列式$\begin{vmatrix}a^2+\frac{1}{a^2} & a & \frac{1}{a} & 1\\ b^2+\frac{1}{b^2} & b & \frac{1}{b} & 1\\ c^2+\frac{1}{c^2} & c & \frac{1}{c} & 1\\ d^2+\frac{1}{d^2} & d & \frac{1}{d} & 1\end{vmatrix}$.

18．计算n阶行列式$\begin{vmatrix}4 & 3 & 3 & \cdots & 3 & 3\\ 3 & 5 & 3 & \cdots & 3 & 3\\ 3 & 3 & 6 & \cdots & 3 & 3\\ \vdots & \vdots & \vdots & & \vdots & \vdots\\ 3 & 3 & 3 & \cdots & n+2 & 3\\ 3 & 3 & 3 & \cdots & 3 & n+3\end{vmatrix}$.

19．已知n阶行列式$D=\begin{vmatrix}x & a & a & \cdots & a & a\\ a & x & a & \cdots & a & a\\ a & a & x & \cdots & a & a\\ \vdots & \vdots & \vdots & & \vdots & \vdots\\ a & a & a & \cdots & x & a\\ a & a & a & \cdots & a & x\end{vmatrix}$，求：

（1）行列式D；

（2）$A_{11}+A_{12}+\cdots+A_{1n}$.

20．证明：n阶行列式$D_n=\begin{vmatrix}x & -1 & 0 & \cdots & 0 & 0\\ 0 & x & -1 & \cdots & 0 & 0\\ \vdots & \vdots & \vdots & & \vdots & \vdots\\ 0 & 0 & 0 & \cdots & x & -1\\ a_n & a_{n-1} & a_{n-2} & \cdots & a_2 & x+a_1\end{vmatrix}=x^n+\sum_{i=1}^{n}a_ix^{n-i}$.

弥……封……线……内……不……准……答……题

学校：________ 班级：________ 姓名：________ 考号：________

弥 封 线 内 不 准 答 题

第一章　行列式测试 C 卷

（本试卷共 3 道大题，20 道小题，满分 100 分）

题　号	一	二	三	总　分
得　分				

一、单项选择题（本大题共 8 小题，每小题 4 分，共 32 分）

1．“行列式$\begin{vmatrix} \lambda-1 & 2 \\ 2 & \lambda-1 \end{vmatrix} \neq 0$”的充分必要条件是（　　）．

A．$\lambda \neq -1$ 且 $\lambda \neq 3$　　B．$\lambda \neq 3$　　C．$\lambda \neq -1$　　D．$\lambda \neq -1$ 或 $\lambda \neq 3$

2．下列排列是奇排列的是（　　）．

A．365214　　B．321645　　C．321654　　D．123456

3．已知 a，b，c，d 为常数，下列等式成立的是（　　）．

A．$\begin{vmatrix} a & c \\ b & d \end{vmatrix} = -\begin{vmatrix} d & c \\ b & a \end{vmatrix}$　　B．$\begin{vmatrix} a+c & 1 \\ b+d & 1 \end{vmatrix} = \begin{vmatrix} a & 1 \\ c & 1 \end{vmatrix} + \begin{vmatrix} b & 1 \\ d & 1 \end{vmatrix}$

C．$\begin{vmatrix} 3a & 3c \\ 3b & 3d \end{vmatrix} = 9\begin{vmatrix} a & c \\ b & d \end{vmatrix}$　　D．$\begin{vmatrix} ab & 1 \\ cd & 1 \end{vmatrix} = \begin{vmatrix} a & 1 \\ c & 1 \end{vmatrix} + \begin{vmatrix} b & 1 \\ d & 1 \end{vmatrix}$

4．已知行列式 $D = \begin{vmatrix} 1 & 3 & 2 \\ -1 & 0 & 2 \\ 1 & 1 & -2 \end{vmatrix}$，则 $A_{32} + M_{21} =$（　　）．

A．13　　B．-23　　C．40　　D．-12

5．已知方程组 $\begin{cases} x+y+z=a, \\ x+y-z=b, \\ x-y+z=c \end{cases}$ 有解，且 $x=1$，则 $\begin{vmatrix} a & b & c \\ 1 & 1 & -1 \\ 1 & -1 & 1 \end{vmatrix} =$（　　）．

A．-1　　B．-4　　C．4　　D．9

6．四阶行列式 $\begin{vmatrix} 4 & 3 & 2 & 1 \\ 1 & 3 & 0 & 0 \\ 1 & 0 & 2 & 0 \\ 1 & 0 & 0 & 1 \end{vmatrix} =$（　　）．

A．18　　B．4　　C．6　　D．24

7．已知行列式 $D_1 = \begin{vmatrix} -1 & 8 & 3 \\ 2 & 0 & 0 \\ 9 & m & 0 \end{vmatrix}$，$D_2 = \begin{vmatrix} -1 & 0 & 0 & 0 \\ 6 & -2 & 0 & 0 \\ 6 & 2 & 4 & 0 \\ 3 & 1 & 0 & n \end{vmatrix}$，且 $D_1 = D_2$，则 m，n 应满足（　　）．

A．$m=n$　　B．$3m=4n$　　C．$m=-3n$　　D．$m=7n$

8．五阶行列式 $\begin{vmatrix} 1-a & a & 0 & 0 & 0 \\ -1 & 1-a & a & 0 & 0 \\ 0 & -1 & 1-a & a & 0 \\ 0 & 0 & -1 & 1-a & a \\ 0 & 0 & 0 & -1 & 1-a \end{vmatrix} =$（　　）．

A．a^3　　B．$-a^3$　　C．$\sum_{i=0}^{5} a^i$　　D．$\sum_{i=0}^{5} (-a)^i$

二、填空题（本大题共 6 小题，每小题 4 分，共 24 分）

9．五阶行列式共有__________项．

10．二阶行列式 $\begin{vmatrix} \sin x & \cos x \\ -\cos x & \sin x \end{vmatrix} =$__________．

11．四阶行列式 $\begin{vmatrix} 1 & 1 & 1 & 1 \\ e & -1 & 0 & 0 \\ f & 0 & -1 & 0 \\ g & 0 & 0 & -1 \end{vmatrix} =$__________．

12．四阶行列式 $\begin{vmatrix} 1 & 2 & 3 & 4 \\ 1 & 2^2 & 3^2 & 4^2 \\ 1 & 2^3 & 3^3 & 4^3 \\ 1 & 2^4 & 3^4 & 4^4 \end{vmatrix} =$__________．

13．利用行列式的定义计算：$\begin{vmatrix} 0 & 0 & 2 & 0 \\ 0 & 4 & 0 & 0 \\ 1 & 0 & 0 & 0 \\ 0 & 0 & 0 & -6 \end{vmatrix} =$__________．

14．若 $2n$ 阶行列式 D 的某一列元素及其余子式都等于 a，则 $D=$__________．

三、解答题（本大题共 6 小题，15～18 题每小题 7 分，19～20 题每小题 8 分）

15．证明：若 n 阶行列式中等于 0 的元素的个数大于 n^2-n，则该行列式必然等于 0．

16．已知常数 $a\neq -1$，解方程组 $\begin{cases}x+2y+2z=0,\\ x+3y+3z=0,\\ 3x-y+az=0.\end{cases}$

17．求一个二次多项式 $f(x)=ax^2+bx+c$，使得 $f(-1)=0$， $f(2)=3$， $f(3)=8$．

18．计算行列式 $\begin{vmatrix}1 & 4 & 9 & 16\\ 4 & 9 & 16 & 25\\ 9 & 16 & 25 & 36\\ 16 & 25 & 36 & 49\end{vmatrix}$．

19．证明： $\begin{vmatrix}x_1 & a & \cdots & a\\ b & x_2 & \cdots & a\\ \vdots & \vdots & & \vdots\\ b & b & \cdots & x_n\end{vmatrix}=\dfrac{af(b)-bf(a)}{a-b}$，其中 $f(x)=(x_1-x)(x_2-x)\cdots(x_n-x)\ (a\neq b)$．

20．利用数学归纳法证明： $D_n=\begin{vmatrix}a & b & b & \cdots & b & b\\ c & a & b & \cdots & b & b\\ c & c & a & \cdots & b & b\\ \vdots & \vdots & \vdots & & \vdots & \vdots\\ c & c & c & \cdots & a & b\\ c & c & c & \cdots & c & a\end{vmatrix}=\dfrac{c(a-b)^n-b(a-c)^n}{c-b}\ (c\neq b)$，其中 n 为正整数．

弥 封 线 内 不 准 答 题

学校：________ 班级：________ 姓名：________ 考号：________

弥 封 线 内 不 准 答 题

考点精讲课

第二章　矩阵及其运算

第二章　矩阵及其运算测试 A 卷

（本试卷共 3 道大题，20 道小题，满分 100 分）

题　号	一	二	三	总　分
得　分				

一、单项选择题（本大题共 8 小题，每小题 4 分，共 32 分）

1．矩阵 $\boldsymbol{A}=\begin{pmatrix}1 & -2\\ 1 & 4\end{pmatrix}$ 的伴随矩阵 $\boldsymbol{A}^*=$（　　）.

A．$\begin{pmatrix}-1 & 2\\ -1 & 4\end{pmatrix}$　　B．$\begin{pmatrix}-1 & 2\\ -1 & 4\end{pmatrix}$　　C．$\begin{pmatrix}4 & -2\\ 1 & 1\end{pmatrix}$　　D．$\begin{pmatrix}4 & 2\\ -1 & 1\end{pmatrix}$

2．若矩阵 $\boldsymbol{A}=\begin{pmatrix}1 & 3\\ 2 & 5\end{pmatrix}$，则 $\boldsymbol{A}^{-1}=$（　　）.

A．$\begin{pmatrix}1 & 3\\ 2 & 5\end{pmatrix}$　　B．$\begin{pmatrix}5 & -3\\ -2 & 1\end{pmatrix}$　　C．$\begin{pmatrix}1 & -3\\ -2 & 5\end{pmatrix}$　　D．$\begin{pmatrix}-5 & 3\\ 2 & -1\end{pmatrix}$

3．已知矩阵 $\boldsymbol{A}=\begin{pmatrix}1 & 2\\ a & b\end{pmatrix}$，$\boldsymbol{B}=\begin{pmatrix}1 & 2\\ 3 & 4-b\end{pmatrix}$，若 $\boldsymbol{A}=\boldsymbol{B}$，则常数 a，b 的值分别是（　　）.

A．3，2　　B．3，1　　C．1，2　　D．5，6

4．已知矩阵 $\boldsymbol{A}=\begin{pmatrix}a_1 & a_2\\ b_1 & b_2\end{pmatrix}$，若 $\begin{vmatrix}a_1+a_2 & 2a_2-a_1\\ b_1+b_2 & 2b_2-b_1\end{vmatrix}=-2$，则 $|\boldsymbol{A}|=$（　　）.

A．-2　　B．$-\dfrac{2}{3}$　　C．$\dfrac{2}{3}$　　D．2

5．设矩阵 $\boldsymbol{A}$ 满足方程 $\boldsymbol{A}^2+2\boldsymbol{A}-5\boldsymbol{E}=\boldsymbol{O}$，则 $(\boldsymbol{A}-\boldsymbol{E})^{-1}=$（　　）.

A．$\dfrac{\boldsymbol{A}+4\boldsymbol{E}}{3}$　　B．$-\dfrac{\boldsymbol{A}+\boldsymbol{E}}{3}$　　C．$\dfrac{\boldsymbol{A}+3\boldsymbol{E}}{2}$　　D．$\dfrac{\boldsymbol{A}+\boldsymbol{E}}{2}$

6．已知矩阵 $\boldsymbol{A}=\begin{pmatrix}1 & -2\\ -1 & 4\end{pmatrix}$，若矩阵 $\boldsymbol{B}$ 满足方程 $\boldsymbol{A}\boldsymbol{B}-\boldsymbol{A}^2=\boldsymbol{E}$，则 $\boldsymbol{B}=$（　　）.

A．$\begin{pmatrix}3 & -1\\ -\frac{1}{2} & \frac{9}{2}\end{pmatrix}$　　B．$\begin{pmatrix}1 & 1\\ \frac{1}{2} & 4\end{pmatrix}$　　C．$\begin{pmatrix}4 & -2\\ -1 & 1\end{pmatrix}$　　D．$\begin{pmatrix}4 & 2\\ \frac{1}{2} & \frac{9}{2}\end{pmatrix}$

7．矩阵 $\boldsymbol{A}=(a_1,a_2,\cdots,a_n)^{\mathrm{T}}$，$\boldsymbol{B}=(b_1,b_2,\cdots,b_n)^{\mathrm{T}}$，若 $\boldsymbol{A}\boldsymbol{B}^{\mathrm{T}}=\begin{pmatrix}1 & 2 & \cdots & n\\ 1 & 2 & \cdots & n\\ \vdots & \vdots & & \vdots\\ 1 & 2 & \cdots & n\end{pmatrix}$，则 $\boldsymbol{A}^{\mathrm{T}}\boldsymbol{B}=$（　　）.

A．n　　B．n^2　　C．$\dfrac{n(n+1)}{2}$　　D．$n!$

8．已知矩阵 $\boldsymbol{A}=\begin{pmatrix}0 & 0 & 3 & 4\\ 0 & 0 & 2 & 1\\ 1 & 2 & 0 & 0\\ -3 & 2 & 0 & 0\end{pmatrix}$，则 $\boldsymbol{A}^{-1}=$（　　）.

A．$\begin{pmatrix}0 & 0 & 2 & -2\\ 0 & 0 & 3 & 1\\ 1 & -4 & 0 & 0\\ -2 & 3 & 0 & 0\end{pmatrix}$　　B．$\begin{pmatrix}0 & 0 & 1 & 2\\ 0 & 0 & 4 & 3\\ 2 & -3 & 0 & 0\\ 2 & 1 & 0 & 0\end{pmatrix}$

C．$\begin{pmatrix}0 & 0 & \frac{1}{4} & -\frac{1}{4}\\ 0 & 0 & \frac{3}{8} & \frac{1}{8}\\ -\frac{1}{5} & \frac{4}{5} & 0 & 0\\ \frac{2}{5} & -\frac{3}{5} & 0 & 0\end{pmatrix}$　　D．$\begin{pmatrix}0 & 0 & \frac{1}{8} & -\frac{1}{4}\\ 0 & 0 & \frac{1}{5} & 1\\ -\frac{1}{5} & 2 & 0 & 0\\ \frac{2}{5} & 1 & 0 & 0\end{pmatrix}$

二、填空题（本大题共 6 小题，每小题 4 分，共 24 分）

9．已知矩阵 $\boldsymbol{A}=\begin{pmatrix}a_{11} & a_{12} & a_{13}\\ a_{21} & a_{22} & a_{23}\\ a_{31} & a_{32} & a_{33}\end{pmatrix}$，$\boldsymbol{B}=\begin{pmatrix}1 & 0 & 0\\ 0 & 1 & 0\\ 2 & 0 & 1\end{pmatrix}$，则 $\boldsymbol{A}\boldsymbol{B}=$__________.

10．已知矩阵 $\boldsymbol{A}=\begin{pmatrix}9 & 2 & -1\\ 0 & 1 & 1\\ 2 & 0 & 1\end{pmatrix}$，$\boldsymbol{B}=\begin{pmatrix}2 & 0 & -1\\ 3 & 1 & 2\\ 0 & 0 & 2\end{pmatrix}$，则 $\boldsymbol{A}-2\boldsymbol{B}=$__________.

11．已知函数 $f(x)=x^2+3x-2$，矩阵 $\boldsymbol{A}=\begin{pmatrix}1 & 1\\ -2 & 0\end{pmatrix}$，则 $f(\boldsymbol{A})=$__________.

12．若 $\boldsymbol{A}$ 为四阶方阵，且 $|\boldsymbol{A}|=1$，则 $|3\boldsymbol{A}|=$__________.

13．已知矩阵 $\boldsymbol{A}=\begin{pmatrix}1 & 2 & 0 & 0\\ 1 & -3 & 0 & 0\\ 0 & 0 & 0 & -1\\ 0 & 0 & 6 & 8\end{pmatrix}$，则 $\boldsymbol{A}^2=$__________.

14．设矩阵 $\boldsymbol{A}=\begin{pmatrix}1 & 2\\ 2 & 1\end{pmatrix}$，则 $(\boldsymbol{A}-2\boldsymbol{E})^{-1}=$__________.

三、解答题（本大题共 6 小题，15～18 题每小题 7 分，19～20 题每小题 8 分）

15．已知矩阵 $\boldsymbol{A}=\begin{pmatrix}2 & -2\\ -2 & 2\end{pmatrix}$，$\boldsymbol{B}=\begin{pmatrix}2 & -1\\ 2 & -1\end{pmatrix}$，求 $\boldsymbol{AB}$，$\boldsymbol{BA}$.

16．已知矩阵 $\boldsymbol{A}=\begin{pmatrix}1 & 2 & 3\\ 2 & 2 & 1\\ 3 & 4 & 3\end{pmatrix}$，求 $\boldsymbol{A}^{-1}$.

17．已知矩阵 $\boldsymbol{A}=(2,1,3)^{\mathrm{T}}$，$\boldsymbol{B}=(-1,1,1)^{\mathrm{T}}$，$\boldsymbol{C}=\boldsymbol{AB}^{\mathrm{T}}$，求 $\boldsymbol{C}$ 和 $\boldsymbol{C}^5$.

18．利用克拉默法则解线性方程组 $\begin{cases}x_1-x_2+x_3-x_4=1,\\ x_2-x_3+x_4=-1,\\ x_2+x_3-x_4=1,\\ x_1+x_3=-2.\end{cases}$

19．求所有与矩阵 $\boldsymbol{A}=\begin{pmatrix}1 & 1\\ 0 & 0\end{pmatrix}$ 满足乘法交换律的矩阵.

20．已知矩阵 $\boldsymbol{A}=\begin{pmatrix}0 & -2 & 0\\ -1 & 0 & 0\\ 0 & 0 & 2\end{pmatrix}$，$\boldsymbol{B}=\begin{pmatrix}1 & 2 & 5\\ -1 & 0 & 3\end{pmatrix}$，且矩阵 $\boldsymbol{X}$ 满足方程 $\boldsymbol{X}=\boldsymbol{XA}+\boldsymbol{B}$，求 $\boldsymbol{X}$.

弥 封 线 内 不 准 答 题

学校：__________ 班级：__________ 姓名：__________ 考号：__________

弥封线内不准答题

第二章　矩阵及其运算测试B卷

（本试卷共3道大题，20道小题，满分100分）

题　号	一	二	三	总　分
得　分				

一、单项选择题（本大题共8小题，每小题4分，共32分）

1．若$\boldsymbol{A}$为n阶可逆方阵，则下列等式不成立的是（　　）．

A．$(\boldsymbol{A}-\boldsymbol{A}^{-1})^2=\boldsymbol{A}^2-2\boldsymbol{A}\boldsymbol{A}^{-1}+(\boldsymbol{A}^{-1})^2$　　B．$(\boldsymbol{A}-\boldsymbol{A}^{\mathrm{T}})^2=\boldsymbol{A}^2-2\boldsymbol{A}\boldsymbol{A}^{\mathrm{T}}+(\boldsymbol{A}^{\mathrm{T}})^2$

C．$(\boldsymbol{A}-\boldsymbol{A}^*)^2=\boldsymbol{A}^2-2\boldsymbol{A}\boldsymbol{A}^*+(\boldsymbol{A}^*)^2$　　D．$(\boldsymbol{A}-\boldsymbol{E})^2=\boldsymbol{A}^2-2\boldsymbol{A}\boldsymbol{E}+\boldsymbol{E}^2$

2．若$\boldsymbol{A}$，$\boldsymbol{B}$为可逆方阵，则$(\boldsymbol{A}\boldsymbol{B}^{\mathrm{T}})^{-1}=$（　　）．

A．$\boldsymbol{A}^{-1}(\boldsymbol{B}^{-1})^{\mathrm{T}}$　　B．$(\boldsymbol{B}^{-1})^{\mathrm{T}}\boldsymbol{A}^{-1}$　　C．$(\boldsymbol{A}^{-1})^{\mathrm{T}}\boldsymbol{B}^{-1}$　　D．$\boldsymbol{B}^{-1}(\boldsymbol{A}^{-1})^{\mathrm{T}}$

3．若$\boldsymbol{A}$，$\boldsymbol{B}$都是三阶方阵，且$|\boldsymbol{A}|=2$，$|\boldsymbol{B}|=1$，则$|-2\boldsymbol{A}\boldsymbol{B}|=$（　　）．

A．-16　　B．-8　　C．4　　D．-4

4．已知齐次线性方程组$\begin{cases}2x_1+x_2+x_3=0,\\kx_1+x_2+x_3=0,\\x_1-x_2+x_3=0\end{cases}$有非零解，则常数$k=$（　　）．

A．-2　　B．-1　　C．1　　D．2

5．已知$\boldsymbol{A}$，$\boldsymbol{B}$，$\boldsymbol{C}$为同阶方阵，则下列命题正确的是（　　）．

A．$\boldsymbol{A}^2=\boldsymbol{O}\Rightarrow\boldsymbol{A}=\boldsymbol{O}$　　B．若$\boldsymbol{A}\boldsymbol{B}=\boldsymbol{A}\boldsymbol{C}$，且$\boldsymbol{A}$为可逆方阵，则$\boldsymbol{B}=\boldsymbol{C}$

C．$(\boldsymbol{A}+\boldsymbol{B})^2=\boldsymbol{A}^2+2\boldsymbol{A}\boldsymbol{B}+\boldsymbol{B}^2$　　D．$\boldsymbol{A}^2=\boldsymbol{A}\Rightarrow\boldsymbol{A}=\boldsymbol{O}$或$\boldsymbol{A}=\boldsymbol{E}$

6．已知矩阵$\boldsymbol{A}=\begin{pmatrix}1&2&3\\0&-1&2\\0&0&6\end{pmatrix}$，则$(\boldsymbol{A}^{-1})^*=$（　　）．

A．$-\dfrac{\boldsymbol{A}}{6}$　　B．$3\boldsymbol{A}$　　C．$\boldsymbol{A}$　　D．$2\boldsymbol{A}^2$

7．已知矩阵$\boldsymbol{A}=\begin{pmatrix}2&0&1\\0&1&0\\1&0&1\end{pmatrix}$，若矩阵$\boldsymbol{X}$满足方程$\boldsymbol{A}\boldsymbol{X}+4\boldsymbol{E}=\boldsymbol{A}^2+2\boldsymbol{X}$，则$\boldsymbol{X}=$（　　）．

A．$\begin{pmatrix}4&0&1\\0&3&0\\-1&0&3\end{pmatrix}$　　B．$\begin{pmatrix}4&0&-1\\0&3&0\\1&0&3\end{pmatrix}$　　C．$\begin{pmatrix}4&0&-1\\0&3&0\\-1&0&3\end{pmatrix}$　　D．$\begin{pmatrix}4&0&1\\0&3&0\\1&0&3\end{pmatrix}$

8．已知$\boldsymbol{A}$，$\boldsymbol{B}$均为二阶方阵，$\boldsymbol{A}^*$，$\boldsymbol{B}^*$分别为$\boldsymbol{A}$，$\boldsymbol{B}$的伴随矩阵，若$|\boldsymbol{A}|=4$，$|\boldsymbol{B}|=7$，则分块矩阵$\begin{pmatrix}\boldsymbol{O}&\boldsymbol{A}\\\boldsymbol{B}&\boldsymbol{O}\end{pmatrix}$的伴随矩阵为（　　）．

A．$\begin{pmatrix}\boldsymbol{O}&4\boldsymbol{A}^*\\7\boldsymbol{B}^*&\boldsymbol{O}\end{pmatrix}$　　B．$\begin{pmatrix}\boldsymbol{O}&7\boldsymbol{B}^*\\4\boldsymbol{A}^*&\boldsymbol{O}\end{pmatrix}$　　C．$\begin{pmatrix}\boldsymbol{O}&4\boldsymbol{B}^*\\7\boldsymbol{A}^*&\boldsymbol{O}\end{pmatrix}$　　D．$\begin{pmatrix}\boldsymbol{O}&7\boldsymbol{A}^*\\4\boldsymbol{B}^*&\boldsymbol{O}\end{pmatrix}$

二、填空题（本大题共6小题，每小题4分，共24分）

9．若矩阵$\boldsymbol{A}=\begin{pmatrix}2&-1&0\\3&1&2\\-5&4&1\end{pmatrix}$，则$3\boldsymbol{A}-2\boldsymbol{E}=$__________．

10．若可逆方阵$\boldsymbol{A}$满足方程$\boldsymbol{A}^2-\boldsymbol{A}=2\boldsymbol{E}$，则$\boldsymbol{A}^{-1}=$__________．

11．非齐次线性方程组$\begin{cases}x_1-2x_2+3x_3-4x_4=18,\\x_1-x_3+x_4=-6,\\x_1-3x_3-x_4=2\end{cases}$的增广矩阵是__________．

12．已知$\boldsymbol{A}$为n阶方阵，且$|\boldsymbol{A}|=-3$，则$|\boldsymbol{A}^*|=$__________．

13．已知矩阵$\boldsymbol{A}=\begin{pmatrix}2&2&-1\\0&1&0\\-3&0&1\end{pmatrix}$，则$(\boldsymbol{A}^*)^{-1}=$__________．

14．已知矩阵$\boldsymbol{A}=\begin{pmatrix}0&0&2&-3\\0&0&1&6\\-2&8&0&0\\1&2&0&0\end{pmatrix}$，则$|\boldsymbol{A}|=$__________．

三、解答题（本大题共6小题，15～18题每小题7分，19～20题每小题8分）

15．已知非齐次线性方程组$\begin{cases}x_1+x_2+x_3=0,\\2x_1+kx_2+x_3=3,\\x_1+x_2+kx_3=2\end{cases}$有唯一解，求常数$k$的值，并利用克拉默法则求其解．

16．已知矩阵 $\boldsymbol{A}=\begin{pmatrix}2&1\\1&3\end{pmatrix}$，$\boldsymbol{B}=\begin{pmatrix}3&1\\2&3\end{pmatrix}$，$\boldsymbol{C}=\begin{pmatrix}0&0\\2&1\end{pmatrix}$，求 $\boldsymbol{AC}$，$\boldsymbol{BC}$.

17．已知 $\boldsymbol{A}$，$\boldsymbol{B}$ 是同阶可逆方阵，且 $\boldsymbol{A}^{-1}-\boldsymbol{B}^{-1}$ 可逆，证明：矩阵 $\boldsymbol{B}-\boldsymbol{A}$ 可逆，并求 $(\boldsymbol{B}-\boldsymbol{A})^{-1}$.

18．解矩阵方程 $\boldsymbol{X}\begin{pmatrix}1&0&2\\1&0&-1\\-1&3&1\end{pmatrix}=\begin{pmatrix}2&1&1\\0&0&-1\end{pmatrix}$.

19．已知矩阵 $\boldsymbol{A}=\begin{pmatrix}-1&4&2\\0&0&4\end{pmatrix}$，$\boldsymbol{B}=\begin{pmatrix}1&7&5\\3&-1&4\end{pmatrix}$，求：

（1）矩阵 $\boldsymbol{X}$，使得方程 $2\boldsymbol{X}+3\boldsymbol{A}=4\boldsymbol{B}$ 成立；

（2）$\boldsymbol{AB}^{\mathrm{T}}$.

20．已知矩阵 $\boldsymbol{A}=\begin{pmatrix}\boldsymbol{A}_1&\boldsymbol{A}_2\\\boldsymbol{O}&\boldsymbol{A}_3\end{pmatrix}$，其中 $\boldsymbol{A}_1$ 为 $r\times r$ 可逆方阵，$\boldsymbol{A}_3$ 为 $s\times s$ 可逆方阵，证明：矩阵 $\boldsymbol{A}$ 可逆，并求 $\boldsymbol{A}^{-1}$.

学校：________ 班级：________ 姓名：________ 考号：________

弥封线内不准答题

第二章　矩阵及其运算测试 C 卷

（本试卷共 3 道大题，20 道小题，满分 100 分）

题　号	一	二	三	总　分
得　分				

一、单项选择题（本大题共 8 小题，每小题 4 分，共 32 分）

1．若矩阵 $\boldsymbol{A}$ 满足方程 $\boldsymbol{A}^2+3\boldsymbol{A}-5\boldsymbol{E}=\boldsymbol{O}$，则 $(\boldsymbol{A}+5\boldsymbol{E})^{-1}=$（　　）．

A．$5(2\boldsymbol{E}-\boldsymbol{A})$　　B．$5(\boldsymbol{A}-2\boldsymbol{E})$　　C．$\dfrac{2\boldsymbol{E}-\boldsymbol{A}}{5}$　　D．$\dfrac{\boldsymbol{A}-2\boldsymbol{E}}{5}$

2．已知矩阵 $\boldsymbol{A}=\begin{pmatrix} a_{11} & a_{12} & a_{13} \\ a_{21} & a_{22} & a_{23} \\ a_{31} & a_{32} & a_{33} \end{pmatrix}$，$\boldsymbol{B}=\begin{pmatrix} 2a_{11} & 2a_{12} & 2a_{13} \\ a_{21} & a_{22} & a_{23} \\ a_{31}-a_{11} & a_{32}-a_{12} & a_{33}-a_{13} \end{pmatrix}$，且 $|\boldsymbol{A}|=10$，则 $|\boldsymbol{B}|=$（　　）．

A．20　　B．30　　C．40　　D．50

3．已知矩阵 $\boldsymbol{A}=\begin{pmatrix} 2 & 2 \\ -1 & 0 \end{pmatrix}$，且矩阵 $\boldsymbol{B}$ 满足方程 $\boldsymbol{BA}=\boldsymbol{B}+2\boldsymbol{E}$，则 $|\boldsymbol{B}|=$（　　）．

A．2　　B．-2　　C．4　　D．-4

4．若矩阵 $\boldsymbol{A}$，$\boldsymbol{B}$，$\boldsymbol{C}$ 满足方程 $\boldsymbol{B}=\boldsymbol{E}+\boldsymbol{AB}$ 和 $\boldsymbol{C}=\boldsymbol{A}+\boldsymbol{CA}$，且 $\boldsymbol{E}-\boldsymbol{A}$ 可逆，则 $\boldsymbol{B}-\boldsymbol{C}=$（　　）．

A．$\boldsymbol{E}$　　B．$-\boldsymbol{E}$　　C．$\boldsymbol{A}$　　D．$-\boldsymbol{A}$

5．已知矩阵 $\boldsymbol{A}=\begin{pmatrix} a & 1 & 0 \\ 1 & a & -1 \\ 0 & 1 & a \end{pmatrix}$，且 $\boldsymbol{A}^3=\boldsymbol{O}$，则常数 $a=$（　　）．

A．0　　B．2　　C．-1　　D．1

6．已知矩阵 $\boldsymbol{A}=\begin{pmatrix} 1 & -1 \\ 2 & 3 \end{pmatrix}$，若矩阵 $\boldsymbol{B}$ 满足方程 $\boldsymbol{B}=\boldsymbol{A}^2-3\boldsymbol{A}+2\boldsymbol{E}$，则 $\boldsymbol{B}^{-1}=$（　　）．

A．$\begin{pmatrix} 0 & 1 \\ -1 & -1 \end{pmatrix}$　　B．$\begin{pmatrix} 0 & \frac{1}{2} \\ -1 & -1 \end{pmatrix}$　　C．$\begin{pmatrix} \frac{3}{2} & \frac{1}{2} \\ -1 & \frac{1}{2} \end{pmatrix}$　　D．$\begin{pmatrix} 0 & 1 \\ -2 & -2 \end{pmatrix}$

7．已知矩阵 $\boldsymbol{A}=(a_{ij})_{4\times 4}$ 满足 $\boldsymbol{A}^*=\boldsymbol{A}^{\mathrm{T}}$，若 $a_{12}=a_{22}=a_{32}=a_{42}$，则常数 a_{12} 的取值可为（　　）．

A．$\sqrt{2}$　　B．$\dfrac{\sqrt{2}}{2}$　　C．$-\dfrac{1}{2}$　　D．1

8．已知矩阵 $\boldsymbol{A}=\begin{pmatrix} 1 & 0 & 0 \\ 2 & 1 & 0 \\ 4 & 3 & 1 \end{pmatrix}$，当 $n\geqslant 3$ 时，$\boldsymbol{A}^n=$（　　）．

A．$\begin{pmatrix} 1 & 0 & 0 \\ 2n & 1 & 0 \\ 3n^2+n & 3n & 1 \end{pmatrix}$　　B．$\begin{pmatrix} 1 & 0 & 0 \\ 2n & 1 & 0 \\ 4n & 3n & 1 \end{pmatrix}$　　C．$\begin{pmatrix} n & 0 & 0 \\ 2n & n & 0 \\ 4n & 3n & n \end{pmatrix}$　　D．$\boldsymbol{O}$

二、填空题（本大题共 6 小题，每小题 4 分，共 24 分）

9．若 $\boldsymbol{A}$ 为四阶可逆方阵，且 $|\boldsymbol{A}|=2$，则 $|(3\boldsymbol{A})^{-1}|=$____________．

10．已知矩阵 $\boldsymbol{A}=\begin{pmatrix} 0 & 0 & 1 \\ 2 & 0 & 0 \\ 1 & 3 & 0 \end{pmatrix}$，则 $(\boldsymbol{A}^{\mathrm{T}})^2=$____________．

11．已知矩阵 $\boldsymbol{A}=\begin{pmatrix} 0 & 0 & 1 \\ 0 & \frac{1}{2} & 0 \\ -3 & 0 & 0 \end{pmatrix}$，则 $\boldsymbol{A}$ 的逆矩阵 $\boldsymbol{A}^{-1}=$____________．

12．已知矩阵 $\boldsymbol{A}=\begin{pmatrix} 1 & 0 & 1 \\ 0 & 2 & 0 \\ 0 & 0 & 1 \end{pmatrix}$，则 $(\boldsymbol{A}+2\boldsymbol{E})^{-1}(\boldsymbol{A}^2-4\boldsymbol{E})=$____________．

13．已知矩阵 $\boldsymbol{A}$ 的逆矩阵 $\boldsymbol{A}^{-1}=\begin{pmatrix} 1 & 1 & 1 \\ 1 & 2 & 0 \\ 0 & 1 & 1 \end{pmatrix}$，则 $(\boldsymbol{A}^*)^{-1}=$____________．

14．已知矩阵 $\boldsymbol{A}=\begin{pmatrix} 1 & 2 & 3 \\ 2 & 4 & 6 \\ 6 & 12 & 18 \end{pmatrix}$，则 $\boldsymbol{A}^n=$____________．

三、解答题（本大题共 6 小题，15～18 题每小题 7 分，19～20 题每小题 8 分）

15．利用克拉默法则解线性方程组 $\begin{cases} x_1+x_2=1, \\ 2x_1-3x_2+x_3=2, \\ 2x_1-x_2+3x_3=3. \end{cases}$

16．已知矩阵 $\boldsymbol{A}=\begin{pmatrix}1&2&-3\\4&5&6\\7&8&-9\end{pmatrix}$，$\boldsymbol{B}=\begin{pmatrix}1&0&0\\0&2&0\\0&0&3\end{pmatrix}$，$\boldsymbol{C}=\begin{pmatrix}1&0&0\\0&\frac{1}{2}&0\\0&0&\frac{1}{3}\end{pmatrix}$，求 $\boldsymbol{ABC}$.

17．已知方阵 $\boldsymbol{A}$，$\boldsymbol{B}$，$\boldsymbol{B}+\boldsymbol{A}$ 均可逆，求 $(\boldsymbol{A}^{-1}+\boldsymbol{B}^{-1})^{-1}$.

18．已知矩阵 $\boldsymbol{X}$ 满足方程 $\boldsymbol{AX}=\boldsymbol{A}+2\boldsymbol{X}$，其中 $\boldsymbol{A}=\begin{pmatrix}3&0&1\\1&1&0\\0&1&4\end{pmatrix}$，求 $\boldsymbol{X}$.

19．已知矩阵 $\boldsymbol{A}=\begin{pmatrix}0&1&0\\1&0&0\\0&1&1\end{pmatrix}$，证明：当正整数 $n\geqslant 3$ 时，矩阵方程 $\boldsymbol{A}^n=\boldsymbol{A}^{n-2}+\boldsymbol{A}^2-\boldsymbol{E}$ 成立，并求 $\boldsymbol{A}^{10}$.

20．已知矩阵 $\boldsymbol{A}$ 的伴随矩阵 $\boldsymbol{A}^*=\begin{pmatrix}1&0&0&0\\0&1&0&0\\1&0&1&0\\0&-3&0&8\end{pmatrix}$，且 $\boldsymbol{A}-\boldsymbol{E}$ 可逆，矩阵 $\boldsymbol{B}$ 满足方程 $\boldsymbol{ABA}^{-1}=\boldsymbol{BA}^{-1}+\boldsymbol{E}$，求 $\boldsymbol{B}^{-1}$.

弥 封 线 内 不 准 答 题

学校：______ 班级：______ 姓名：______ 考号：______

弥 封 线 内 不 准 答 题

考点精讲课

第三章 矩阵的初等变换与线性方程组

第三章 矩阵的初等变换与线性方程组测试 A 卷

（本试卷共 3 道大题，20 道小题，满分 100 分）

题 号	一	二	三	总 分
得 分				

一、单项选择题（本大题共 8 小题，每小题 4 分，共 32 分）

1．下列矩阵中，是初等矩阵的是（　　）.

A．$\begin{pmatrix}2&0&0\\0&1&0\\0&1&1\end{pmatrix}$　　B．$\begin{pmatrix}1&4&0\\0&1&0\\0&0&1\end{pmatrix}$　　C．$\begin{pmatrix}0&0&1\\0&1&0\\-2&0&0\end{pmatrix}$　　D．$\begin{pmatrix}0&0&1\\0&1&0\\1&0&6\end{pmatrix}$

2．若 $\boldsymbol{A}$ 为三阶方阵，矩阵 $\boldsymbol{P}=\begin{pmatrix}1&3&0\\0&1&0\\0&0&1\end{pmatrix}$，则用 $\boldsymbol{P}$ 右乘 $\boldsymbol{A}$，相当于将 $\boldsymbol{A}$（　　）.

A．第 1 行的 3 倍加到第 2 行　　B．第 1 行的 3 倍加到第 1 行

C．第 1 列的 3 倍加到第 2 列　　D．第 2 列的 3 倍加到第 1 列

3．已知矩阵 $\boldsymbol{A}=\begin{pmatrix}1&2&-1&3\\2&1&4&3\\0&a&2&-1\end{pmatrix}$ 的秩为 2，则常数 $a=$（　　）.

A．3　　B．-1　　C．4　　D．7

4．已知矩阵 $\boldsymbol{A}=\begin{pmatrix}a_{11}&a_{12}&a_{13}\\a_{21}&a_{22}&a_{23}\\a_{31}&a_{32}&a_{33}\end{pmatrix}$，$\boldsymbol{B}=\begin{pmatrix}a_{11}&a_{12}&a_{13}\\-a_{21}&-a_{22}&-a_{23}\\a_{31}+a_{21}&a_{32}+a_{22}&a_{33}+a_{23}\end{pmatrix}$，$\boldsymbol{P}_1=\begin{pmatrix}1&0&0\\0&-1&0\\0&0&1\end{pmatrix}$，$\boldsymbol{P}_2=\begin{pmatrix}1&0&0\\0&1&0\\0&1&1\end{pmatrix}$，则必有（　　）.

A．$\boldsymbol{AP}_1\boldsymbol{P}_2=\boldsymbol{B}$　　B．$\boldsymbol{P}_1\boldsymbol{P}_2\boldsymbol{A}=\boldsymbol{B}$　　C．$\boldsymbol{AP}_2\boldsymbol{P}_1=\boldsymbol{B}$　　D．$\boldsymbol{P}_2\boldsymbol{P}_1\boldsymbol{A}=\boldsymbol{B}$

5．齐次线性方程组 $\begin{cases}x_1+kx_2+x_3=0,\\2x_1+x_2+x_3=0,\\kx_2+x_3=0\end{cases}$ 有非零解，则常数 $k=$（　　）.

A．5　　B．10　　C．-3　　D．1

6．已知 $\boldsymbol{A}$ 为 $m\times n$ 矩阵，$\boldsymbol{B}$ 为 $n\times m$ 矩阵，$\boldsymbol{E}$ 为 m 阶单位矩阵．若 $\boldsymbol{AB}=\boldsymbol{E}$，则（　　）.

A．$R(\boldsymbol{A})=m$，$R(\boldsymbol{B})=m$　　B．$R(\boldsymbol{A})=m$，$R(\boldsymbol{B})=n$

C．$R(\boldsymbol{A})=n$，$R(\boldsymbol{B})=n$　　D．$R(\boldsymbol{A})=n$，$R(\boldsymbol{B})=m$

7．已知矩阵 $\boldsymbol{B}=\begin{pmatrix}1&0&1\\0&1&0\\-1&0&1\end{pmatrix}$，$\boldsymbol{A}$ 为 3×4 矩阵，若 $R(\boldsymbol{A})=2$，则 $R(\boldsymbol{BA})=$（　　）.

A．0　　B．1　　C．2　　D．3

8．若矩阵 $\boldsymbol{A}=\begin{pmatrix}1&1&a\\1&a&1\\a&1&1\\2&a+1&a+3\end{pmatrix}$，$\boldsymbol{B}$ 是三阶非零矩阵，且 $\boldsymbol{AB}=\boldsymbol{O}$，则常数 $a=$（　　）.

A．1　　B．-2　　C．-3　　D．0

二、填空题（本大题共 6 小题，每小题 4 分，共 24 分）

9．若矩阵 $\boldsymbol{A}$ 中有一个二阶子式不为零，且所有三阶子式均为零，则 $R(\boldsymbol{A})=$______.

10．对矩阵 $\boldsymbol{A}$ 进行一次初等行变换相当于在矩阵 $\boldsymbol{A}$ 的______边乘相应的初等矩阵.

11．矩阵 $\boldsymbol{A}=\begin{pmatrix}1&1&1&1\\1&0&-1&1\\2&2&3&3\end{pmatrix}$ 的秩为______.

12．已知矩阵 $\boldsymbol{A}=\begin{pmatrix}1&2&3\\2&a&6\\1&2&2\end{pmatrix}$，若齐次线性方程组 $\boldsymbol{Ax}=\boldsymbol{0}$ 有非零解，则常数 $a=$______.

13．若非齐次线性方程组 $\begin{cases}kx_1+x_2+x_3=1,\\x_1+kx_2+x_3=k,\\x_1+x_2+kx_3=k^2\end{cases}$ 无解，则常数 $k=$______.

14．已知 $\boldsymbol{A}$ 与 $\boldsymbol{B}$ 均为三阶方阵，将 $\boldsymbol{A}$ 中第 1 行的 2 倍加到第 2 行得到矩阵 $\boldsymbol{C}$，将 $\boldsymbol{B}$ 中第 2 列与第 3 列互换得到矩阵 $\boldsymbol{D}$，且 $\boldsymbol{CD}=\begin{pmatrix}1&0&1\\7&3&2\\2&6&5\end{pmatrix}$，则 $\boldsymbol{AB}=$______.

三、解答题（本大题共 6 小题，15～18 题每小题 7 分，19～20 题每小题 8 分）

15．利用初等行变换将矩阵 $\boldsymbol{A}=\begin{pmatrix}1&1&-2\\4&-3&0\\-2&2&4\end{pmatrix}$ 化为行阶梯形矩阵.

16．利用初等行变换将矩阵 $\boldsymbol{A}=\begin{pmatrix}0 & -1 & 1\\ 2 & 6 & -2\\ 1 & 3 & 0\end{pmatrix}$ 化成单位矩阵.

17．已知矩阵 $\boldsymbol{A}=\begin{pmatrix}1 & 2 & -1\\ 0 & 1 & 0\\ 0 & 0 & -1\end{pmatrix}$，$\boldsymbol{B}=\begin{pmatrix}-1 & 0\\ 0 & 1\\ 1 & -1\end{pmatrix}$，且满足方程 $\boldsymbol{AX}=\boldsymbol{B}$，求矩阵 $\boldsymbol{X}$.

18．求齐次线性方程组 $\begin{cases}x_1+x_2+2x_3=0,\\ x_1-x_3=0,\\ x_2+3x_3=0\end{cases}$ 的解.

19．设非齐次线性方程组 $\begin{cases}x_1-x_2-x_3=0,\\ x_1-x_2+x_3=1,\\ x_1-x_2-2x_3=a,\end{cases}$ 问 a 为何值时，方程组无解或有无限多解？并在有无限多解时求其通解.

20．当不全为零的常数 a，b，c 满足什么条件时，非齐次线性方程组 $\begin{cases}x_1-2x_2+3x_3=a,\\ x_2-x_3=b,\\ x_1+x_3=c\end{cases}$ 有无限多解？并求其通解.

密 封 线 内 不 准 答 题

学校：________ 班级：________ 姓名：________ 考号：________

弥 封 线 内 不 准 答 题

第三章　矩阵的初等变换与线性方程组测试 B 卷

（本试卷共 3 道大题，20 道小题，满分 100 分）

题　号	一	二	三	总　分
得　分				

一、单项选择题（本大题共 8 小题，每小题 4 分，共 32 分）

1．下列矩阵中，不是初等矩阵的是（　　）.

A．$\begin{pmatrix}1&0&0\\0&1&0\\2&0&1\end{pmatrix}$　　B．$\begin{pmatrix}1&0&-3\\0&1&0\\0&0&1\end{pmatrix}$　　C．$\begin{pmatrix}5&0&0\\0&1&0\\0&0&1\end{pmatrix}$　　D．$\begin{pmatrix}1&0&1\\0&1&1\\0&0&1\end{pmatrix}$

2．关于非齐次线性方程组$\begin{cases}x_1+x_2+x_3=1,\\-x_1+2x_2-4x_3=2,\\2x_1+5x_2-x_3=3,\end{cases}$下列说法正确的是（　　）.

A．有唯一解　　B．无解　　C．有无限多解　　D．无法判定

3．已知 $\boldsymbol{A}$ 是 $m\times n$ 矩阵，下列说法正确的是（　　）.

A．若 $m<n$，则非齐次线性方程组 $\boldsymbol{Ax}=\boldsymbol{b}$ 一定有无限多解

B．若 $m>n$，则非齐次线性方程组 $\boldsymbol{Ax}=\boldsymbol{b}$ 一定有唯一解

C．若 $r(\boldsymbol{A})=n$，则非齐次线性方程组 $\boldsymbol{Ax}=\boldsymbol{b}$ 一定有唯一解

D．若 $r(\boldsymbol{A})=m$，则非齐次线性方程组 $\boldsymbol{Ax}=\boldsymbol{b}$ 一定有解

4．已知 $\boldsymbol{A}$ 为三阶方阵，将 $\boldsymbol{A}$ 的第 2 列与第 3 列互换得到矩阵 $\boldsymbol{B}$，再将 $\boldsymbol{B}$ 的第 1 列的 -2 倍加到第 3 列得到单位矩阵 $\boldsymbol{E}$，则 $\boldsymbol{A}=$（　　）.

A．$\begin{pmatrix}1&2&0\\0&0&1\\0&1&0\end{pmatrix}$　　B．$\begin{pmatrix}1&-2&0\\0&0&1\\0&1&0\end{pmatrix}$

C．$\begin{pmatrix}1&0&-2\\0&0&1\\0&1&0\end{pmatrix}$　　D．$\begin{pmatrix}1&0&2\\0&0&1\\0&1&0\end{pmatrix}$

5．已知矩阵 $\boldsymbol{P}=\begin{pmatrix}0&1&0\\1&0&0\\0&0&1\end{pmatrix}$，$\boldsymbol{Q}=\begin{pmatrix}0&0&1\\0&1&0\\1&0&0\end{pmatrix}$，$\boldsymbol{A}=\begin{pmatrix}a_{11}&a_{12}&a_{13}\\a_{21}&a_{22}&a_{23}\\a_{31}&a_{32}&a_{33}\end{pmatrix}$，若 $\boldsymbol{P}^m\boldsymbol{A}\boldsymbol{Q}^n=\begin{pmatrix}a_{23}&a_{22}&a_{21}\\a_{13}&a_{12}&a_{11}\\a_{33}&a_{32}&a_{31}\end{pmatrix}$，则 m，n 可取（　　）.

A．3，2　　B．3，5　　C．2，3　　D．2，2

6．已知 $\boldsymbol{A}$ 为 n 阶方阵，下列说法正确的是（　　）.

A．$|-\boldsymbol{A}|=-|\boldsymbol{A}|$

B．若 $\boldsymbol{A}^2=\boldsymbol{A}$，则 $\boldsymbol{A}=\boldsymbol{E}$

C．若 $R(\boldsymbol{A})<n$，则 $|\boldsymbol{A}|=0$

D．若 $|\boldsymbol{A}|\neq0$，则齐次线性方程组 $\boldsymbol{Ax}=\boldsymbol{0}$ 有非零解

7．已知矩阵 $\boldsymbol{P}=\begin{pmatrix}1&2&3\\2&4&t\\4&8&12\end{pmatrix}$，$\boldsymbol{Q}$ 为三阶非零矩阵，且 $\boldsymbol{PQ}=\boldsymbol{O}$，下列说法正确的是（　　）.

A．当 $t\neq6$ 时，$R(\boldsymbol{Q})=1$　　B．当 $t\neq6$ 时，$R(\boldsymbol{Q})=2$

C．当 $t=6$ 时，$R(\boldsymbol{Q})=1$　　D．当 $t=6$ 时，$R(\boldsymbol{Q})=2$

8．已知矩阵 $\boldsymbol{A}=\begin{pmatrix}1&2&2\\3&4&t\\1&2&2\end{pmatrix}$，若矩阵 $\boldsymbol{B}$ 满足方程 $\boldsymbol{AB}-\boldsymbol{A}=\boldsymbol{E}-\boldsymbol{B}$，且 $\boldsymbol{B}\neq\boldsymbol{E}$，若 $R(\boldsymbol{A}+\boldsymbol{B})=3$，则常数 $t=$（　　）.

A．2　　B．9　　C．7　　D．3

二、填空题（本大题共 6 小题，每小题 4 分，共 24 分）

9．若矩阵 $\boldsymbol{A}=\begin{pmatrix}4&3\\2&1\end{pmatrix}$，$\boldsymbol{P}=\begin{pmatrix}0&1\\1&0\end{pmatrix}$，则 $\boldsymbol{PAP}=$________.

10．若非齐次线性方程组$\begin{cases}x_1+3x_2+ax_3=1,\\2x_1+6x_2-8x_3=1\end{cases}$无解，则常数 $a=$________.

11．若矩阵 $\boldsymbol{A}=\begin{pmatrix}a&-1&-1\\-1&a&-1\\-1&-1&a\end{pmatrix}$ 与 $\boldsymbol{B}=\begin{pmatrix}1&1&0\\0&-1&1\\1&0&1\end{pmatrix}$ 等价，则常数 $a=$________.

12．已知矩阵 $\boldsymbol{B}=\begin{pmatrix}1&2\\3&4\end{pmatrix}$，$\boldsymbol{P}=\begin{pmatrix}0&1\\1&0\end{pmatrix}$，$\boldsymbol{Q}=\begin{pmatrix}1&0\\1&1\end{pmatrix}$，若矩阵 $\boldsymbol{A}$ 满足方程 $\boldsymbol{APQ}=\boldsymbol{B}$，则 $\boldsymbol{A}=$________.

13．已知矩阵 $\boldsymbol{A}=\begin{pmatrix}a&1&1\\1&a&1\\1&1&a\end{pmatrix}$，$R(\boldsymbol{A})=2$，则常数 $a=$________.

14．齐次线性方程组 $\begin{pmatrix}1&1&-2\\1&-2&1\\0&2&-2\end{pmatrix}\begin{pmatrix}x_1\\x_2\\x_3\end{pmatrix}=\begin{pmatrix}0\\0\\0\end{pmatrix}$ 的通解是________.

三、解答题（本大题共 6 小题，15～18 题每小题 7 分，19～20 题每小题 8 分）

15．利用初等行变换求矩阵 $\boldsymbol{A}=\begin{pmatrix}0&0&1\\0&2&0\\3&0&0\end{pmatrix}$ 的逆矩阵．

16．利用初等行变换将矩阵 $\boldsymbol{A}=\begin{pmatrix}4&1&-2\\-2&-2&1\\-3&-1&1\end{pmatrix}$ 化为行最简形矩阵．

17．求齐次线性方程组 $\begin{cases}x_1+3x_2-2x_3+2x_4=0,\\-2x_1-5x_2+x_3-5x_4=0\end{cases}$ 的解．

18．求非齐次线性方程组 $\begin{cases}x_1+x_2+4x_3=4,\\-x_1+4x_2+x_3=16,\\x_1-x_2+2x_3=-4\end{cases}$ 的解．

19．已知非齐次线性方程组 $\begin{cases}x_1-2x_2+3x_3-x_4=4,\\2x_1-3x_2+2x_3+3x_4=5,\\x_1-x_2-x_3+4x_4=a,\end{cases}$ 问 a 为何值时，方程组无解或有无限多解？并在有无限多解时求其通解．

20．已知非齐次线性方程组 $\begin{cases}x_1+x_2-x_3=1,\\2x_1+(k+2)x_2-(m+2)x_3=3,\\-3kx_2+(k+2m)x_3=-3,\end{cases}$ 问 k，m 为何值时，方程组有唯一解、无解或有无限多解？并在有无限多解时求其通解．

弥 封 线 内 不 准 答 题

学校：________ 弥 封 班级：________ 线 内 姓名：________ 不 准 考号：________ 答 题

第三章　矩阵的初等变换与线性方程组测试 C 卷

（本试卷共 3 道大题，20 道小题，满分 100 分）

题　号	一	二	三	总　分
得　分				

一、单项选择题（本大题共 8 小题，每小题 4 分，共 32 分）

1．已知 $\boldsymbol{A}$ 为四阶方阵，若 $R(\boldsymbol{A})=3$，则 $R(\boldsymbol{A}^*)=$（　　）．

A．4　　B．2　　C．0　　D．1

2．若齐次线性方程组 $\begin{cases}3x_1+kx_2-x_3=0,\\4x_2-x_3=0,\\4x_2+kx_3=0\end{cases}$ 有非零解，则常数 $k=$（　　）．

A．-2　　B．-1　　C．1　　D．2

3．若 $\boldsymbol{A}$ 为 $m\times n$ 矩阵，$\boldsymbol{B}$ 为 $n\times m$ 矩阵，且 $m>n$，令 $R(\boldsymbol{AB})=r$，则（　　）．

A．$r>m$　　B．$r=m$　　C．$r<m$　　D．$r\geqslant m$

4．$\boldsymbol{A}$ 是 $m\times n$ 矩阵，下列说法正确的是（　　）．

A．若齐次线性方程组 $\boldsymbol{Ax}=\boldsymbol{0}$ 只有零解，则非齐次线性方程组 $\boldsymbol{Ax}=\boldsymbol{b}$ 有唯一解

B．若齐次线性方程组 $\boldsymbol{Ax}=\boldsymbol{0}$ 有非零解，则非齐次线性方程组 $\boldsymbol{Ax}=\boldsymbol{b}$ 有无限多解

C．若非齐次线性方程组 $\boldsymbol{Ax}=\boldsymbol{b}$ 无解，则齐次线性方程组 $\boldsymbol{Ax}=\boldsymbol{0}$ 一定有非零解

D．若非齐次线性方程组 $\boldsymbol{Ax}=\boldsymbol{b}$ 有无限多解，则齐次线性方程组 $\boldsymbol{Ax}=\boldsymbol{0}$ 一定有非零解

5．若非齐次线性方程组 $\begin{pmatrix}1&2&1\\2&3&k+2\\1&k&-2\end{pmatrix}\begin{pmatrix}x_1\\x_2\\x_3\end{pmatrix}=\begin{pmatrix}1\\3\\0\end{pmatrix}$ 有无限多解，则 $k=$（　　）．

A．3　　B．-2　　C．1　　D．5

6．若 $\boldsymbol{\eta}_1,\boldsymbol{\eta}_2,\cdots,\boldsymbol{\eta}_s$ 都是非齐次线性方程组 $\boldsymbol{Ax}=\boldsymbol{b}$ 的解，则 $k_1\boldsymbol{\eta}_1+k_2\boldsymbol{\eta}_2+\cdots+k_s\boldsymbol{\eta}_s$ 为 $\boldsymbol{Ax}=\boldsymbol{b}$ 的解的充分必要条件是（　　）．

A．$k_1+k_2+\cdots+k_s=1$　　B．$k_1+k_2+\cdots+k_s=2$

C．$k_1+k_2+\cdots+k_s=4$　　D．$k_1+k_2+\cdots+k_s=-1$

7．若 n 阶方阵 $\boldsymbol{A}$ 经过若干次初等行变换得矩阵 $\boldsymbol{B}$，则下列说法正确的是（　　）．

A．$|\boldsymbol{A}|=|\boldsymbol{B}|$　　B．若 $|\boldsymbol{A}|=0$，则 $|\boldsymbol{B}|=0$

C．$|\boldsymbol{A}|\neq|\boldsymbol{B}|$　　D．若 $|\boldsymbol{A}|>0$，则 $|\boldsymbol{B}|>0$

8．若 $\boldsymbol{B}$ 是三阶非零方阵，且 $\boldsymbol{B}$ 的每个列向量都是齐次线性方程组 $\begin{cases}x_1+2x_2-2x_3=0,\\3x_1-x_2+kx_3=0,\\3x_1+x_2-x_3=0\end{cases}$ 的解，则 $|\boldsymbol{B}|=$（　　）．

A．2　　B．0　　C．8　　D．-3

二、填空题（本大题共 6 小题，每小题 4 分，共 24 分）

9．已知 $\boldsymbol{A}$，$\boldsymbol{B}$ 均为四阶方阵，若 $R(\boldsymbol{A})=2$，$R(\boldsymbol{B})=4$，则 $R(\boldsymbol{A}^*\boldsymbol{B}^*)=$____________．

10．已知非齐次线性方程组 $\boldsymbol{Ax}=\boldsymbol{b}$ 的增广矩阵可经初等行变换化为 $\left(\begin{array}{cccc|c}1&-1&0&1&0\\0&2&-1&3&-1\\0&0&a-2&0&1\\0&0&0&a-2&0\end{array}\right)$，若该线性方程组有唯一解，则常数 a 的取值应满足____________．

11．已知 $\begin{pmatrix}1&0&1\\0&1&0\\0&0&1\end{pmatrix}\boldsymbol{A}\begin{pmatrix}1&0&0\\0&-2&0\\0&0&1\end{pmatrix}=\begin{pmatrix}0&1&3\\4&6&2\\7&8&9\end{pmatrix}$，则方阵 $\boldsymbol{A}=$____________．

12．已知 $\boldsymbol{A}=\begin{pmatrix}1&-1&2\\2&0&4\\3&2&t\end{pmatrix}$，若三阶非零矩阵 $\boldsymbol{B}$ 满足 $\boldsymbol{AB}=\boldsymbol{O}$，则常数 $t=$____________．

13．若 $\boldsymbol{A}$ 为三阶方阵，且 $\boldsymbol{A}+2\boldsymbol{E}=\begin{pmatrix}3&0&1\\0&1&0\\1&0&3\end{pmatrix}$，则 $R(\boldsymbol{A}^2+2\boldsymbol{A})=$____________．

14．已知矩阵 $\boldsymbol{A}=\begin{pmatrix}1&2&3\\0&4&k\\1&k&9\end{pmatrix}$，其中 $k<0$，若 $\boldsymbol{Ax}=\boldsymbol{0}$ 有非零解，则 $\boldsymbol{A}^*\boldsymbol{x}=\boldsymbol{0}$ 的通解为__________．

三、解答题（本大题共 6 小题，15～18 题每小题 7 分，19～20 题每小题 8 分）

15．已知矩阵 $\boldsymbol{A}=\begin{pmatrix}-1&1&2\\0&1&4\\3&1&0\end{pmatrix}$，利用初等行变换求 $\boldsymbol{A}^{-1}$．

16．求矩阵 $\boldsymbol{A}=\begin{pmatrix} 2 & 1 & 1 & -1 \\ 1 & 0 & 1 & -2 \\ -3 & -2 & -1 & 0 \\ 1 & 3 & -2 & 7 \end{pmatrix}$ 的秩，并求 $\boldsymbol{A}$ 的一个最高阶非零子式．

17．求齐次线性方程组 $\begin{cases} x_1+x_2+x_3+4x_4-3x_5=0, \\ 2x_1+x_2+3x_3+5x_4-5x_5=0, \\ x_1-x_2+3x_3-2x_4-x_5=0, \\ 3x_1+x_2+5x_3+6x_4-7x_5=0 \end{cases}$ 的解．

18．求非齐次线性方程组 $\begin{cases} x_1-x_2-3x_4=-2, \\ x_1+2x_3-2x_4=-1, \\ 2x_1-2x_2+x_3-6x_4=-5, \\ -x_1+2x_2+3x_3+4x_4=2 \end{cases}$ 的解．

19．已知非齐次线性方程组 $\begin{cases} x_1+2x_3=1, \\ -x_1+x_2-x_3=-2, \\ 2x_1-x_2+(a+2)x_3=3, \\ x_1+x_2+3x_3=b, \end{cases}$ 问 a，b 为何值时，方程组有唯一解、无解或有无限多解？并在有无限多解时求其通解．

20．已知非齐次线性方程组 $\begin{cases} kx_1+(k+3)x_2+x_3=-2, \\ x_1+kx_2+x_3=k, \\ x_1+x_2+kx_3=k^2, \end{cases}$ 问 k 为何值时，方程组无解或有无限多解？并在有无限多解时求其通解．

弥封线内不准答题

考号：＿＿＿＿ 姓名：＿＿＿＿ 班级：＿＿＿＿ 学校：＿＿＿＿

弥封线内不准答题

期中测试 A 卷

（本试卷共 3 道大题，20 道小题，满分 100 分）

题　号	一	二	三	总　分
得　分				

一、单项选择题（本大题共 8 小题，每小题 4 分，共 32 分）

1．若 $\boldsymbol{A}$ 为三阶方阵，且 $|\boldsymbol{A}|=-3$，则 $\left|\frac{1}{2}\boldsymbol{A}^{\mathrm{T}}\right|=$（　　）．

A．$\frac{3}{2}$　　B．$-\frac{3}{2}$　　C．$-\frac{3}{8}$　　D．$-\frac{3}{4}$

2．若矩阵 $\boldsymbol{A}$ 满足关于 x 的方程 $ax^2+bx+c=0\ (c\neq 0)$，则 $\boldsymbol{A}^{-1}=$（　　）．

A．$-\frac{a\boldsymbol{A}+b\boldsymbol{E}}{c}$　　B．$\frac{a\boldsymbol{A}+b\boldsymbol{E}}{c}$　　C．$-\frac{a\boldsymbol{A}-b\boldsymbol{E}}{c}$　　D．$\frac{-a\boldsymbol{A}+b\boldsymbol{E}}{c}$

3．三阶行列式 $\begin{vmatrix} a_1+b_1 & 8a_1-2b_1 & 2a_1+8b_1 \\ a_2+b_1 & 8a_2-2b_2 & 2a_2+8b_2 \\ a_3+b_3 & 8a_3-2b_3 & 2a_3+8b_3 \end{vmatrix}=$（　　）．

A．0　　B．a_1+b_1　　C．a_2+b_2　　D．a_3+b_3

4．已知矩阵 $\boldsymbol{A}=\begin{pmatrix} -1 & 2 & 1 \\ 0 & -1 & 2 \end{pmatrix}$，$\boldsymbol{B}=\begin{pmatrix} 1 & 0 & 3 \\ 2 & 1 & -1 \end{pmatrix}$，$\boldsymbol{C}=\begin{pmatrix} -1 & 1 & 4 \\ 3 & -2 & 1 \\ 0 & 0 & 2 \end{pmatrix}$，则 $\boldsymbol{AC}+\boldsymbol{BC}=$（　　）．

A．$\begin{pmatrix} 6 & -4 & 10 \\ 2 & 2 & -10 \end{pmatrix}$　　B．$\begin{pmatrix} 6 & -4 & 10 \\ 2 & -2 & 10 \end{pmatrix}$　　C．$\begin{pmatrix} 6 & -4 & 10 \\ -2 & 2 & 10 \end{pmatrix}$　　D．$\begin{pmatrix} 0 & 2 & -4 \\ -2 & 0 & 1 \end{pmatrix}$

5．若三阶行列式 $\begin{vmatrix} 1 & 2 & 5 \\ 1 & 3 & -2 \\ 2 & 5 & a \end{vmatrix}=0$，则常数 $a=$（　　）．

A．2　　B．3　　C．-3　　D．-2

6．已知矩阵 $\boldsymbol{A}=\begin{pmatrix} 1 & -1 & 2 \\ 0 & 1 & -1 \\ 2 & 1 & 0 \end{pmatrix}$，则 $\boldsymbol{A}^{-1}=$（　　）．

A．$\begin{pmatrix} -1 & 2 & 2 \\ -2 & 4 & 3 \\ 1 & -1 & -1 \end{pmatrix}$　　B．$\begin{pmatrix} 1 & -2 & -2 \\ 2 & -4 & -3 \\ -1 & 1 & 1 \end{pmatrix}$　　C．$\begin{pmatrix} 1 & 2 & -1 \\ -2 & -4 & 1 \\ -2 & -3 & 1 \end{pmatrix}$　　D．$\begin{pmatrix} -1 & -2 & 1 \\ 2 & 4 & -1 \\ 2 & 3 & -1 \end{pmatrix}$

7．四阶行列式 $\begin{vmatrix} 1 & a & 0 & 0 \\ -1 & 1-a & a & 0 \\ 0 & -1 & 1-a & a \\ 0 & 0 & -1 & 1-a \end{vmatrix}=$（　　）．

A．0　　B．a^4　　C．a　　D．1

8．若非齐次线性方程组 $\begin{cases} x_1+2x_2-x_3+3x_4=1, \\ 2x_1+x_2+4x_3+3x_4=5, \\ ax_2+2x_3-x_4=6 \end{cases}$ 无解，则常数 $a=$（　　）．

A．5　　B．2　　C．-1　　D．-6

二、填空题（本大题共 6 小题，每小题 4 分，共 24 分）

9．矩阵 $\boldsymbol{A}=\begin{pmatrix} 3 & 6 \\ -1 & 2 \end{pmatrix}$ 的伴随矩阵 $\boldsymbol{A}^*=$＿＿＿＿＿＿＿＿．

10．已知矩阵 $\boldsymbol{A}=\begin{pmatrix} 1 & 2 \\ 0 & 3 \end{pmatrix}$，若矩阵 $\boldsymbol{B}$ 满足方程 $\boldsymbol{B}=\boldsymbol{A}-\boldsymbol{E}$，则 $R(\boldsymbol{AB})=$＿＿＿＿＿＿＿＿．

11．已知矩阵 $\boldsymbol{B}=\begin{pmatrix} 1 & -2 & 0 \\ 2 & 1 & 0 \\ 0 & 0 & 2 \end{pmatrix}$，若矩阵 $\boldsymbol{A}$ 满足方程 $\boldsymbol{AB}-\boldsymbol{B}=\boldsymbol{A}$，则 $\boldsymbol{A}=$＿＿＿＿＿＿＿＿．

12．已知 $\boldsymbol{A}$ 为三阶方阵，且 $|\boldsymbol{A}|=4$，若将 $\boldsymbol{A}$ 中第 1 行加到第 3 行得到矩阵 $\boldsymbol{B}$，则 $|\boldsymbol{A}^*\boldsymbol{B}|=$＿＿＿＿＿＿＿＿．

13．四阶行列式 $D=\begin{vmatrix} 1-m & 2 & 3 & 4 \\ 1 & 2-m & 3 & 4 \\ 1 & 2 & 3-m & 4 \\ 1 & 2 & 3 & 4-m \end{vmatrix}=$＿＿＿＿＿＿＿＿．

14．已知矩阵 $\boldsymbol{A}=\begin{pmatrix} 1 & 0 & 0 \\ 0 & 3 & 0 \\ 0 & 0 & 4 \end{pmatrix}$，则行列式 $|\boldsymbol{A}|$ 中所有元素的代数余子式之和为＿＿＿＿＿＿＿＿．

三、解答题（本大题共 6 小题，15～18 题每小题 7 分，19～20 题每小题 8 分）

15．已知矩阵 $\boldsymbol{A}=\begin{pmatrix} 1 & -1 & 2 \\ 3 & 2 & 1 \\ 1 & -2 & 0 \end{pmatrix}$，$\boldsymbol{B}=\begin{pmatrix} 1 & -1 & 2 \\ 0 & 5 & -5 \\ 0 & -1 & -2 \end{pmatrix}$，计算行列式 $|\boldsymbol{A}+\boldsymbol{B}|$．

16．已知矩阵 $\boldsymbol{A}=\begin{pmatrix}1&0&2&-1\\0&0&1&0\\0&0&0&3\end{pmatrix}$，$\boldsymbol{B}=\begin{pmatrix}3&1\\2&1\\1&-1\\0&2\end{pmatrix}$，计算 $\boldsymbol{AB}$ 和 $R(\boldsymbol{AB})$．

17．利用初等行变换将矩阵 $\boldsymbol{A}=\begin{pmatrix}4&1&-2&1&-3\\2&2&1&2&2\\3&1&-1&3&-1\end{pmatrix}$ 化为行阶梯形矩阵．

18．已知矩阵 $\boldsymbol{A}=\begin{pmatrix}2&-1&3&1\\4&2&5&b\\2&0&a&6\end{pmatrix}$，且 $R(\boldsymbol{A})=2$，求 a，b 的值．

19．设非齐次线性方程组 $\begin{cases}x_1+2x_2+x_3=1,\\2x_1+3x_2+(a+2)x_3=3,\\x_1+ax_2-2x_3=0,\end{cases}$ 问 a 为何值时，方程组有唯一解、无解或有无限多解？并在有无限多解时求其通解．

20．已知矩阵 $\boldsymbol{A}=\begin{pmatrix}1&2&a\\1&3&0\\2&7&-a\end{pmatrix}$ 可经初等变换化为矩阵 $\boldsymbol{B}=\begin{pmatrix}1&a&2\\0&1&1\\-1&1&1\end{pmatrix}$．

（1）求常数 a 的值；

（2）设矩阵 $\boldsymbol{C}=\begin{pmatrix}1\\2\\5\end{pmatrix}$，求非齐次线性方程组 $\boldsymbol{Ax}=\boldsymbol{C}$ 的解．

期中测试 B 卷

（本试卷共 3 道大题，20 道小题，满分 100 分）

题　号	一	二	三	总　分
得　分				

一、单项选择题（本大题共 8 小题，每小题 4 分，共 32 分）

1．若 $\boldsymbol{A}$ 为 $m\times n$ 矩阵，且非齐次线性方程组 $\boldsymbol{Ax}=\boldsymbol{b}$ 有唯一解，则必有（　　）．

A．$m=n$　　B．$R(\boldsymbol{A})=m$　　C．$R(\boldsymbol{A})=n$　　D．$R(\boldsymbol{A})<n$

2．已知行列式 $D=\begin{vmatrix}1&4&5\\1&2&6\\2&3&9\end{vmatrix}$，则 $A_{31}+A_{32}+A_{33}=$（　　）．

A．17　　B．13　　C．9　　D．11

3．四阶行列式 $\begin{vmatrix}1&0&0&a\\a&1&0&0\\0&a&1&0\\0&0&a&1\end{vmatrix}=$（　　）．

A．1　　B．a　　C．$1-a^4$　　D．$1-a^3$

4．已知矩阵 $\boldsymbol{A}=\begin{pmatrix}1&1&1\\0&2&1\\0&0&3\end{pmatrix}$，则 $(\boldsymbol{A}^{-1})^*=$（　　）．

A．$-6\boldsymbol{A}$　　B．$6\boldsymbol{A}$　　C．$\dfrac{\boldsymbol{A}}{6}$　　D．$-\dfrac{\boldsymbol{A}}{6}$

5．四阶行列式 $\begin{vmatrix}7&4&2&8\\5&1&0&0\\9&0&1&0\\1&0&0&-1\end{vmatrix}=$（　　）．

A．-22　　B．0　　C．23　　D．7

6．设 $\boldsymbol{A}$ 为二阶方阵，将 $\boldsymbol{A}$ 的第 1 行与第 2 行互换得到矩阵 $\boldsymbol{B}$，再将 $\boldsymbol{B}$ 的第 2 行加到第 1 行得到单位矩阵 $\boldsymbol{E}$，则 $\boldsymbol{A}=$（　　）．

A．$\begin{pmatrix}0&1\\1&-1\end{pmatrix}$　　B．$\begin{pmatrix}1&1\\1&-1\end{pmatrix}$　　C．$\begin{pmatrix}1&-1\\0&-1\end{pmatrix}$　　D．$\begin{pmatrix}1&1\\-1&0\end{pmatrix}$

7．已知 $\boldsymbol{A}$，$\boldsymbol{B}$ 均为四阶非零方阵，且 $\boldsymbol{AB}=\boldsymbol{O}$，若 $R(\boldsymbol{A})+R(\boldsymbol{B})=r$，则 r 的取值范围是（　　）．

A．$r<2$　　B．$2\leqslant r\leqslant 4$　　C．$4<r<8$　　D．$r\geqslant 8$

8．若非齐次线性方程组 $\begin{cases}x_1-x_2=1,\\x_2+x_3=a,\\x_3-x_4=0,\\x_4+x_1=b\end{cases}$ 有解，则常数 a，b 之间的关系为（　　）．

A．$b-a=1$　　B．$b-a=-1$　　C．$a-b=2$　　D．$b-a=-2$

二、填空题（本大题共 6 小题，每小题 4 分，共 24 分）

9．四阶行列式 $\begin{vmatrix}4&3&2&1\\1&3&0&0\\1&0&2&0\\1&0&0&1\end{vmatrix}=$＿＿＿＿＿＿．

10．若矩阵 $\boldsymbol{A}=\begin{pmatrix}1&1&2\\-1&1&0\\0&-3&t\\3&4&7\end{pmatrix}$ 与 $\boldsymbol{B}=\begin{pmatrix}1&2&0\\0&-1&3\\2&0&12\end{pmatrix}$ 的秩相等，则常数 $t=$＿＿＿＿＿＿．

11．已知矩阵 $\boldsymbol{A}=\begin{pmatrix}0&1&0&0\\0&0&1&0\\0&0&0&1\\0&0&0&0\end{pmatrix}$，则 $R(\boldsymbol{A}^3)=$＿＿＿＿＿＿．

12．已知行列式 $D=\begin{vmatrix}1&-1&0&0\\2&1&2&1\\-3&2&1&-1\\0&0&3&1\end{vmatrix}$，则 $A_{11}-A_{12}=$＿＿＿＿＿＿．

13．已知矩阵 $\boldsymbol{A}=(a_{ij})_{3\times3}$ 满足 $\boldsymbol{A}^*=\boldsymbol{A}^{\mathrm{T}}$，若 $a_{11}=a_{12}=a_{13}=a>0$，则常数 $a=$＿＿＿＿＿＿．

14．已知矩阵 $\boldsymbol{A}=\begin{pmatrix}-1&1\\2&3\end{pmatrix}$，$\boldsymbol{B}=\begin{pmatrix}4&3\\1&-3\end{pmatrix}$，$\boldsymbol{A}^*$，$\boldsymbol{B}^*$ 分别为 $\boldsymbol{A}$，$\boldsymbol{B}$ 的伴随矩阵，则 $\begin{pmatrix}\boldsymbol{A}^*&\boldsymbol{O}\\\boldsymbol{O}&\boldsymbol{B}^*\end{pmatrix}^*=$＿＿＿＿＿＿．

三、解答题（本大题共 6 小题，15～18 题每小题 7 分，19～20 题每小题 8 分）

15．利用初等行变换将矩阵 $\boldsymbol{A}=\begin{pmatrix}3&-2&0&-1\\0&2&2&1\\1&-2&-3&-2\\0&1&2&1\end{pmatrix}$ 化为行最简形矩阵．

16．已知初等矩阵 $\boldsymbol{P}=\begin{pmatrix}0&1&0\\1&0&0\\0&0&1\end{pmatrix}$，$\boldsymbol{Q}=\begin{pmatrix}1&0&0\\0&1&0\\0&0&-6\end{pmatrix}$，$\boldsymbol{R}=\begin{pmatrix}1&0&0\\0&1&-3\\0&0&1\end{pmatrix}$，分别用这三个矩阵左乘、右乘矩阵 $\boldsymbol{A}=\begin{pmatrix}2&9&-1\\1&3&4\\0&5&0\end{pmatrix}$.

17．已知矩阵 $\boldsymbol{X}$ 满足方程 $\boldsymbol{AX}=\boldsymbol{A}-2\boldsymbol{E}$，其中 $\boldsymbol{A}=\begin{pmatrix}2&0&0\\0&1&0\\0&3&1\end{pmatrix}$，求 $\boldsymbol{X}$.

18．已知矩阵 $\boldsymbol{A}$ 为 $m\times n$ 矩阵，且 $R(\boldsymbol{A})=r$．证明：存在可逆方阵 $\boldsymbol{P}$，使矩阵 $\boldsymbol{PA}$ 的后 $m-r$ 行全为 0.

19．求非齐次线性方程组 $\begin{cases}x_1+x_2+2x_3+3x_4=1,\\2x_1+3x_2+5x_3+2x_4=-3,\\3x_1-x_2-x_3-2x_4=-4,\\3x_1+5x_2+2x_3-2x_4=-10\end{cases}$ 的解.

20．已知矩阵 $\boldsymbol{A}=\begin{pmatrix}1&1&a\\1&a&1\\a&1&1\\2&a+1&a+3\end{pmatrix}$，$\boldsymbol{B}$ 是三阶非零矩阵，且 $\boldsymbol{AB}=\boldsymbol{O}$，求齐次线性方程组 $\boldsymbol{Ax}=\boldsymbol{0}$ 的通解.

学校：________ 班级：________ 姓名：________ 考号：________

弥　封　线　内　不　准　答　题

期中测试 C 卷

（本试卷共 3 道大题，20 道小题，满分 100 分）

题　号	一	二	三	总　分
得　分				

一、单项选择题（本大题共 8 小题，每小题 4 分，共 32 分）

1．已知矩阵 $\boldsymbol{A}$ 满足方程 $\boldsymbol{A}^2+\boldsymbol{A}-2\boldsymbol{E}=\boldsymbol{O}$，下列说法正确的是（　　）．

A．$\boldsymbol{A}=-2\boldsymbol{E}$　　B．$\boldsymbol{A}=\boldsymbol{E}$　　C．$\boldsymbol{A}$ 不可逆　　D．$\boldsymbol{A}+\boldsymbol{E}$ 可逆

2．已知矩阵 $\boldsymbol{A}=\begin{pmatrix}1&0&0\\0&0&1\\0&1&0\end{pmatrix}$，$\boldsymbol{B}=\begin{pmatrix}3&0&0\\0&2&0\\0&0&1\end{pmatrix}$，$\boldsymbol{C}=\begin{pmatrix}1&0&0\\0&1&0\\1&0&1\end{pmatrix}$，则 $(\boldsymbol{ABC})^{-1}=$（　　）．

A．$\begin{pmatrix}\frac{1}{3}&0&0\\0&0&\frac{1}{2}\\0&1&0\end{pmatrix}$　　B．$\begin{pmatrix}\frac{1}{3}&0&0\\0&0&2\\3&1&0\end{pmatrix}$　　C．$\begin{pmatrix}-\frac{1}{3}&0&0\\0&0&-\frac{1}{2}\\\frac{1}{3}&1&0\end{pmatrix}$　　D．$\begin{pmatrix}\frac{1}{3}&0&0\\0&0&\frac{1}{2}\\-\frac{1}{3}&1&0\end{pmatrix}$

3．四阶行列式 $\begin{vmatrix}a&1&0&0\\0&a&1&0\\0&0&a&1\\1&x&x^2&x^3\end{vmatrix}=$（　　）．

A．a^2x^2+ax-1　　B．$a^3x^3-a^2x^2+ax$

C．$a^3x^3-a^2x^2+ax-1$　　D．$a^3x^3-a^2x^2-1$

4．已知行列式 $D=\begin{vmatrix}2&-5&1&2\\-3&7&-1&4\\5&-9&2&7\\4&-6&1&2\end{vmatrix}$，则 D 和 $M_{31}+M_{33}+M_{34}$ 的值分别为（　　）．

A．-6 和 43　　B．-6 和 -63　　C．-9 和 43　　D．-9 和 -63

5．若齐次线性方程组 $\begin{cases}x_1-x_2+x_3=0,\\\lambda x_1+2x_2+x_3=0,\\2x_1+\lambda x_2=0\end{cases}$ 有非零解，则常数 $\lambda=$（　　）．

A．-1 或 0　　B．-2 或 1　　C．1 或 3　　D．-2 或 3

6．若 n 阶方阵 $\boldsymbol{A}=\begin{pmatrix}1&2&3&\cdots&n\\2&1&0&\cdots&0\\3&0&1&\cdots&0\\\vdots&\vdots&\vdots&&\vdots\\n&0&0&\cdots&1\end{pmatrix}$，则 $R(\boldsymbol{A}^2-\boldsymbol{A})=$（　　）．

A．$n-1$　　B．n　　C．2　　D．1

7．五阶行列式 $\begin{vmatrix}-2&-2&-2&-2&-2\\-2&-2&-2&-2&2\\-2&-2&-2&2&2\\-2&-2&2&2&2\\-2&2&2&2&2\end{vmatrix}=$（　　）．

A．72　　B．-512　　C．-256　　D．144

8．若矩阵 $\boldsymbol{A}$，$\boldsymbol{B}$ 满足方程 $\boldsymbol{A}^*\boldsymbol{BA}=2\boldsymbol{BA}-8\boldsymbol{E}$，其中 $\boldsymbol{A}=\begin{pmatrix}1&0&0\\0&-2&0\\0&0&1\end{pmatrix}$，则 $\boldsymbol{B}=$（　　）．

A．$\begin{pmatrix}2&0&0\\0&-4&0\\0&0&2\end{pmatrix}$　　B．$\begin{pmatrix}2&0&0\\0&4&0\\0&0&2\end{pmatrix}$　　C．$\begin{pmatrix}2&0&0\\0&-2&0\\0&0&2\end{pmatrix}$　　D．$\begin{pmatrix}2&0&0\\0&2&0\\0&0&2\end{pmatrix}$

二、填空题（本大题共 6 小题，每小题 4 分，共 24 分）

9．若 $\boldsymbol{A}$ 为三阶方阵，且 $|\boldsymbol{A}|=2$，则 $|-2\boldsymbol{A}^{\mathrm{T}}\boldsymbol{A}^*|=$________．

10．已知矩阵 $\boldsymbol{A}=\begin{pmatrix}1&0&4\\0&1&0\\1&0&-2\end{pmatrix}$，若 $R(\boldsymbol{B})=2$，则 $R(\boldsymbol{AB})=$________．

11．四阶行列式 $\begin{vmatrix}2&3&2&1\\3&4&0&2\\6&5&3&3\\3&2&5&-1\end{vmatrix}=$________．

12．已知矩阵 $\boldsymbol{A}=\begin{pmatrix}0&1&0\\1&0&-1\\0&-1&0\end{pmatrix}$，则 $\boldsymbol{A}^5=$________．

13．已知矩阵 $\boldsymbol{A}=\begin{pmatrix}1&2&3\\1&1&-2\\1&4&k\end{pmatrix}$，若 $R(\boldsymbol{A}^*)=1$，则常数 $k=$________．

14．若函数 $f(x)=\begin{vmatrix}1&x&2x^2\\x&2x^2&3x^3\\0&2&6x\end{vmatrix}$，则极限 $\lim\limits_{x\to0}\dfrac{f(x)}{x-\sin x}=$________．

三、解答题（本大题共 6 小题，15～18 题每小题 7 分，19～20 题每小题 8 分）

15．已知矩阵 $\boldsymbol{A}=\begin{pmatrix}1&0&2\\1&0&-1\\-1&3&1\end{pmatrix}$，$\boldsymbol{B}=\begin{pmatrix}2&1&1\\0&0&-1\end{pmatrix}$，求 $\boldsymbol{A}^2$ 和 $\boldsymbol{BA}$．

16．解矩阵方程 $\boldsymbol{X}\begin{pmatrix}1&-2\\0&3\end{pmatrix}=\begin{pmatrix}3&5\\8&4\end{pmatrix}$．

17．已知矩阵 $\boldsymbol{A}=\begin{pmatrix}0&0&-1&2\\0&0&-1&1\\-2&0&0&0\\4&1&0&0\end{pmatrix}$，求 $\boldsymbol{A}^{-1}$ 和 $|\boldsymbol{A}|$．

18．已知矩阵 $\boldsymbol{A}=\begin{pmatrix}\frac{1}{3}&0&0\\0&\frac{1}{4}&0\\0&0&\frac{1}{5}\end{pmatrix}$，$\boldsymbol{B}$ 为三阶方阵，且满足方程 $\boldsymbol{A}^{-1}\boldsymbol{BA}=12\boldsymbol{A}+\boldsymbol{BA}$，求 $\boldsymbol{B}$．

19．已知齐次线性方程组 $\begin{cases}x_1+x_3=0,\\2x_1+(\lambda-1)x_2+(\lambda-2)x_3=0,\\\lambda x_1+(\lambda-1)x_2-3x_3=0,\end{cases}$ 问 λ 为何值时，方程组只有零解或有无限多解？并在有无限多解时求其通解．

20．已知齐次线性方程组 $\begin{cases}x_1+x_2+x_3=0,\\x_1+2x_2+ax_3=0,\\x_1+4x_2+a^2x_3=0\end{cases}$ 与方程 $x_1+2x_2+x_3=a-1$ 有公共解，求常数 a 的值及公共解．

学校：__________ 班级：__________ 姓名：__________ 考号：__________

弥 封 线 内 不 准 答 题

第四章 向量组的线性相关性

第四章 向量组的线性相关性测试 A 卷

（本试卷共 3 道大题，20 道小题，满分 100 分）

题 号	一	二	三	总 分
得 分				

一、单项选择题（本大题共 8 小题，每小题 4 分，共 32 分）

1．已知向量 $\boldsymbol{\alpha}_1=\begin{pmatrix}-1\\0\\0\end{pmatrix}$，$\boldsymbol{\alpha}_2=\begin{pmatrix}0\\0\\-1\end{pmatrix}$，则由 $\boldsymbol{\alpha}_1$，$\boldsymbol{\alpha}_2$ 生成的向量可为（　　）.

A．$\begin{pmatrix}-1\\-1\\-1\end{pmatrix}$　　B．$\begin{pmatrix}0\\-1\\-1\end{pmatrix}$　　C．$\begin{pmatrix}-1\\-1\\0\end{pmatrix}$　　D．$\begin{pmatrix}-1\\0\\-1\end{pmatrix}$

2．若向量组 $\boldsymbol{\alpha}_1=\begin{pmatrix}1\\1\\0\end{pmatrix}$，$\boldsymbol{\alpha}_2=\begin{pmatrix}0\\2\\4\end{pmatrix}$，$\boldsymbol{\alpha}_3=\begin{pmatrix}-1\\3\\t\end{pmatrix}$ 线性无关，则（　　）.

A．$t=8$　　B．$t\neq 8$　　C．$t=4$　　D．$t\neq 4$

3．已知向量 $\boldsymbol{\alpha}_1=\begin{pmatrix}a_1\\b_1\end{pmatrix}$，$\boldsymbol{\alpha}_2=\begin{pmatrix}a_2\\b_2\end{pmatrix}$，$\boldsymbol{\beta}_1=\begin{pmatrix}a_1\\b_1\\c_1\end{pmatrix}$，$\boldsymbol{\beta}_2=\begin{pmatrix}a_2\\b_2\\c_2\end{pmatrix}$，下列说法正确的是（　　）.

A．若向量组 $\boldsymbol{\alpha}_1$，$\boldsymbol{\alpha}_2$ 线性相关，则必有 $\boldsymbol{\beta}_1$，$\boldsymbol{\beta}_2$ 线性相关

B．若向量组 $\boldsymbol{\alpha}_1$，$\boldsymbol{\alpha}_2$ 线性无关，则必有 $\boldsymbol{\beta}_1$，$\boldsymbol{\beta}_2$ 线性无关

C．若向量组 $\boldsymbol{\alpha}_1$，$\boldsymbol{\alpha}_2$ 线性相关，则必有 $\boldsymbol{\beta}_1$，$\boldsymbol{\beta}_2$ 线性无关

D．若向量组 $\boldsymbol{\alpha}_1$，$\boldsymbol{\alpha}_2$ 线性无关，则必有 $\boldsymbol{\beta}_1$，$\boldsymbol{\beta}_2$ 线性相关

4．若 $\boldsymbol{\alpha}_1=\begin{pmatrix}1\\0\\2\end{pmatrix}$，$\boldsymbol{\alpha}_2=\begin{pmatrix}0\\1\\-1\end{pmatrix}$ 都是三元齐次线性方程组 $\boldsymbol{Ax}=\boldsymbol{0}$ 的解向量，则方程组的系数矩阵 $\boldsymbol{A}$ 可为（　　）.

A．$\begin{pmatrix}2&0&-1\\0&1&1\end{pmatrix}$　　B．$(-2,1,1)$　　C．$\begin{pmatrix}-1&0&3\\0&1&1\end{pmatrix}$　　D．$\begin{pmatrix}-1&2&4\\3&2&3\end{pmatrix}$

5．已知 $\boldsymbol{A}$ 是秩为3的四阶方阵，若 $\boldsymbol{\alpha}_1$，$\boldsymbol{\alpha}_2$ 是齐次线性方程组 $\boldsymbol{Ax}=\boldsymbol{0}$ 的两个不同的解向量，则 $\boldsymbol{Ax}=\boldsymbol{0}$ 的通解一定是（　　）.

A．$\boldsymbol{x}=\boldsymbol{\alpha}_1+\boldsymbol{\alpha}_2$　　B．$\boldsymbol{x}=c\boldsymbol{\alpha}_1\ (c\in\mathbb{R})$

C．$\boldsymbol{x}=c(\boldsymbol{\alpha}_1+\boldsymbol{\alpha}_2)\ (c\in\mathbb{R})$　　D．$\boldsymbol{x}=c(\boldsymbol{\alpha}_1-\boldsymbol{\alpha}_2)\ (c\in\mathbb{R})$

6．若向量组 $\boldsymbol{\alpha}_1$，$\boldsymbol{\alpha}_2$，$\boldsymbol{\alpha}_3$，$\boldsymbol{\alpha}_4$，$\boldsymbol{\alpha}_5$ 构成的矩阵经初等行变换可化为 $\begin{pmatrix}1&1&3&0&1\\0&1&0&8&2\\0&0&0&5&-2\\0&0&0&0&0\end{pmatrix}$，则下列说法正确的是（　　）.

A．$\boldsymbol{\alpha}_1$ 不可由 $\boldsymbol{\alpha}_2$，$\boldsymbol{\alpha}_3$，$\boldsymbol{\alpha}_4$ 线性表示　　B．$\boldsymbol{\alpha}_2$ 不可由 $\boldsymbol{\alpha}_3$，$\boldsymbol{\alpha}_4$，$\boldsymbol{\alpha}_5$ 线性表示

C．$\boldsymbol{\alpha}_3$ 不可由 $\boldsymbol{\alpha}_1$，$\boldsymbol{\alpha}_4$，$\boldsymbol{\alpha}_5$ 线性表示　　D．$\boldsymbol{\alpha}_4$ 不可由 $\boldsymbol{\alpha}_1$，$\boldsymbol{\alpha}_2$，$\boldsymbol{\alpha}_3$ 线性表示

7．设 $\boldsymbol{\alpha}_1$，$\boldsymbol{\alpha}_2$，$\boldsymbol{\alpha}_3$ 是四元非齐次线性方程组 $\boldsymbol{Ax}=\boldsymbol{b}$ 的三个解向量，且 $R(\boldsymbol{A})=3$，$\boldsymbol{\alpha}_1=\begin{pmatrix}1\\2\\3\\4\end{pmatrix}$，$\boldsymbol{\alpha}_2+\boldsymbol{\alpha}_3=\begin{pmatrix}0\\1\\2\\3\end{pmatrix}$，则方程组 $\boldsymbol{Ax}=\boldsymbol{b}$ 的通解为（　　）.

A．$\begin{pmatrix}x_1\\x_2\\x_3\\x_4\end{pmatrix}=c\begin{pmatrix}1\\1\\1\\1\end{pmatrix}+\begin{pmatrix}1\\2\\3\\4\end{pmatrix}(c\in\mathbb{R})$　　B．$\begin{pmatrix}x_1\\x_2\\x_3\\x_4\end{pmatrix}=c\begin{pmatrix}0\\1\\2\\3\end{pmatrix}+\begin{pmatrix}1\\2\\3\\4\end{pmatrix}(c\in\mathbb{R})$

C．$\begin{pmatrix}x_1\\x_2\\x_3\\x_4\end{pmatrix}=c\begin{pmatrix}2\\3\\4\\5\end{pmatrix}+\begin{pmatrix}1\\2\\3\\4\end{pmatrix}(c\in\mathbb{R})$　　D．$\begin{pmatrix}x_1\\x_2\\x_3\\x_4\end{pmatrix}=c\begin{pmatrix}3\\4\\5\\6\end{pmatrix}+\begin{pmatrix}1\\2\\3\\4\end{pmatrix}(c\in\mathbb{R})$

8．若向量组 $\boldsymbol{\alpha}_1$，$\boldsymbol{\alpha}_2$，$\boldsymbol{\alpha}_3$ 线性无关，则下列向量组线性相关的是（　　）.

A．$-2\boldsymbol{\alpha}_1+\boldsymbol{\alpha}_2$，$2\boldsymbol{\alpha}_2+\boldsymbol{\alpha}_3$，$\boldsymbol{\alpha}_3-\boldsymbol{\alpha}_1$　　B．$\boldsymbol{\alpha}_1+\boldsymbol{\alpha}_2$，$\boldsymbol{\alpha}_2+\boldsymbol{\alpha}_3$，$\boldsymbol{\alpha}_1-2\boldsymbol{\alpha}_2$

C．$\boldsymbol{\alpha}_1-\boldsymbol{\alpha}_2$，$\boldsymbol{\alpha}_2-\boldsymbol{\alpha}_3$，$\boldsymbol{\alpha}_1-\boldsymbol{\alpha}_3$　　D．$\boldsymbol{\alpha}_1+\boldsymbol{\alpha}_2$，$\boldsymbol{\alpha}_2+\boldsymbol{\alpha}_3$，$\boldsymbol{\alpha}_3+\boldsymbol{\alpha}_1$

二、填空题（本大题共 6 小题，每小题 4 分，共 24 分）

9．若向量组 $\boldsymbol{\alpha}_1=\begin{pmatrix}1\\k\\-1\\3\end{pmatrix}$，$\boldsymbol{\alpha}_2=\begin{pmatrix}3\\6\\-3\\9\end{pmatrix}$ 线性相关，则常数 $k=$__________.

10．已知向量组 $\boldsymbol{\alpha}_1=\begin{pmatrix}a\\2\\3\end{pmatrix}$，$\boldsymbol{\alpha}_2=\begin{pmatrix}1\\1\\-1\end{pmatrix}$，$\boldsymbol{\alpha}_3=\begin{pmatrix}2\\-4\\5\end{pmatrix}$，当且仅当 $k_1=k_2=k_3=0$ 时，方程组 $k_1\boldsymbol{\alpha}_1+k_2\boldsymbol{\alpha}_2+k_3\boldsymbol{\alpha}_3=\boldsymbol{0}$ 成立，则常数 a 应满足__________.

11．向量组 $\boldsymbol{\alpha}_1=\begin{pmatrix}1\\1\\0\end{pmatrix}$，$\boldsymbol{\alpha}_2=\begin{pmatrix}3\\0\\-9\end{pmatrix}$，$\boldsymbol{\alpha}_3=\begin{pmatrix}1\\-1\\-6\end{pmatrix}$ 的秩为____________.

12．已知矩阵 $\boldsymbol{A}=\begin{pmatrix}1&1&-1&1\\0&1&0&1\end{pmatrix}$，则齐次线性方程组 $\boldsymbol{Ax}=\boldsymbol{0}$ 的一个基础解系为____________.

13．若 $\boldsymbol{\alpha}_1=\begin{pmatrix}0\\1\\1\end{pmatrix}$，$\boldsymbol{\alpha}_2=\begin{pmatrix}1\\0\\1\end{pmatrix}$，$\boldsymbol{\alpha}_3=\begin{pmatrix}1\\1\\0\end{pmatrix}$ 是三维向量空间 $\mathbb{R}^3$ 的一个基，则向量 $\boldsymbol{\beta}=\begin{pmatrix}8\\9\\-5\end{pmatrix}$ 在这个基下的坐标为____________.

14．若三阶方阵 $\boldsymbol{A}$ 的各行元素之和为 0，且 $R(\boldsymbol{A})=2$，则方程组 $\boldsymbol{Ax}=\boldsymbol{0}$ 的通解为____________.

三、解答题（本大题共 6 小题，15～18 题每小题 7 分，19～20 题每小题 8 分）

15．已知向量 $\boldsymbol{\alpha}_1=\begin{pmatrix}1\\4\\-2\\-3\end{pmatrix}$，$\boldsymbol{\alpha}_2=\begin{pmatrix}5\\1\\0\\-1\end{pmatrix}$，$\boldsymbol{\alpha}_3=\begin{pmatrix}-1\\0\\1\\0\end{pmatrix}$，求 $\boldsymbol{\alpha}_2-\boldsymbol{\alpha}_1$ 和 $\boldsymbol{\alpha}_1+\boldsymbol{\alpha}_2-2\boldsymbol{\alpha}_3$.

16．已知向量 $\boldsymbol{\beta}$ 可由向量组 $\boldsymbol{\alpha}_1$，$\boldsymbol{\alpha}_2$ 线性表示，且表示形式唯一，证明：向量组 $\boldsymbol{\alpha}_1$，$\boldsymbol{\alpha}_2$ 线性无关.

17．已知 $\boldsymbol{\alpha}_1$，$\boldsymbol{\alpha}_2$，$\boldsymbol{\alpha}_3$，$\boldsymbol{\alpha}_4$ 都是 n 维向量，且向量 $\boldsymbol{\alpha}_3$ 可由向量组 $\boldsymbol{\alpha}_1$，$\boldsymbol{\alpha}_2$，$\boldsymbol{\alpha}_4$ 线性表示，但不可由向量组 $\boldsymbol{\alpha}_1$，$\boldsymbol{\alpha}_4$ 线性表示．证明：向量 $\boldsymbol{\alpha}_2$ 可由向量组 $\boldsymbol{\alpha}_1$，$\boldsymbol{\alpha}_3$，$\boldsymbol{\alpha}_4$ 线性表示.

18．已知向量组 $\boldsymbol{\alpha}_1=\begin{pmatrix}1\\0\\0\\0\end{pmatrix}$，$\boldsymbol{\alpha}_2=\begin{pmatrix}0\\1\\1\\-3\end{pmatrix}$，$\boldsymbol{\alpha}_3=\begin{pmatrix}-2\\1\\2\\-3\end{pmatrix}$，$\boldsymbol{\alpha}_4=\begin{pmatrix}-3\\3\\4\\-8\end{pmatrix}$，$\boldsymbol{\beta}=\begin{pmatrix}-5\\11\\12\\-29\end{pmatrix}$，问向量 $\boldsymbol{\beta}$ 能否由向量组 $\boldsymbol{\alpha}_1$，$\boldsymbol{\alpha}_2$，$\boldsymbol{\alpha}_3$，$\boldsymbol{\alpha}_4$ 线性表示？若能，请写出这个线性表示式.

19．求向量组 $\boldsymbol{\alpha}_1=\begin{pmatrix}1\\1\\2\\-1\end{pmatrix}$，$\boldsymbol{\alpha}_2=\begin{pmatrix}0\\1\\2\\-1\end{pmatrix}$，$\boldsymbol{\alpha}_3=\begin{pmatrix}0\\0\\1\\0\end{pmatrix}$，$\boldsymbol{\alpha}_4=\begin{pmatrix}0\\0\\0\\1\end{pmatrix}$，$\boldsymbol{\alpha}_5=\begin{pmatrix}1\\2\\4\\-3\end{pmatrix}$ 的一个最大无关组，并将其余向量用该最大无关组线性表示.

20．求齐次线性方程组 $\begin{cases}x_1+x_3-2x_4=0,\\2x_1+x_2+x_3-x_4=0,\\-3x_1-2x_2-x_3=0,\\x_1+3x_2-2x_3+7x_4=0\end{cases}$ 的基础解系和通解.

学校：________ 班级：________ 姓名：________ 考号：________

弥封线内不准答题

第四章 向量组的线性相关性测试 B 卷

（本试卷共 3 道大题，20 道小题，满分 100 分）

题 号	一	二	三	总 分
得 分				

一、单项选择题（本大题共 8 小题，每小题 4 分，共 32 分）

1．若向量组 $\boldsymbol{\alpha}_1,\boldsymbol{\alpha}_2,\cdots,\boldsymbol{\alpha}_s$ 的秩为 r，且 $r<s$，则（　　）.

A．$\boldsymbol{\alpha}_1,\boldsymbol{\alpha}_2,\cdots,\boldsymbol{\alpha}_s$ 线性无关

B．$\boldsymbol{\alpha}_1,\boldsymbol{\alpha}_2,\cdots,\boldsymbol{\alpha}_s$ 中任意 r 个向量线性无关

C．$\boldsymbol{\alpha}_1,\boldsymbol{\alpha}_2,\cdots,\boldsymbol{\alpha}_s$ 中任意 $r+1$ 个向量线性相关

D．$\boldsymbol{\alpha}_1,\boldsymbol{\alpha}_2,\cdots,\boldsymbol{\alpha}_s$ 中任意 $r-1$ 个向量线性无关

2．齐次线性方程组 $\boldsymbol{Ax}=\boldsymbol{0}$ 只有零解的充分必要条件是（　　）.

A．系数矩阵 $\boldsymbol{A}$ 的列向量组线性相关　　B．系数矩阵 $\boldsymbol{A}$ 的列向量组线性无关

C．系数矩阵 $\boldsymbol{A}$ 的行向量组线性相关　　D．系数矩阵 $\boldsymbol{A}$ 的行向量组线性无关

3．已知向量 $\boldsymbol{\alpha}_1=\begin{pmatrix}a_{11}\\a_{21}\end{pmatrix}$，$\boldsymbol{\alpha}_2=\begin{pmatrix}a_{12}\\a_{22}\end{pmatrix}$，$\boldsymbol{\beta}_1=\begin{pmatrix}a_{11}\\a_{21}\\a_{31}\end{pmatrix}$，$\boldsymbol{\beta}_2=\begin{pmatrix}a_{12}\\a_{22}\\a_{32}\end{pmatrix}$，则下列说法正确的是（　　）.

A．若 $\boldsymbol{\alpha}_1,\boldsymbol{\alpha}_2$ 线性相关，则 $\boldsymbol{\beta}_1,\boldsymbol{\beta}_2$ 线性无关

B．若 $\boldsymbol{\alpha}_1,\boldsymbol{\alpha}_2$ 线性相关，则 $\boldsymbol{\beta}_1,\boldsymbol{\beta}_2$ 线性相关

C．若 $\boldsymbol{\beta}_1,\boldsymbol{\beta}_2$ 线性相关，则 $\boldsymbol{\alpha}_1,\boldsymbol{\alpha}_2$ 线性无关

D．若 $\boldsymbol{\beta}_1,\boldsymbol{\beta}_2$ 线性相关，则 $\boldsymbol{\alpha}_1,\boldsymbol{\alpha}_2$ 线性相关

4．若向量组 $\boldsymbol{\beta}_1=\begin{pmatrix}-1\\-2\\1\end{pmatrix}$，$\boldsymbol{\beta}_2=\begin{pmatrix}-1\\0\\t\end{pmatrix}$ 可由 $\boldsymbol{\alpha}_1=\begin{pmatrix}1\\2\\t\end{pmatrix}$，$\boldsymbol{\alpha}_2=\begin{pmatrix}1\\t\\2\end{pmatrix}$ 线性表示，则常数 $t=$（　　）.

A．-1　　B．-2　　C．1　　D．3

5．已知向量 $\boldsymbol{\alpha}_1=\begin{pmatrix}1\\0\\1\end{pmatrix}$，$\boldsymbol{\alpha}_2=\begin{pmatrix}-2\\1\\2\end{pmatrix}$，$\boldsymbol{\alpha}_3=\begin{pmatrix}3\\-1\\0\end{pmatrix}$，$\boldsymbol{\alpha}_4=\begin{pmatrix}-4\\1\\-3\end{pmatrix}$，则下列式子成立的是（　　）.

A．$\boldsymbol{\alpha}_4=\boldsymbol{\alpha}_1+2\boldsymbol{\alpha}_2-3\boldsymbol{\alpha}_3$　　B．$\boldsymbol{\alpha}_4=\boldsymbol{\alpha}_1-2\boldsymbol{\alpha}_2+3\boldsymbol{\alpha}_3$

C．$\boldsymbol{\alpha}_4=\boldsymbol{\alpha}_1-2\boldsymbol{\alpha}_2-3\boldsymbol{\alpha}_3$　　D．$\boldsymbol{\alpha}_4=-\boldsymbol{\alpha}_1+2\boldsymbol{\alpha}_2+3\boldsymbol{\alpha}_3$

6．已知向量 $\boldsymbol{\alpha}_1=\begin{pmatrix}a_1\\b_1\\c_1\end{pmatrix}$，$\boldsymbol{\alpha}_2=\begin{pmatrix}a_2\\b_2\\c_2\end{pmatrix}$，$\boldsymbol{\alpha}_3=\begin{pmatrix}a_3\\b_3\\c_3\end{pmatrix}$，则三条直线 $\begin{cases}a_1x+a_2y+a_3=0,\\b_1x+b_2y+b_3=0,\\c_1x+c_2y+c_3=0\end{cases}$ 相交于一点的充分必要条件是（　　）.

A．$\boldsymbol{\alpha}_1,\boldsymbol{\alpha}_2,\boldsymbol{\alpha}_3$ 线性无关　　B．$\boldsymbol{\alpha}_1,\boldsymbol{\alpha}_2,\boldsymbol{\alpha}_3$ 线性相关，$\boldsymbol{\alpha}_1,\boldsymbol{\alpha}_2$ 线性无关

C．$\boldsymbol{\alpha}_1,\boldsymbol{\alpha}_2,\boldsymbol{\alpha}_3$ 线性相关　　D．$R(\boldsymbol{\alpha}_1,\boldsymbol{\alpha}_2)=R(\boldsymbol{\alpha}_1,\boldsymbol{\alpha}_2,\boldsymbol{\alpha}_3)$

7．已知向量 $\boldsymbol{\alpha}_1=\begin{pmatrix}1\\1\\0\end{pmatrix}$，$\boldsymbol{\alpha}_2=\begin{pmatrix}0\\2\\-1\end{pmatrix}$，若向量 $\boldsymbol{\beta}$ 为 $\boldsymbol{\alpha}_1,\boldsymbol{\alpha}_2$ 的线性组合，则 $\boldsymbol{\beta}$ 可能是（　　）.

A．$\begin{pmatrix}1\\3\\-1\end{pmatrix}$　　B．$\begin{pmatrix}2\\3\\-5\end{pmatrix}$　　C．$\begin{pmatrix}2\\9\\3\end{pmatrix}$　　D．$\begin{pmatrix}2\\8\\1\end{pmatrix}$

8．若三元非齐次线性方程组 $\boldsymbol{Ax}=\boldsymbol{b}$ 的两个解 $\boldsymbol{\xi}_1,\boldsymbol{\xi}_2$ 满足 $\boldsymbol{\xi}_1+\boldsymbol{\xi}_2=\begin{pmatrix}-1\\0\\1\end{pmatrix}$，$\boldsymbol{\xi}_1-\boldsymbol{\xi}_2=\begin{pmatrix}-3\\2\\-1\end{pmatrix}$，且 $R(\boldsymbol{A})=R(\boldsymbol{A},\boldsymbol{b})=2$，则方程组 $\boldsymbol{Ax}=\boldsymbol{b}$ 的通解是（　　）.

A．$\begin{pmatrix}x_1\\x_2\\x_3\end{pmatrix}=c\begin{pmatrix}-3\\2\\-1\end{pmatrix}+\frac{1}{2}\begin{pmatrix}-1\\0\\1\end{pmatrix}(c\in\mathbb{R})$　　B．$\begin{pmatrix}x_1\\x_2\\x_3\end{pmatrix}=c\begin{pmatrix}-1\\0\\1\end{pmatrix}+\frac{1}{2}\begin{pmatrix}-3\\2\\-1\end{pmatrix}(c\in\mathbb{R})$

C．$\begin{pmatrix}x_1\\x_2\\x_3\end{pmatrix}=c\begin{pmatrix}-3\\2\\-1\end{pmatrix}+\begin{pmatrix}-1\\0\\1\end{pmatrix}(c\in\mathbb{R})$　　D．$\begin{pmatrix}x_1\\x_2\\x_3\end{pmatrix}=c\begin{pmatrix}-1\\0\\1\end{pmatrix}+\begin{pmatrix}-3\\2\\-1\end{pmatrix}(c\in\mathbb{R})$

二、填空题（本大题共 6 小题，每小题 4 分，共 24 分）

9．三元齐次线性方程组 $\begin{cases}x_1+x_2=0,\\x_2-x_3=0\end{cases}$ 的基础解系中含有非零解向量的个数为____________.

10．已知向量 $\boldsymbol{\alpha}_1=\begin{pmatrix}a\\2\\3\end{pmatrix}$，$\boldsymbol{\alpha}_2=\begin{pmatrix}1\\-1\\1\end{pmatrix}$，$\boldsymbol{\alpha}_3=\begin{pmatrix}1\\1\\2\end{pmatrix}$，若存在不全为零的常数 k_1,k_2,k_3 使得方程组 $k_1\boldsymbol{\alpha}_1+k_2\boldsymbol{\alpha}_2+k_3\boldsymbol{\alpha}_3=\boldsymbol{0}$ 成立，则常数 $a=$____________.

11．若向量组 $\boldsymbol{\alpha}_1=\begin{pmatrix}1\\2\\-1\\1\end{pmatrix}$，$\boldsymbol{\alpha}_2=\begin{pmatrix}2\\3\\0\\1\end{pmatrix}$，$\boldsymbol{\alpha}_3=\begin{pmatrix}0\\-1\\a\\-1\end{pmatrix}$ 的秩为 2，则常数 $a=$____________.

12．已知 $\boldsymbol{\xi}_1=\begin{pmatrix}-1\\2\\0\end{pmatrix}$，$\boldsymbol{\xi}_2=\begin{pmatrix}1\\3\\1\end{pmatrix}$ 为三元非齐次线性方程组 $\boldsymbol{Ax}=\boldsymbol{b}$ 的两个解，且 $R(\boldsymbol{A})=2$，则导出组 $\boldsymbol{Ax}=\boldsymbol{0}$ 的通解为____________.

13．设 $\boldsymbol{\alpha}_1$，$\boldsymbol{\alpha}_2$，$\boldsymbol{\alpha}_3$ 是三维向量空间的一个基，则由基 $\boldsymbol{\alpha}_1$，$\boldsymbol{\alpha}_2$，$\boldsymbol{\alpha}_3$ 到基 $\boldsymbol{\alpha}_1-\boldsymbol{\alpha}_2+\boldsymbol{\alpha}_3$，$\boldsymbol{\alpha}_2+2\boldsymbol{\alpha}_3$，$\boldsymbol{\alpha}_3-4\boldsymbol{\alpha}_1+2\boldsymbol{\alpha}_2$ 的过渡矩阵为____________.

14．已知 $\boldsymbol{A}=(\boldsymbol{\alpha}_1,\boldsymbol{\alpha}_2,\boldsymbol{\alpha}_3)$ 为三阶方阵，若向量组 $\boldsymbol{\alpha}_1$，$\boldsymbol{\alpha}_2$ 线性无关，且 $\boldsymbol{\alpha}_3=\boldsymbol{\alpha}_1-3\boldsymbol{\alpha}_2$，则齐次线性方程组 $\boldsymbol{Ax}=\boldsymbol{0}$ 的通解为____________.

三、解答题（本大题共 6 小题，15～18 题每小题 7 分，19～20 题每小题 8 分）

15．已知向量 $\boldsymbol{\alpha}_1=\begin{pmatrix}7\\3\\10\end{pmatrix}$，$\boldsymbol{\alpha}_2=\begin{pmatrix}13\\4\\5\end{pmatrix}$，且 $\boldsymbol{\alpha}_1-\frac{1}{2}\boldsymbol{\alpha}_3=2\boldsymbol{\alpha}_2$，求向量 $\boldsymbol{\alpha}_3$.

16．已知向量组 $\boldsymbol{\alpha}_1$，$\boldsymbol{\alpha}_2$，$\boldsymbol{\alpha}_3$ 线性无关，证明：向量组 $\boldsymbol{\alpha}_1+2\boldsymbol{\alpha}_2$，$\boldsymbol{\alpha}_2+2\boldsymbol{\alpha}_3$，$\boldsymbol{\alpha}_3+\boldsymbol{\alpha}_1$ 也线性无关.

17．已知向量 $\boldsymbol{\alpha}_1=\begin{pmatrix}1\\-1\\1\end{pmatrix}$，$\boldsymbol{\alpha}_2=\begin{pmatrix}1\\t\\-1\end{pmatrix}$，$\boldsymbol{\alpha}_3=\begin{pmatrix}t\\1\\2\end{pmatrix}$，$\boldsymbol{\beta}=\begin{pmatrix}4\\t^2\\-4\end{pmatrix}$，问向量 $\boldsymbol{\beta}$ 能否由向量组 $\boldsymbol{\alpha}_1$，$\boldsymbol{\alpha}_2$，$\boldsymbol{\alpha}_3$ 线性表示，且表示形式不唯一？若能，请写出这个线性表示式.

18．已知向量 $\boldsymbol{\alpha}_1=\begin{pmatrix}1\\2\\1\end{pmatrix}$，$\boldsymbol{\alpha}_2=\begin{pmatrix}1\\3\\0\end{pmatrix}$，$\boldsymbol{\alpha}_3=\begin{pmatrix}0\\3\\0\end{pmatrix}$，$\boldsymbol{\beta}=\begin{pmatrix}-1\\-8\\2\end{pmatrix}$，证明：向量组 $\boldsymbol{\alpha}_1$，$\boldsymbol{\alpha}_2$，$\boldsymbol{\alpha}_3$ 是三维向量空间 $\mathbb{R}^3$ 的一个基，并求向量 $\boldsymbol{\beta}$ 在这一基下的坐标.

19．求向量组 $\boldsymbol{\alpha}_1=\begin{pmatrix}1\\2\\-1\\-2\end{pmatrix}$，$\boldsymbol{\alpha}_2=\begin{pmatrix}2\\5\\-3\\-3\end{pmatrix}$，$\boldsymbol{\alpha}_3=\begin{pmatrix}-1\\-1\\1\\2\end{pmatrix}$，$\boldsymbol{\alpha}_4=\begin{pmatrix}6\\17\\-9\\-9\end{pmatrix}$ 的一个最大无关组，并将其余向量用该最大无关组线性表示.

20．求非齐次线性方程组 $\begin{cases}x_1-x_2-x_3-x_4=-2,\\x_1+x_4=1,\\-x_1+2x_2+2x_3+4x_4=5\end{cases}$ 的通解.

弥　封　线　内　不　准　答　题

学校：________ 班级：________ 姓名：________ 考号：________

密封线内不准答题

第四章　向量组的线性相关性测试 C 卷

（本试卷共 3 道大题，20 道小题，满分 100 分）

题　号	一	二	三	总　分
得　分				

一、单项选择题（本大题共 8 小题，每小题 4 分，共 32 分）

1．若向量组 $\boldsymbol{\alpha}_1=\begin{pmatrix}1\\1\\1\end{pmatrix}$，$\boldsymbol{\alpha}_2=\begin{pmatrix}a\\1\\0\end{pmatrix}$，$\boldsymbol{\alpha}_3=\begin{pmatrix}1\\b\\0\end{pmatrix}$ 线性相关，则常数 a，b 的值可取为（　　）．

A．0，0　　B．0，1　　C．1，0　　D．1，1

2．下列向量组线性无关的是（　　）．

A．$\begin{pmatrix}2\\-1\\0\\2\end{pmatrix},\begin{pmatrix}0\\0\\0\\0\end{pmatrix},\begin{pmatrix}0\\2\\-1\\1\end{pmatrix}$　　B．$\begin{pmatrix}a\\b\\c\end{pmatrix},\begin{pmatrix}c\\d\\a\end{pmatrix},\begin{pmatrix}d\\a\\b\end{pmatrix},\begin{pmatrix}b\\c\\d\end{pmatrix}$

C．$\begin{pmatrix}a\\1\\d\\0\\0\end{pmatrix},\begin{pmatrix}b\\0\\e\\1\\0\end{pmatrix},\begin{pmatrix}c\\0\\f\\0\\1\end{pmatrix}$　　D．$\begin{pmatrix}1\\2\\1\\5\end{pmatrix},\begin{pmatrix}1\\2\\1\\6\end{pmatrix},\begin{pmatrix}1\\2\\3\\7\end{pmatrix},\begin{pmatrix}0\\0\\0\\1\end{pmatrix}$

3．设向量 $\boldsymbol{\beta}$ 可由向量组 $\boldsymbol{\alpha}_1,\boldsymbol{\alpha}_2,\cdots,\boldsymbol{\alpha}_s$ 线性表示，但不可由向量组（I）$\boldsymbol{\alpha}_1,\boldsymbol{\alpha}_2,\cdots,\boldsymbol{\alpha}_{s-1}$ 线性表示，记向量组（II）$\boldsymbol{\alpha}_1,\boldsymbol{\alpha}_2,\cdots,\boldsymbol{\alpha}_{s-1},\boldsymbol{\beta}$，则（　　）．

A．$\boldsymbol{\alpha}_s$ 不可由（I）线性表示，但可由（II）线性表示

B．$\boldsymbol{\alpha}_s$ 既不可由（I）线性表示，也不可由（II）线性表示

C．$\boldsymbol{\alpha}_s$ 既可由（I）线性表示，也可由（II）线性表示

D．$\boldsymbol{\alpha}_s$ 可由（I）线性表示，但不可由（II）线性表示

4．已知非齐次线性方程组 $\boldsymbol{A}_{m\times n}\boldsymbol{x}=\boldsymbol{b}$ 系数矩阵的秩 $R(\boldsymbol{A})=n-3$，$\boldsymbol{\xi}_1$，$\boldsymbol{\xi}_2$，$\boldsymbol{\xi}_3$ 是方程组的三个线性无关的解向量，则（　　）不是导出组 $\boldsymbol{A}_{m\times n}\boldsymbol{x}=\boldsymbol{0}$ 的基础解系．

A．$2\boldsymbol{\xi}_1$，$-\boldsymbol{\xi}_2$，$\boldsymbol{\xi}_3$　　B．$\boldsymbol{\xi}_1+\boldsymbol{\xi}_2$，$2\boldsymbol{\xi}_2+3\boldsymbol{\xi}_3$，$\boldsymbol{\xi}_3+\boldsymbol{\xi}_1$

C．$\boldsymbol{\xi}_1$，$2\boldsymbol{\xi}_2$，$\boldsymbol{\xi}_1+\boldsymbol{\xi}_2+\boldsymbol{\xi}_3$　　D．$\boldsymbol{\xi}_3-\boldsymbol{\xi}_2-\boldsymbol{\xi}_1$，$\boldsymbol{\xi}_3+\boldsymbol{\xi}_2+\boldsymbol{\xi}_1$，$-2\boldsymbol{\xi}_3$

5．设 $\boldsymbol{\alpha}_1,\boldsymbol{\alpha}_2,\cdots,\boldsymbol{\alpha}_m$ 均为 n 维向量，下列说法不正确的是（　　）．

A．若向量组 $\boldsymbol{\alpha}_1,\boldsymbol{\alpha}_2,\cdots,\boldsymbol{\alpha}_m$ 线性相关，则对任意一组不全为 0 的数 $k_1,k_2,\cdots,k_m$，都有 $k_1\boldsymbol{\alpha}_1+k_2\boldsymbol{\alpha}_2+\cdots+k_m\boldsymbol{\alpha}_m=\boldsymbol{0}$

B．若对任意一组不全为 0 的数 $k_1,k_2,\cdots,k_m$，都有 $k_1\boldsymbol{\alpha}_1+k_2\boldsymbol{\alpha}_2+\cdots+k_m\boldsymbol{\alpha}_m\neq\boldsymbol{0}$，则向量组 $\boldsymbol{\alpha}_1,\boldsymbol{\alpha}_2,\cdots,\boldsymbol{\alpha}_m$ 线性无关

C．任意两个向量线性无关是向量组 $\boldsymbol{\alpha}_1,\boldsymbol{\alpha}_2,\cdots,\boldsymbol{\alpha}_m$ 线性无关的必要不充分条件

D．向量组 $\boldsymbol{\alpha}_1,\boldsymbol{\alpha}_2,\cdots,\boldsymbol{\alpha}_m$ 线性无关的充分必要条件是此向量组的秩为 m

6．已知向量组 $\boldsymbol{\alpha}_1=\begin{pmatrix}1\\1\\1\\2\end{pmatrix}$，$\boldsymbol{\alpha}_2=\begin{pmatrix}2\\3\\1\\6\end{pmatrix}$，$\boldsymbol{\alpha}_3=\begin{pmatrix}-1\\-3\\1\\-6\end{pmatrix}$，$\boldsymbol{\alpha}_4=\begin{pmatrix}0\\-1\\1\\-2\end{pmatrix}$，下列式子成立的是（　　）．

A．$\boldsymbol{\alpha}_3=2\boldsymbol{\alpha}_1-\boldsymbol{\alpha}_2$　　B．$\boldsymbol{\alpha}_3=-3\boldsymbol{\alpha}_1+2\boldsymbol{\alpha}_2$

C．$\boldsymbol{\alpha}_4=-2\boldsymbol{\alpha}_1+\boldsymbol{\alpha}_2$　　D．$\boldsymbol{\alpha}_4=2\boldsymbol{\alpha}_1-\boldsymbol{\alpha}_2$

7．已知 $\boldsymbol{\alpha}_1$，$\boldsymbol{\alpha}_2$ 是非齐次线性方程组 $\boldsymbol{Ax}=\boldsymbol{b}$ 的 2 个不同的解向量，那么向量 $\boldsymbol{\alpha}_1+\boldsymbol{\alpha}_2$，$3\boldsymbol{\alpha}_1+\dfrac{1}{3}\boldsymbol{\alpha}_2$，$\dfrac{1}{4}\boldsymbol{\alpha}_1+\dfrac{3}{4}\boldsymbol{\alpha}_2$ 和 $\dfrac{2}{3}\boldsymbol{\alpha}_1+\dfrac{1}{3}\boldsymbol{\alpha}_2$ 中，仍是方程组 $\boldsymbol{Ax}=\boldsymbol{b}$ 的特解的共有（　　）．

A．4 个　　B．3 个　　C．2 个　　D．1 个

8．已知 $\boldsymbol{A}=(\boldsymbol{\alpha}_1,\boldsymbol{\alpha}_2,\boldsymbol{\alpha}_3,\boldsymbol{\alpha}_4)$ 是四阶方阵，$\boldsymbol{A}^*$ 是 $\boldsymbol{A}$ 的伴随矩阵，齐次线性方程组 $\boldsymbol{Ax}=\boldsymbol{0}$ 的基础解系是 $\begin{pmatrix}1\\0\\1\\0\end{pmatrix}$，则 $\boldsymbol{A}^*\boldsymbol{x}=\boldsymbol{0}$ 的基础解系可为（　　）．

A．$\boldsymbol{\alpha}_1$，$\boldsymbol{\alpha}_3$　　B．$\boldsymbol{\alpha}_1$，$\boldsymbol{\alpha}_2$　　C．$\boldsymbol{\alpha}_1$，$\boldsymbol{\alpha}_2$，$\boldsymbol{\alpha}_3$　　D．$\boldsymbol{\alpha}_2$，$\boldsymbol{\alpha}_3$，$\boldsymbol{\alpha}_4$

二、填空题（本大题共 6 小题，每小题 4 分，共 24 分）

9．已知 $\boldsymbol{A}$ 是 5×4 的矩阵，若 $\boldsymbol{\xi}_1$，$\boldsymbol{\xi}_2$ 为齐次线性方程组 $\boldsymbol{Ax}=\boldsymbol{0}$ 的基础解系，则 $R(\boldsymbol{A}^{\mathrm{T}})=$________．

10．设向量组 $\boldsymbol{\alpha}_1=\begin{pmatrix}1\\4\\2\end{pmatrix}$，$\boldsymbol{\alpha}_2=\begin{pmatrix}2\\7\\3\end{pmatrix}$，$\boldsymbol{\alpha}_3=\begin{pmatrix}0\\1\\t\end{pmatrix}$ 可表示任意一个三维向量，则常数 t 应满足________．

11．设非齐次线性方程组 $\boldsymbol{Ax}=\boldsymbol{b}$ 的增广矩阵经初等变换可化为 $\left(\begin{array}{cccc:c}1&2&1&1&1\\0&1&2&1&1\\0&0&a-1&0&a-1\\0&0&0&b-2&0\end{array}\right)$，若导出组 $\boldsymbol{Ax}=\boldsymbol{0}$ 的基础解系中含有 2 个线性无关的解向量，则常数 $a=$________，$b=$________．

12．已知向量$\boldsymbol{\alpha}_1=\begin{pmatrix}1\\-1\\1\end{pmatrix}$，$\boldsymbol{\alpha}_2=\begin{pmatrix}0\\1\\1\end{pmatrix}$，$\boldsymbol{\alpha}_3=\begin{pmatrix}1\\3\\t\end{pmatrix}$，$\boldsymbol{\beta}=\begin{pmatrix}-1\\4\\4\end{pmatrix}$，若向量$\boldsymbol{\beta}$可由向量组$\boldsymbol{\alpha}_1$，$\boldsymbol{\alpha}_2$，$\boldsymbol{\alpha}_3$线性表示，且表示式唯一，则常数$t$应满足____________.

13．已知二维向量空间$\mathbb{R}^2$的两个基分别为$\boldsymbol{\alpha}_1=\begin{pmatrix}0\\2\end{pmatrix}$，$\boldsymbol{\alpha}_2=\begin{pmatrix}-3\\1\end{pmatrix}$和$\boldsymbol{\beta}_1=\begin{pmatrix}2\\1\end{pmatrix}$，$\boldsymbol{\beta}_2=\begin{pmatrix}0\\-1\end{pmatrix}$，若向量$\boldsymbol{\gamma}$在基$\boldsymbol{\alpha}_1$，$\boldsymbol{\alpha}_2$下的坐标为$(1,5)$，则$\boldsymbol{\gamma}$在基$\boldsymbol{\beta}_1$，$\boldsymbol{\beta}_2$下的坐标为____________.

14．已知$\boldsymbol{A}=(\boldsymbol{\alpha}_1,\boldsymbol{\alpha}_2,\boldsymbol{\alpha}_3,\boldsymbol{\alpha}_4)$是四阶方阵，若向量组$\boldsymbol{\alpha}_1$，$\boldsymbol{\alpha}_2$线性无关，且向量$\boldsymbol{\alpha}_3=\boldsymbol{\alpha}_1+2\boldsymbol{\alpha}_2$，$\boldsymbol{\alpha}_4=\boldsymbol{\alpha}_1-\boldsymbol{\alpha}_2$，则齐次线性方程组$\boldsymbol{Ax}=\boldsymbol{0}$的通解为____________.

三、解答题（本大题共6小题，15～18题每小题7分，19～20题每小题8分）

15．已知向量组$\boldsymbol{\alpha}_1$，$\boldsymbol{\alpha}_2$，$\boldsymbol{\alpha}_3$，$\boldsymbol{\alpha}_4$线性无关，证明：向量组$\boldsymbol{\alpha}_1+c_1\boldsymbol{\alpha}_4$，$\boldsymbol{\alpha}_2+c_2\boldsymbol{\alpha}_4$，$\boldsymbol{\alpha}_3+c_3\boldsymbol{\alpha}_4$也线性无关，其中$c_1$，$c_2$，$c_3$是任意常数.

16．已知向量组$\boldsymbol{\alpha}_1$，$\boldsymbol{\alpha}_2$，$\boldsymbol{\alpha}_3$线性相关，$\boldsymbol{\alpha}_2$，$\boldsymbol{\alpha}_3$，$\boldsymbol{\alpha}_4$线性无关，证明：

（1）$\boldsymbol{\alpha}_1$可由$\boldsymbol{\alpha}_2$，$\boldsymbol{\alpha}_3$线性表示；

（2）$\boldsymbol{\alpha}_4$不可由$\boldsymbol{\alpha}_1$，$\boldsymbol{\alpha}_2$，$\boldsymbol{\alpha}_3$线性表示.

17．已知向量组$\boldsymbol{\alpha}_1=\begin{pmatrix}1\\1\\k\end{pmatrix}$，$\boldsymbol{\alpha}_2=\begin{pmatrix}1\\k\\1\end{pmatrix}$，$\boldsymbol{\alpha}_3=\begin{pmatrix}k\\1\\1\end{pmatrix}$线性相关.

（1）求常数k的值；

（2）求$\boldsymbol{\alpha}_1$，$\boldsymbol{\alpha}_2$，$\boldsymbol{\alpha}_3$的一个最大无关组，并将其余向量用该最大无关组线性表示.

18．已知向量$\boldsymbol{\alpha}_1=\begin{pmatrix}1\\1\\0\end{pmatrix}$，$\boldsymbol{\alpha}_2=\begin{pmatrix}0\\1\\1\end{pmatrix}$，$\boldsymbol{\alpha}_3=\begin{pmatrix}-3a\\-2a\\2a\end{pmatrix}$，$\boldsymbol{\beta}=\begin{pmatrix}-3b-8\\-2b-9\\2b+1\end{pmatrix}$，求$a$，$b$满足什么条件时：

（1）$\boldsymbol{\beta}$可由向量组$\boldsymbol{\alpha}_1$，$\boldsymbol{\alpha}_2$，$\boldsymbol{\alpha}_3$线性表示，且表示式唯一；

（2）$\boldsymbol{\beta}$可由向量组$\boldsymbol{\alpha}_1$，$\boldsymbol{\alpha}_2$，$\boldsymbol{\alpha}_3$线性表示，但表示式不唯一，并求一般表示式；

（3）$\boldsymbol{\beta}$不可由向量组$\boldsymbol{\alpha}_1$，$\boldsymbol{\alpha}_2$，$\boldsymbol{\alpha}_3$线性表示.

19．已知$\boldsymbol{\alpha}_1$，$\boldsymbol{\alpha}_2$，$\boldsymbol{\alpha}_3$是三维向量空间$\mathbb{R}^3$的一个基，向量$\boldsymbol{\beta}_1$，$\boldsymbol{\beta}_2$，$\boldsymbol{\beta}_3$满足$\boldsymbol{\beta}_1-\boldsymbol{\beta}_3=\boldsymbol{\alpha}_1-\boldsymbol{\alpha}_2-2\boldsymbol{\alpha}_3$，$-\boldsymbol{\beta}_1+\boldsymbol{\beta}_2=\boldsymbol{\alpha}_2+3\boldsymbol{\alpha}_3$，$\boldsymbol{\beta}_2+2\boldsymbol{\beta}_3=\boldsymbol{\alpha}_1-\boldsymbol{\alpha}_3$.

（1）证明：$\boldsymbol{\beta}_1$，$\boldsymbol{\beta}_2$，$\boldsymbol{\beta}_3$是$\mathbb{R}^3$的一个基；

（2）求由基$\boldsymbol{\beta}_1$，$\boldsymbol{\beta}_2$，$\boldsymbol{\beta}_3$到基$\boldsymbol{\alpha}_1$，$\boldsymbol{\alpha}_2$，$\boldsymbol{\alpha}_3$的过渡矩阵；

（3）求向量$\boldsymbol{\gamma}=-\boldsymbol{\alpha}_1-2\boldsymbol{\alpha}_2+4\boldsymbol{\alpha}_3$在基$\boldsymbol{\beta}_1$，$\boldsymbol{\beta}_2$，$\boldsymbol{\beta}_3$下的坐标.

20．已知方程组$\boldsymbol{Ax}=\boldsymbol{0}$的基础解系为$\boldsymbol{\xi}_1=\begin{pmatrix}1\\2\\1\\3\end{pmatrix}$，$\boldsymbol{\xi}_2=\begin{pmatrix}1\\1\\-1\\1\end{pmatrix}$，$\boldsymbol{Bx}=\boldsymbol{0}$的基础解系为$\boldsymbol{\xi}_3=\begin{pmatrix}-1\\-3\\-4\\-5\end{pmatrix}$，$\boldsymbol{\xi}_4=\begin{pmatrix}3\\5\\1\\7\end{pmatrix}$，求方程组$\begin{cases}\boldsymbol{Ax}=\boldsymbol{0},\\\boldsymbol{Bx}=\boldsymbol{0}\end{cases}$的基础解系和通解.

考点精讲课

第五章　相似矩阵及二次型

第五章　相似矩阵及二次型测试 A 卷

（本试卷共 3 道大题，20 道小题，满分 100 分）

题　号	一	二	三	总　分
得　分				

一、单项选择题（本大题共 8 小题，每小题 4 分，共 32 分）

1. 已知向量 $\boldsymbol{\alpha}=\begin{pmatrix}-1\\0\\3\\5\end{pmatrix}$，$\boldsymbol{\beta}=\begin{pmatrix}2\\8\\-1\\1\end{pmatrix}$，则 $(\boldsymbol{\alpha},\boldsymbol{\beta})=$（　　）.

A. 35　　B. 70　　C. 0　　D. 5

2. 下列选项属于正交矩阵的是（　　）.

A. $\begin{pmatrix}2&-1&-2\\3&2&1\\-1&4&-1\end{pmatrix}$　　B. $\begin{pmatrix}\frac{1}{2}&0&\frac{\sqrt{3}}{2}\\0&1&0\\\frac{\sqrt{3}}{2}&0&\frac{1}{2}\end{pmatrix}$　　C. $\begin{pmatrix}1&0\\0&2\end{pmatrix}$　　D. $\begin{pmatrix}-\frac{1}{2}&0&\frac{\sqrt{3}}{2}\\0&1&0\\\frac{\sqrt{3}}{2}&0&\frac{1}{2}\end{pmatrix}$

3. 已知二阶方阵 $\boldsymbol{A}$ 与 $\boldsymbol{B}$ 相似，若 $\boldsymbol{B}$ 的特征值为 $\lambda_1=-2$，$\lambda_2=3$，则 $\operatorname{tr}(\boldsymbol{A}-\boldsymbol{E})=$（　　）.

A. -6　　B. -1　　C. 1　　D. 6

4. 若三阶实对称矩阵 $\boldsymbol{A}$ 的秩为 2，则 $\boldsymbol{A}$ 的特征值 $\lambda=0$ 的重数为（　　）.

A. 0　　B. 1　　C. 2　　D. 3

5. 若方阵 $\boldsymbol{A}=\begin{pmatrix}1&2\\a&b\end{pmatrix}$，且 $\boldsymbol{A}$ 的特征值为 1，2，则常数 a，b 的值分别是（　　）.

A. -2，0　　B. 0，-2　　C. 2，0　　D. 0，2

6. 已知矩阵 $\boldsymbol{A}=\begin{pmatrix}1&1\\1&1\end{pmatrix}$，$\boldsymbol{B}=\begin{pmatrix}2&0\\0&0\end{pmatrix}$，则 $\boldsymbol{A}$ 与 $\boldsymbol{B}$ 的关系是（　　）.

A. 相似且合同　　B. 相似但不合同　　C. 不相似但合同　　D. 不相似且不合同

7. 若 -2，2，3 是三阶方阵 $\boldsymbol{A}$ 的特征值，则下列矩阵中可逆的是（　　）.

A. $2\boldsymbol{E}+\boldsymbol{A}$　　B. $\boldsymbol{A}-2\boldsymbol{E}$　　C. $\boldsymbol{A}-3\boldsymbol{E}$　　D. $\boldsymbol{E}+\boldsymbol{A}$

8. 已知方阵 $\boldsymbol{A}=\begin{pmatrix}-1&0&0\\0&2&2\\0&2&2\end{pmatrix}$，则二次型 $f(x_1,x_2,x_3)=\boldsymbol{x}^{\mathrm{T}}\boldsymbol{A}\boldsymbol{x}$ 的规范形是（　　）.

A. $z_1^2-z_2^2-z_3^2$　　B. $z_1^2+z_2^2-z_3^2$　　C. $z_1^2+z_2^2$　　D. $z_1^2-z_2^2$

二、填空题（本大题共 6 小题，每小题 4 分，共 24 分）

9. 若 $\boldsymbol{\alpha}=\begin{pmatrix}1\\1\\2\end{pmatrix}$ 是方阵 $\boldsymbol{A}=\begin{pmatrix}4&1&-2\\1&2&-1\\3&1&-1\end{pmatrix}$ 的一个特征向量，则 $\boldsymbol{\alpha}$ 对应的特征值是________.

10. 若矩阵 $\boldsymbol{A}=\begin{pmatrix}1&1&1\\1&a&1\\1&1&1\end{pmatrix}$ 与 $\boldsymbol{B}=\begin{pmatrix}0&0&0\\0&1&0\\0&0&4\end{pmatrix}$ 相似，则常数 $a=$________.

11. 若矩阵 $\boldsymbol{A}$ 满足 $|\boldsymbol{E}+2\boldsymbol{A}|=0$，则 $\boldsymbol{A}$ 必有一个特征值是________.

12. 若三阶方阵 $\boldsymbol{A}$ 的特征值是 1，-1，2，则 $|\boldsymbol{A}^2+2\boldsymbol{E}|=$________.

13. 二次型 $f(x_1,x_2,x_3)=(x_1-x_2)^2-(x_2+x_3)^2$ 的矩阵为________.

14. 二次型 $f(x_1,x_2,x_3)=2x_1^2+x_2^2+4x_3^2+2x_1x_2$ 的正惯性指数为________.

三、解答题（本大题共 6 小题，15～18 题每小题 7 分，19～20 题每小题 8 分）

15. 已知 $\boldsymbol{\alpha}_1$，$\boldsymbol{\alpha}_2$ 分别是方阵 $\boldsymbol{A}$ 对应特征值 λ_1，λ_2 的特征向量，且 $\lambda_1\neq\lambda_2$. 证明：向量组 $\boldsymbol{\alpha}_1$，$\boldsymbol{\alpha}_2$ 线性无关.

16. 利用施密特正交化方法将向量组 $\boldsymbol{\alpha}_1=\begin{pmatrix}1\\0\\1\end{pmatrix}$，$\boldsymbol{\alpha}_2=\begin{pmatrix}0\\1\\1\end{pmatrix}$，$\boldsymbol{\alpha}_3=\begin{pmatrix}1\\1\\0\end{pmatrix}$ 标准正交化.

考号：______　姓名：______　班级：______　学校：______

题 答 准 不 内 线 封 弥

17．已知方阵 $\boldsymbol{A}=\begin{pmatrix}-2 & 1 & -2\\ -5 & 3 & -3\\ 1 & 0 & 2\end{pmatrix}$，问 $\boldsymbol{A}$ 是否可以对角化？并说明理由．

18．已知方阵 $\boldsymbol{A}=\begin{pmatrix}1 & -2 & -2\\ -2 & a & -2\\ -2 & -2 & a\end{pmatrix}$ 的 3 个特征值之和是 3，求：

（1）常数 a 的值；

（2）$\boldsymbol{A}$ 的全部特征值和特征向量．

19．已知 $\boldsymbol{A}\boldsymbol{\alpha}_i=i\boldsymbol{\alpha}_i\ (i=1，2，3)$，其中 $\boldsymbol{\alpha}_1=\begin{pmatrix}2\\ 1\\ -1\end{pmatrix}$，$\boldsymbol{\alpha}_2=\begin{pmatrix}2\\ -1\\ 2\end{pmatrix}$，$\boldsymbol{\alpha}_3=\begin{pmatrix}3\\ 0\\ 1\end{pmatrix}$，求矩阵 $\boldsymbol{A}$．

20．求一个正交变换 $\boldsymbol{x}=\boldsymbol{P}\boldsymbol{y}$，化二次型 $f(x_1,x_2,x_3)=x_1^2+3x_2^2+3x_3^2-4x_2x_3$ 成标准形．

弥封线内不准答题

学校：________ 班级：________ 姓名：________ 考号：________

弥封线内不准答题

第五章　相似矩阵及二次型测试B卷

（本试卷共3道大题，20道小题，满分100分）

题　号	一	二	三	总　分
得　分				

一、单项选择题（本大题共8小题，每小题4分，共32分）

1．已知向量$\boldsymbol{\alpha}=\begin{pmatrix}3\\1\\2\end{pmatrix}$，则$\|-3\boldsymbol{\alpha}\|=$（　　）.

A．$-3\sqrt{14}$　　B．$3\sqrt{14}$　　C．$\sqrt{14}$　　D．$\sqrt{42}$

2．若二阶方阵$\boldsymbol{A}$满足$|2\boldsymbol{E}+3\boldsymbol{A}|=0$，$|\boldsymbol{E}-\boldsymbol{A}|=0$，则$|\boldsymbol{A}+\boldsymbol{E}|=$（　　）.

A．$-\dfrac{3}{2}$　　B．$-\dfrac{2}{3}$　　C．$\dfrac{2}{3}$　　D．$\dfrac{3}{2}$

3．与矩阵$\boldsymbol{A}=\begin{pmatrix}1&0&0\\0&-2&0\\0&0&-3\end{pmatrix}$合同的矩阵是（　　）.

A．$\begin{pmatrix}-3&0&0\\0&-2&0\\0&0&-1\end{pmatrix}$　　B．$\begin{pmatrix}3&0&0\\0&-2&0\\0&0&-1\end{pmatrix}$　　C．$\begin{pmatrix}-1&0&0\\0&2&0\\0&0&3\end{pmatrix}$　　D．$\begin{pmatrix}1&0&0\\0&2&0\\0&0&3\end{pmatrix}$

4．若$\boldsymbol{\alpha}=\begin{pmatrix}1\\-2\\3\end{pmatrix}$是方阵$\boldsymbol{A}=\begin{pmatrix}3&2&-1\\-2&a&1\\3&1&b\end{pmatrix}$的特征向量，则常数$a$，$b$的值分别为（　　）.

A．-3，-4　　B．3，4　　C．$\dfrac{7}{2}$，$\dfrac{13}{3}$　　D．$-\dfrac{7}{2}$，$-\dfrac{13}{3}$

5．二次型$f(x_1,x_2,x_3)=x_2^2+2x_1x_3$的规范形为（　　）.

A．$z_1^2+z_2^2+z_3^2$　　B．$z_1^2+z_2^2-z_3^2$　　C．$z_1^2-z_2^2-z_3^2$　　D．$-z_1^2-z_2^2-z_3^2$

6．已知n元二次型$f(x_1,x_2,\cdots,x_n)=\boldsymbol{x}^{\mathrm{T}}\boldsymbol{A}\boldsymbol{x}$，其中$\boldsymbol{A}=\boldsymbol{A}^{\mathrm{T}}$，$\boldsymbol{x}=(x_1,x_2,\cdots,x_n)^{\mathrm{T}}$，则$f$为正定二次型的充分必要条件是（　　）.

A．f的负惯性指数为0　　B．存在正交矩阵$\boldsymbol{Q}$，使得$\boldsymbol{Q}^{\mathrm{T}}\boldsymbol{A}\boldsymbol{Q}=\boldsymbol{E}$

C．f的秩为n　　D．存在可逆矩阵$\boldsymbol{C}$，使得$\boldsymbol{A}=\boldsymbol{C}^{\mathrm{T}}\boldsymbol{C}$

7．已知$\boldsymbol{A}$是三阶方阵，$\boldsymbol{P}$为三阶可逆方阵，且$\boldsymbol{P}^{-1}\boldsymbol{A}\boldsymbol{P}=\begin{pmatrix}1&0&0\\0&-2&0\\0&0&-2\end{pmatrix}$．若$\boldsymbol{P}=(\boldsymbol{\alpha}_1,\boldsymbol{\alpha}_2,\boldsymbol{\alpha}_3)$，$\boldsymbol{Q}=(\boldsymbol{\alpha}_1,\boldsymbol{\alpha}_2,\boldsymbol{\alpha}_2+\boldsymbol{\alpha}_3)$，则$\boldsymbol{Q}^{-1}\boldsymbol{A}\boldsymbol{Q}=$（　　）.

A．$\begin{pmatrix}1&0&0\\0&-2&0\\0&0&-2\end{pmatrix}$　　B．$\begin{pmatrix}-1&0&0\\0&-1&0\\0&0&2\end{pmatrix}$　　C．$\begin{pmatrix}-2&0&0\\0&1&0\\0&0&-2\end{pmatrix}$　　D．$\begin{pmatrix}2&0&0\\0&-2&0\\0&0&-1\end{pmatrix}$

8．已知$\boldsymbol{A}$是三阶方阵，若$\boldsymbol{\alpha}_1$，$\boldsymbol{\alpha}_2$，$\boldsymbol{\alpha}_3$是一组线性无关的三维列向量，且$\boldsymbol{A}\boldsymbol{\alpha}_1=\boldsymbol{\alpha}_1-t\boldsymbol{\alpha}_2+2\boldsymbol{\alpha}_3$，$\boldsymbol{A}\boldsymbol{\alpha}_2=\boldsymbol{\alpha}_1+\boldsymbol{\alpha}_2+\boldsymbol{\alpha}_3$，$\boldsymbol{A}\boldsymbol{\alpha}_3=t\boldsymbol{\alpha}_2-\boldsymbol{\alpha}_3$，若$t\neq0$，则（　　）.

A．$\boldsymbol{A}$不可对角化　　B．$\boldsymbol{A}$可对角化，且相似标准形为$\begin{pmatrix}1&0&0\\0&1&0\\0&0&-1\end{pmatrix}$

C．$\boldsymbol{A}$可对角化，但无法确定其相似标准形　　D．$\boldsymbol{A}$可对角化，其相似标准形与常数a有关

二、填空题（本大题共6小题，每小题4分，共24分）

9．已知三阶方阵$\boldsymbol{A}$的一个特征值是3，若矩阵$\boldsymbol{B}=\boldsymbol{A}^2-2\boldsymbol{A}+\boldsymbol{E}$，则$\boldsymbol{B}$必有一个特征值是______.

10．若三阶方阵$\boldsymbol{A}$的特征值为1，-2，3，则$|\boldsymbol{A}^2+\boldsymbol{E}|=$____________.

11．二次型$f(x_1,x_2,x_3)=x_1x_2+x_1x_3+x_2x_3$的秩是____________.

12．若二次型$f(x_1,x_2,x_3)=5x_1^2+x_2^2+ax_3^2+4x_1x_2-2x_1x_3-2x_2x_3$正定，则常数$a$应满足________.

13．二次型$f(x_1,x_2)=-3x_1^2+4x_1x_2$经线性变换$\begin{cases}x_1=y_1-2y_2,\\x_2=2y_1+y_2\end{cases}$可化成___________.

14．已知矩阵$\boldsymbol{A}=\begin{pmatrix}1&4&-2\\0&-1&0\\1&2&-2\end{pmatrix}$，则$\boldsymbol{A}^n=$____________.

三、解答题（本大题共6小题，15～18题每小题7分，19～20题每小题8分）

15．已知$\boldsymbol{\alpha}_1$，$\boldsymbol{\alpha}_2$分别是方阵$\boldsymbol{A}$对应特征值λ_1，λ_2的特征向量，且$\lambda_1\neq\lambda_2$．证明：当λ_1，λ_2均不为零时，向量组$\boldsymbol{A}\boldsymbol{\alpha}_1$，$\boldsymbol{A}\boldsymbol{\alpha}_2$线性无关.

16．已知方阵 $\boldsymbol{A}=\begin{pmatrix}1 & -1 & -1\\ -3 & 0 & 2\\ -3 & 1 & 1\end{pmatrix}$，问 $\boldsymbol{A}$ 是否可以对角化？并说明理由.

17．已知三阶实对称矩阵 $\boldsymbol{A}$ 的特征值为6，3，3，且特征值 6 对应的特征向量为 $\boldsymbol{p}_1=\begin{pmatrix}1\\1\\1\end{pmatrix}$，求矩阵 $\boldsymbol{A}$.

18．用配方法化二次型 $f(x_1,x_2,x_3)=x_1^2-x_1x_2+x_2x_3$ 成标准形，并写出所用的变换矩阵.

19．求一个正交变换 $\boldsymbol{x}=\boldsymbol{Py}$，化二次型 $f(x_1,x_2,x_3)=2x_1^2+3x_2^2+3x_3^2+4x_2x_3$ 成标准形.

20．已知 $\boldsymbol{A}$ 是 n 阶正定矩阵，证明：存在 n 阶正定矩阵 $\boldsymbol{B}$，使得 $\boldsymbol{A}=\boldsymbol{B}^2$.

学校：________ 班级：________ 姓名：________ 考号：________

弥 封 线 内 不 准 答 题

第五章　相似矩阵及二次型测试 C 卷

（本试卷共 3 道大题，20 道小题，满分 100 分）

题　号	一	二	三	总　分
得　分				

一、单项选择题（本大题共 8 小题，每小题 4 分，共 32 分）

1．已知 $\boldsymbol{A}$ 是 $n\,(n\geqslant 2)$ 阶方阵，λ 是 $\boldsymbol{A}$ 的一个特征值，则 $(\boldsymbol{A}^*)^*$ 的一个特征值是（　　）.

A．$\dfrac{|\boldsymbol{A}|}{\lambda}$　　B．$\lambda|\boldsymbol{A}|$　　C．$\lambda|\boldsymbol{A}|^{n-1}$　　D．$\lambda|\boldsymbol{A}|^{n-2}$

2．若 n 阶方阵 $\boldsymbol{A}$ 相似于某对角矩阵 $\boldsymbol{\Lambda}$，则（　　）.

A．$R(\boldsymbol{A})=n$　　B．$\boldsymbol{A}$ 有不同的特征值

C．$\boldsymbol{A}$ 是实对称矩阵　　D．$\boldsymbol{A}$ 有 n 个线性无关的特征向量

3．n 阶方阵 $\boldsymbol{A}$ 为正定矩阵的充分必要条件是（　　）.

A．$R(\boldsymbol{A})=n$　　B．$\boldsymbol{A}$ 的所有特征值非负

C．$\boldsymbol{A}^*$ 正定　　D．$\boldsymbol{A}$ 的主对角线上的元素全为正

4．已知三阶方阵 $\boldsymbol{A}$ 的特征值为 0，1，2，则下列说法不正确的是（　　）.

A．$\boldsymbol{A}$ 与 $\begin{pmatrix}1&0&0\\0&1&0\\0&0&0\end{pmatrix}$ 等价　　B．$\boldsymbol{A}$ 与 $\begin{pmatrix}0&0&0\\0&1&0\\0&0&-2\end{pmatrix}$ 相似

C．$\boldsymbol{A}$ 是不可逆方阵　　D．$\boldsymbol{A}$ 与 $\begin{pmatrix}0&0&0\\0&1&0\\0&0&2\end{pmatrix}$ 相似

5．已知三元二次型 $f=\boldsymbol{x}^{\mathrm{T}}\boldsymbol{A}\boldsymbol{x}$ 经正交变换可化为 $-y_1^2-2y_2^2-y_3^2$，且 $\boldsymbol{A}^{\mathrm{T}}=\boldsymbol{A}$，则二次型 $\boldsymbol{x}^{\mathrm{T}}\boldsymbol{A}^*\boldsymbol{x}$ 的正惯性指数为（　　）.

A．0　　B．1　　C．2　　D．3

6．与矩阵 $\boldsymbol{A}=\begin{pmatrix}0&0&1\\0&1&0\\1&0&0\end{pmatrix}$ 合同的矩阵是（　　）.

A．$\begin{pmatrix}1&0&0\\0&1&0\\0&0&1\end{pmatrix}$　　B．$\begin{pmatrix}1&0&0\\0&-1&0\\0&0&-1\end{pmatrix}$　　C．$\begin{pmatrix}1&0&0\\0&1&0\\0&0&-1\end{pmatrix}$　　D．$\begin{pmatrix}-1&0&0\\0&-1&0\\0&0&-1\end{pmatrix}$

7．下列选项属于正定矩阵的是（　　）.

A．$\begin{pmatrix}-1&2&1\\2&5&0\\1&0&-3\end{pmatrix}$　　B．$\begin{pmatrix}1&3&4\\3&9&2\\4&2&6\end{pmatrix}$　　C．$\begin{pmatrix}1&2&3\\2&5&7\\3&7&10\end{pmatrix}$　　D．$\begin{pmatrix}2&-2&0\\-2&5&-1\\0&-1&2\end{pmatrix}$

8．已知 $\boldsymbol{A}$ 是秩为 2 的三阶方阵，$\boldsymbol{A}$ 的特征向量为 $\boldsymbol{\alpha},\boldsymbol{\beta}$，$\boldsymbol{\alpha}$ 是满足 $\boldsymbol{A\alpha}=\boldsymbol{0}$ 的非零向量，若对满足 $\boldsymbol{\beta}^{\mathrm{T}}\boldsymbol{\alpha}=\boldsymbol{0}$ 的 3 维列向量 $\boldsymbol{\beta}$ 都有 $\boldsymbol{A\beta}=\boldsymbol{\beta}$，则（　　）.

A．$\boldsymbol{A}^3$ 的迹为 2　　B．$\boldsymbol{A}^3$ 的迹为 5　　C．$\boldsymbol{A}^2$ 的迹为 8　　D．$\boldsymbol{A}^2$ 的迹为 9

二、填空题（本大题共 6 小题，每小题 4 分，共 24 分）

9．$\boldsymbol{A}$ 是 n 阶可逆方阵，若 $|2\boldsymbol{A}-\boldsymbol{E}|=0$，则 $\boldsymbol{A}^{-1}$ 必有一个特征值是________.

10．二阶方阵 $\boldsymbol{A}$ 与 $\boldsymbol{B}$ 相似，若 $\boldsymbol{A}$ 的特征值为 -3 和 2，则 $|\boldsymbol{B}^2|=$________.

11．若矩阵 $\boldsymbol{A}=\begin{pmatrix}1&-1&1\\2&4&a\\-3&-3&5\end{pmatrix}$ 的特征值为 6，2，2，则常数 $a=$________.

12．若二次型 $f(x_1,x_2,x_3)=-x_1^2+ax_2^2+(a-2)x_3^2+4x_1x_2$ 负定，则常数 a 应满足________.

13．二次型 $f(x_1,x_2)=(x_1,x_2)\begin{pmatrix}3&-4\\2&2\end{pmatrix}\begin{pmatrix}x_1\\x_2\end{pmatrix}$ 的矩阵是________.

14．若二次型 $f(x_1,x_2,x_3)=x_1^2-2x_2^2+ax_3^2+2x_1x_2-4x_1x_3+2x_2x_3$ 的秩为 2，则 f 的规范形为________.

三、解答题（本大题共 6 小题，15～18 题每小题 7 分，19～20 题每小题 8 分）

15．已知 $\boldsymbol{\alpha}$ 是方阵 $\boldsymbol{A}$ 的特征向量，且 $\boldsymbol{\alpha}$ 满足 $\boldsymbol{A\alpha}\neq\boldsymbol{0}$，$\boldsymbol{A}^2\boldsymbol{\alpha}=\boldsymbol{0}$．证明：向量组 $\boldsymbol{\alpha}$，$\boldsymbol{A\alpha}$ 线性无关.

16．已知实对称矩阵 $\boldsymbol{A}$ 与 $\boldsymbol{A}-\boldsymbol{E}$ 都是 n 阶正定矩阵，证明：$\boldsymbol{E}-\boldsymbol{A}^{-1}$ 是正定矩阵.

17．已知方阵 $\boldsymbol{A}=\begin{pmatrix}0&0&1\\0&-1&0\\3&0&2\end{pmatrix}$，问 $\boldsymbol{A}$ 是否可对角化？若可以，求可逆矩阵 $\boldsymbol{P}$ 和对角矩阵 $\boldsymbol{\Lambda}$，使得 $\boldsymbol{P}^{-1}\boldsymbol{A}\boldsymbol{P}=\boldsymbol{\Lambda}$．

18．已知矩阵 $\boldsymbol{A}=\begin{pmatrix}x&0&0\\0&0&1\\0&1&0\end{pmatrix}$ 与 $\boldsymbol{B}=\begin{pmatrix}2&0&0\\0&1&0\\0&0&y\end{pmatrix}$ 相似．求：

（1）常数 x 和 y 的值；

（2）求正交矩阵 $\boldsymbol{P}$，使得 $\boldsymbol{P}^{-1}\boldsymbol{A}\boldsymbol{P}=\boldsymbol{B}$ 成立．

19．求一个正交变换 $\boldsymbol{x}=\boldsymbol{P}\boldsymbol{y}$，化二次型 $f(x_1,x_2,x_3)=x_1^2+x_2^2+x_3^2+4x_1x_2+4x_1x_3+4x_2x_3$ 成标准形．

20．二次型 $f(x_1,x_2)=-3x_1^2+4x_1x_2$ 分别经可逆线性变换 $\begin{cases}x_1=y_1+\dfrac{2}{3}y_2,\\x_2=y_2\end{cases}$ 和 $\begin{cases}x_1=z_1-2z_2,\\x_2=2z_1+z_2\end{cases}$ 化为标准形 I 和 II.

（1）求标准形 I 和 II;

（2）求一个可逆线性变换 $\boldsymbol{y}=\boldsymbol{C}\boldsymbol{z}$，可化标准形 I 为 II.

弥封线内不准答题

学校：__________ 班级：__________ 姓名：__________ 考号：__________

弥　封　线　内　不　准　答　题

期末测试 A 卷

（本试卷共 3 道大题，20 道小题，满分 100 分）

题　号	一	二	三	总　分
得　分				

一、单项选择题（本大题共 8 小题，每小题 4 分，共 32 分）

1．若 n 元齐次线性方程组 $\boldsymbol{Ax}=\boldsymbol{0}$ 的系数矩阵的秩为 r，则方程组有非零解的充分必要条件是（　　）.

A．$r=n$　　B．$r<n$　　C．$r\geqslant n$　　D．$r>n$

2．四阶行列式 $\begin{vmatrix}1&2&1&2\\0&2&-1&0\\3&-1&3&-2\\6&0&0&1\end{vmatrix}$ 中，元素 6 的代数余子式 $A_{41}=$（　　）.

A．-18　　B．24　　C．-5　　D．15

3．三阶方阵 $\boldsymbol{A}$ 可对角化的充分不必要条件是（　　）.

A．$\boldsymbol{A}$ 有 3 个不同的特征值　　B．$\boldsymbol{A}$ 有 3 个线性无关的特征向量

C．$\boldsymbol{A}$ 有 3 个两两线性无关的特征向量　　D．$\boldsymbol{A}$ 的不同特征值对应的特征向量正交

4．向量组 $\boldsymbol{\alpha}_1=\begin{pmatrix}1\\-1\\2\\4\end{pmatrix}$，$\boldsymbol{\alpha}_2=\begin{pmatrix}0\\3\\1\\2\end{pmatrix}$，$\boldsymbol{\alpha}_3=\begin{pmatrix}3\\0\\7\\14\end{pmatrix}$，$\boldsymbol{\alpha}_4=\begin{pmatrix}1\\-2\\2\\4\end{pmatrix}$，$\boldsymbol{\alpha}_5=\begin{pmatrix}2\\1\\5\\10\end{pmatrix}$ 的最大无关组是（　　）.

A．$\boldsymbol{\alpha}_1,\boldsymbol{\alpha}_2,\boldsymbol{\alpha}_3$　　B．$\boldsymbol{\alpha}_1,\boldsymbol{\alpha}_2,\boldsymbol{\alpha}_4$　　C．$\boldsymbol{\alpha}_1,\boldsymbol{\alpha}_2,\boldsymbol{\alpha}_5$　　D．$\boldsymbol{\alpha}_1,\boldsymbol{\alpha}_2,\boldsymbol{\alpha}_4,\boldsymbol{\alpha}_5$

5．若 $\boldsymbol{\alpha}_1,\boldsymbol{\alpha}_2,\boldsymbol{\beta}_1,\boldsymbol{\beta}_2$ 都是 3 维列向量，且行列式 $|\boldsymbol{\alpha}_1,\boldsymbol{\alpha}_2,\boldsymbol{\beta}_1|=m$，$|\boldsymbol{\alpha}_1,\boldsymbol{\beta}_2,\boldsymbol{\alpha}_2|=n$，则 $|\boldsymbol{\alpha}_1,\boldsymbol{\alpha}_2,\boldsymbol{\beta}_1+\boldsymbol{\beta}_2|=$（　　）.

A．$m-n$　　B．$n-m$　　C．$m+n$　　D．mn

6．若向量组 $\boldsymbol{\alpha}_1=\begin{pmatrix}1\\0\\0\end{pmatrix}$，$\boldsymbol{\alpha}_2=\begin{pmatrix}1\\3\\-1\end{pmatrix}$，$\boldsymbol{\alpha}_3=\begin{pmatrix}5\\3\\t\end{pmatrix}$ 线性相关，则常数 $t=$（　　）.

A．3　　B．1　　C．0　　D．-1

7．已知 $\boldsymbol{A}$ 为三阶方阵，若向量组 $\boldsymbol{\alpha}_1,\boldsymbol{\alpha}_2,\boldsymbol{\alpha}_3$ 线性无关，且 $\boldsymbol{A\alpha}_1=2\boldsymbol{\alpha}_1-\boldsymbol{\alpha}_2$，$\boldsymbol{A\alpha}_2=\boldsymbol{\alpha}_3+\boldsymbol{\alpha}_2$，$\boldsymbol{A\alpha}_3=\boldsymbol{\alpha}_3+\boldsymbol{\alpha}_1$，则 $|\boldsymbol{A}|=$（　　）.

A．3　　B．1　　C．0　　D．-1

8．已知矩阵 $\boldsymbol{A}=\begin{pmatrix}1&2&3\\0&4&k\\1&k&9\end{pmatrix}$，其中 $k<0$，若齐次线性方程组 $\boldsymbol{Ax}=\boldsymbol{0}$ 有非零解，则方程组 $\boldsymbol{A}^*\boldsymbol{x}=\boldsymbol{0}$ 的解为（　　）.

A．$\begin{pmatrix}x_1\\x_2\\x_3\end{pmatrix}=c_1\begin{pmatrix}1\\0\\1\end{pmatrix}+c_2\begin{pmatrix}2\\4\\-4\end{pmatrix}(c\in\mathbb{R})$　　B．$\begin{pmatrix}x_1\\x_2\\x_3\end{pmatrix}=c_1\begin{pmatrix}1\\0\\1\end{pmatrix}+c_2\begin{pmatrix}2\\4\\6\end{pmatrix}(c\in\mathbb{R})$

C．$\begin{pmatrix}x_1\\x_2\\x_3\end{pmatrix}=c_1\begin{pmatrix}2\\4\\6\end{pmatrix}+c_2\begin{pmatrix}3\\6\\9\end{pmatrix}(c\in\mathbb{R})$　　D．$\begin{pmatrix}x_1\\x_2\\x_3\end{pmatrix}=c_1\begin{pmatrix}1\\0\\1\end{pmatrix}+c_2\begin{pmatrix}3\\6\\9\end{pmatrix}(c\in\mathbb{R})$

二、填空题（本大题共 6 小题，每小题 4 分，共 24 分）

9．已知矩阵 $\boldsymbol{A}=\begin{pmatrix}1&-2\\3&4\end{pmatrix}$，则 $\boldsymbol{A}^*=$____________.

10．已知 $\boldsymbol{A}$ 是三阶方阵，$\boldsymbol{\alpha}_i$ 为 3 维非零列向量，且 $\boldsymbol{A\alpha}_i=i\boldsymbol{\alpha}_i\ (i=1,2,3)$，则 $R(\boldsymbol{A})=$__________.

11．已知矩阵 $\boldsymbol{A}=\begin{pmatrix}\frac{1}{2}&\frac{1}{2}&0\\-\frac{1}{2}&\frac{1}{2}&0\\0&0&1\end{pmatrix}$，$\boldsymbol{B}=\begin{pmatrix}1&1&1\\0&0&0\\0&0&0\end{pmatrix}$，若矩阵 $\boldsymbol{C}$ 满足方程 $2\boldsymbol{CA}-2\boldsymbol{AB}=\boldsymbol{C}-\boldsymbol{B}$，则 $\boldsymbol{C}=$____________.

12．向量 $\boldsymbol{\gamma}$ 在基 $\boldsymbol{\alpha}_1$，$\boldsymbol{\alpha}_2$，$\boldsymbol{\alpha}_3$ 下的坐标为 $(3,2,1)$，则 $\boldsymbol{\gamma}$ 在基 $\boldsymbol{\beta}_1=\boldsymbol{\alpha}_1$，$\boldsymbol{\beta}_2=2\boldsymbol{\alpha}_1+\boldsymbol{\alpha}_2$，$\boldsymbol{\beta}_3=\boldsymbol{\alpha}_1+2\boldsymbol{\alpha}_2+\boldsymbol{\alpha}_3$ 下的坐标为____________.

13．若二次型 $f(x_1,x_2,x_3)=2x_1^2+x_2^2+4x_3^2+2x_1x_2+2tx_2x_3$ 正定，则常数 t 应满足____________.

14．已知矩阵 $\boldsymbol{A}=\begin{pmatrix}5&0&0&0\\3&-2&0&0\\0&0&0&-1\\0&0&2&7\end{pmatrix}$，则 $\boldsymbol{A}^{-1}=$____________.

三、解答题（本大题共 6 小题，15～18 题每小题 7 分，19～20 题每小题 8 分）

15．计算四阶行列式 $\begin{vmatrix}7&5&3&1\\5&3&1&7\\3&1&7&5\\1&7&5&3\end{vmatrix}$.

16．设 $\boldsymbol{A}$ 为 n 阶可逆方阵，将 $\boldsymbol{A}$ 的第 i 行和第 j 行对换后得到矩阵 $\boldsymbol{B}$．证明：矩阵 $\boldsymbol{B}$ 可逆．

17．已知向量组 $\boldsymbol{\alpha}_1$，$\boldsymbol{\alpha}_2$，$\boldsymbol{\alpha}_3$ 线性无关，证明：向量组 $\boldsymbol{\alpha}_1+2\boldsymbol{\alpha}_2$，$-\boldsymbol{\alpha}_1+\boldsymbol{\alpha}_2-3\boldsymbol{\alpha}_3$，$3\boldsymbol{\alpha}_1+7\boldsymbol{\alpha}_3$ 也线性无关．

18．求非齐次线性方程组 $\begin{cases} x_1-x_2-x_3-3x_4=-2, \\ x_1-x_2+x_3+5x_4=4, \\ -4x_1+4x_2+x_3=-1 \end{cases}$ 的解．

19．求一个正交变换 $\boldsymbol{x}=\boldsymbol{P}\boldsymbol{y}$，化二次型 $f=2x_1^2+6x_2^2+2x_3^2+8x_1x_3$ 成标准形．

20．已知数列 $\{x_n\}$，$\{y_n\}$，$\{z_n\}$ 满足 $x_0=-1$，$y_0=0$，$z_0=2$，且 $\begin{cases} x_n=-2x_{n-1}+2z_{n-1}, \\ y_n=-2y_{n-1}-2z_{n-1}, \\ z_n=-6x_{n-1}-3y_{n-1}+3z_{n-1}, \end{cases}$ 记 $\boldsymbol{\alpha}_n=\begin{pmatrix} x_n \\ y_n \\ z_n \end{pmatrix}$．

（1）写出满足 $\boldsymbol{\alpha}_n=\boldsymbol{A}\boldsymbol{\alpha}_{n-1}$ 的矩阵 $\boldsymbol{A}$；

（2）求 $\boldsymbol{A}^n$ 及 x_n，y_n，$z_n(n=1,2,\cdots)$．

弥　封　线　内　不　准　答　题

期末测试 B 卷

（本试卷共 3 道大题，20 道小题，满分 100 分）

题　号	一	二	三	总　分
得　分				

一、单项选择题（本大题共 8 小题，每小题 4 分，共 32 分）

1．若 a_i，$b_i\ (i=1,2,3)$ 都是非零常数，则齐次线性方程组 $\begin{cases}a_1x_1+a_2x_2+a_3x_3=0,\\ b_1x_1+b_2x_2+b_3x_3=0\end{cases}$ 的通解中含有两个自由未知数的充分必要条件是（　　）.

A．$\begin{vmatrix}a_1 & a_2\\ b_1 & b_2\end{vmatrix}=0$　　B．$\begin{vmatrix}a_1 & a_2\\ b_1 & b_2\end{vmatrix}\neq 0$　　C．$a_i=b_i$　　D．$\dfrac{a_1}{b_1}=\dfrac{a_2}{b_2}=\dfrac{a_3}{b_3}$

2．已知行列式 $D=\begin{vmatrix}2 & 1 & 3\\ 1 & 2 & -2\\ 2 & -4 & 2\end{vmatrix}$，则 $2A_{21}-4A_{22}+2A_{23}=$（　　）.

A．0　　B．-3　　C．12　　D．-38

3．已知矩阵 $\boldsymbol{A}=\begin{pmatrix}-1 & 1\\ 2 & 1\end{pmatrix}$，若矩阵 $\boldsymbol{X}$ 满足方程 $\boldsymbol{AX}+\boldsymbol{E}=\boldsymbol{A}^2+\boldsymbol{X}$，则 $\boldsymbol{X}=$（　　）.

A．$\begin{pmatrix}1 & -1\\ -2 & 2\end{pmatrix}$　　B．$\begin{pmatrix}0 & 1\\ 2 & -2\end{pmatrix}$　　C．$\begin{pmatrix}1 & -1\\ 2 & 2\end{pmatrix}$　　D．$\begin{pmatrix}0 & 1\\ 2 & 2\end{pmatrix}$

4．已知矩阵 $\boldsymbol{A}=\begin{pmatrix}0 & 0 & -1 & 0\\ 0 & 0 & 1 & 1\\ 2 & 1 & 0 & 0\\ 3 & 0 & 0 & 0\end{pmatrix}$，则 $|\boldsymbol{A}|=$（　　）.

A．3　　B．-1　　C．2　　D．6

5．已知方阵 $\boldsymbol{A}=\begin{pmatrix}3 & 4\\ 4 & -3\end{pmatrix}$，$\boldsymbol{B}=\begin{pmatrix}5 & 0\\ 0 & -5\end{pmatrix}$，则 $\boldsymbol{A}$ 与 $\boldsymbol{B}$ 的关系为（　　）.

A．相似但不合同　　B．合同但不相似　　C．相似且合同　　D．不相似也不合同

6．若 $\boldsymbol{\alpha}=\begin{pmatrix}-1\\ 1\end{pmatrix}$ 是方阵 $\boldsymbol{A}=\begin{pmatrix}4 & a\\ -a & 2\end{pmatrix}$ 的一个特征向量，则常数 $a=$（　　）.

A．3　　B．0　　C．1　　D．6

7．已知 $\boldsymbol{A}$ 为三阶实对称矩阵，若 $\boldsymbol{A}^2-\boldsymbol{A}=2\boldsymbol{E}$，$|\boldsymbol{A}|=2$，则二次型 $f(x_1,x_2,x_3)=\boldsymbol{x}^{\mathrm{T}}\boldsymbol{Ax}$ 的规范形为（　　）.

A．$z_1^2+z_2^2+z_3^2$　　B．$z_1^2+z_2^2-z_3^2$　　C．$z_1^2-z_2^2-z_3^2$　　D．$-z_1^2-z_2^2-z_3^2$

8．已知四阶方阵 $\boldsymbol{A}=(\boldsymbol{\alpha}_1,\boldsymbol{\alpha}_2,\boldsymbol{\alpha}_3,\boldsymbol{\alpha}_4)$，其中向量组 $\boldsymbol{\alpha}_2$，$\boldsymbol{\alpha}_3$，$\boldsymbol{\alpha}_4$ 线性无关，$\boldsymbol{\alpha}_1=2\boldsymbol{\alpha}_2+\boldsymbol{\alpha}_3$，若 $\boldsymbol{\beta}=\boldsymbol{\alpha}_1+\boldsymbol{\alpha}_2+\boldsymbol{\alpha}_3+\boldsymbol{\alpha}_4$，则 $\boldsymbol{Ax}=\boldsymbol{\beta}$ 的通解为（　　）.

A．$\begin{pmatrix}x_1\\ x_2\\ x_3\\ x_4\end{pmatrix}=c\begin{pmatrix}1\\ -2\\ -1\\ 0\end{pmatrix}+\begin{pmatrix}1\\ 1\\ 1\\ 1\end{pmatrix}(c\in\mathbb{R})$　　B．$\begin{pmatrix}x_1\\ x_2\\ x_3\\ x_4\end{pmatrix}=c\begin{pmatrix}1\\ 1\\ 1\\ 1\end{pmatrix}+\begin{pmatrix}1\\ -2\\ -1\\ 0\end{pmatrix}(c\in\mathbb{R})$

C．$\begin{pmatrix}x_1\\ x_2\\ x_3\\ x_4\end{pmatrix}=c\begin{pmatrix}2\\ 1\\ 0\\ 0\end{pmatrix}+\begin{pmatrix}1\\ 1\\ 1\\ 1\end{pmatrix}(c\in\mathbb{R})$　　D．$\begin{pmatrix}x_1\\ x_2\\ x_3\\ x_4\end{pmatrix}=c\begin{pmatrix}-1\\ 2\\ 3\\ 0\end{pmatrix}+\begin{pmatrix}1\\ 1\\ 1\\ 1\end{pmatrix}(c\in\mathbb{R})$

二、填空题（本大题共 6 小题，每小题 4 分，共 24 分）

9．若 n 阶方阵 $\boldsymbol{A}$ 满足 $|3\boldsymbol{A}+2\boldsymbol{E}|=0$，则 $\boldsymbol{A}$ 必有一个特征值是__________.

10．若 $\begin{vmatrix}a_{13}+a_{11} & 2a_{12} & -a_{13}\\ a_{23}+a_{21} & 2a_{22} & -a_{23}\\ a_{33}+a_{31} & 2a_{32} & -a_{33}\end{vmatrix}=6$，则 $\begin{vmatrix}a_{11} & a_{12} & a_{13}\\ a_{21} & a_{22} & a_{23}\\ a_{31} & a_{32} & a_{33}\end{vmatrix}=$__________.

11．已知 $\boldsymbol{A}=(\boldsymbol{\alpha}_1,\boldsymbol{\alpha}_2,\boldsymbol{\alpha}_3)$ 为正交矩阵，且 $\boldsymbol{\alpha}_1$，$\boldsymbol{\alpha}_2$，$\boldsymbol{\alpha}_3$ 都是列向量，则 $2\boldsymbol{\alpha}_1^{\mathrm{T}}\boldsymbol{\alpha}_1-3\boldsymbol{\alpha}_2^{\mathrm{T}}\boldsymbol{\alpha}_3=$__________.

12．若 $\boldsymbol{A}$ 为三阶方阵，且 $|\boldsymbol{A}|=2$，则 $|-\boldsymbol{A}^{-1}\boldsymbol{A}^*|=$__________.

13．已知 $\boldsymbol{A}=(\boldsymbol{\alpha}_1,\boldsymbol{\alpha}_2,\boldsymbol{\alpha}_3,\boldsymbol{\alpha}_4)$ 为四阶方阵，若向量组 $\boldsymbol{\alpha}_1$，$\boldsymbol{\alpha}_2$，$\boldsymbol{\alpha}_3$ 线性无关，$\boldsymbol{\alpha}_4=\boldsymbol{\alpha}_1+\boldsymbol{\alpha}_2+\boldsymbol{\alpha}_3$，则 $R(\boldsymbol{A}^*)=$__________.

14．已知实对称矩阵 $\boldsymbol{A}=\begin{pmatrix}a+1 & a\\ a & a\end{pmatrix}$，若对任意实向量 $\boldsymbol{\alpha}=\begin{pmatrix}x_1\\ x_2\end{pmatrix}$ 和 $\boldsymbol{\beta}=\begin{pmatrix}y_1\\ y_2\end{pmatrix}$ 都满足 $(\boldsymbol{\alpha}^{\mathrm{T}}\boldsymbol{A\beta})^2\leqslant \boldsymbol{\alpha}^{\mathrm{T}}\boldsymbol{A\alpha\beta}^{\mathrm{T}}\boldsymbol{A\beta}$，则常数 a 应满足__________.

三、解答题（本大题共 6 小题，15～18 题每小题 7 分，19～20 题每小题 8 分）

15．已知矩阵 $\boldsymbol{A}$，$\boldsymbol{B}$ 满足方程 $\boldsymbol{B}=(\boldsymbol{E}+\boldsymbol{A})^{-1}(\boldsymbol{E}-\boldsymbol{A})$，证明：矩阵 $\boldsymbol{B}+\boldsymbol{E}$ 可逆，并求 $(\boldsymbol{B}+\boldsymbol{E})^{-1}$.

16．计算n阶行列式$\begin{vmatrix} 3 & 1 & 0 & 0 & \cdots & 0 & 0 \\ 2 & 3 & 1 & 0 & \cdots & 0 & 0 \\ 0 & 2 & 3 & 1 & \cdots & 0 & 0 \\ 0 & 0 & 2 & 3 & \cdots & 0 & 0 \\ \vdots & \vdots & \vdots & \vdots & & \vdots & 0 \\ 0 & 0 & 0 & 0 & \cdots & 3 & 1 \\ 0 & 0 & 0 & 0 & \cdots & 2 & 3 \end{vmatrix}$.

17．求向量组$\boldsymbol{\alpha}_1=\begin{pmatrix} 1 \\ 0 \\ 1 \\ -1 \end{pmatrix}$，$\boldsymbol{\alpha}_2=\begin{pmatrix} 2 \\ 2 \\ 0 \\ 1 \end{pmatrix}$，$\boldsymbol{\alpha}_3=\begin{pmatrix} -1 \\ 1 \\ -1 \\ 1 \end{pmatrix}$，$\boldsymbol{\alpha}_4=\begin{pmatrix} 6 \\ 8 \\ 0 \\ 3 \end{pmatrix}$的一个最大无关组，并将其余向量用该最大无关组线性表示.

18．已知方阵$\boldsymbol{A}=\begin{pmatrix} 1 & 0 & 0 \\ 0 & 2 & 1 \\ 0 & -4 & -2 \end{pmatrix}$，问$\boldsymbol{A}$是否可以对角化？并说明理由.

19．已知齐次线性方程组$\begin{cases} x_1+x_2+x_3=0, \\ ax_1+bx_2+cx_3=0, \\ a^2x_1+b^2x_2+c^2x_3=0. \end{cases}$

（1）问a，b为何值时，方程组只有零解？

（2）问a，b为何值时，方程组有无限多解？当方程组有无限多解时，求其基础解系和通解.

20．已知矩阵$\boldsymbol{A}=\begin{pmatrix} 1 & 2 & a \\ 1 & 3 & 0 \\ 2 & 7 & -a \end{pmatrix}$可经初等变换化为$\boldsymbol{B}=\begin{pmatrix} 1 & a & 2 \\ 0 & 1 & 1 \\ -1 & 1 & 1 \end{pmatrix}$．求：

（1）常数a的值；

（2）矩阵$\boldsymbol{P}$，使得$\boldsymbol{AP}=\boldsymbol{B}$成立.

学校：＿＿＿＿ 班级：＿＿＿＿ 姓名：＿＿＿＿ 考号：＿＿＿＿

弥 封 线 内 不 准 答 题

期末测试 C 卷

（本试卷共 3 道大题，20 道小题，满分 100 分）

题　号	一	二	三	总　分
得　分				

一、单项选择题（本大题共 8 小题，每小题 4 分，共 32 分）

1．在多项式 $f(x)=\begin{vmatrix} x & 2x & -1 \\ 3x & x & -x \\ 1 & 3 & x \end{vmatrix}$ 中，x^2 的系数为（　　）.

A．1　　B．2　　C．-2　　D．3

2．若 n 阶可逆方阵 $\boldsymbol{A}$，$\boldsymbol{B}$，$\boldsymbol{C}$ 满足方程 $\boldsymbol{ABC}=\boldsymbol{E}$，则 $\boldsymbol{B}^{-1}=$（　　）.

A．$\boldsymbol{AC}$　　B．$\boldsymbol{CA}$　　C．$\boldsymbol{A}^{-1}\boldsymbol{C}^{-1}$　　D．$\boldsymbol{C}^{-1}\boldsymbol{A}^{-1}$

3．若 n 阶可逆方阵 $\boldsymbol{A}$ 的特征值 λ 对应的特征向量是 $\boldsymbol{\alpha}$，则下列矩阵中，$\boldsymbol{\alpha}$ 不是其特征向量的是（　　）.

A．$-3\boldsymbol{A}$　　B．$\boldsymbol{A}^{\mathrm{T}}$　　C．$\boldsymbol{A}^*$　　D．$(\boldsymbol{A}+\boldsymbol{E})^2$

4．若 $\boldsymbol{\alpha}_1,\boldsymbol{\alpha}_2,\cdots,\boldsymbol{\alpha}_s$ 都是 n 维列向量，且 $\boldsymbol{A}$ 是 $m\times n$ 矩阵，则下列选项正确的是（　　）.

A．若向量组 $\boldsymbol{\alpha}_1,\boldsymbol{\alpha}_2,\cdots,\boldsymbol{\alpha}_s$ 线性相关，则 $\boldsymbol{A\alpha}_1,\boldsymbol{A\alpha}_2,\cdots,\boldsymbol{A\alpha}_s$ 线性相关

B．若向量组 $\boldsymbol{\alpha}_1,\boldsymbol{\alpha}_2,\cdots,\boldsymbol{\alpha}_s$ 线性相关，则 $\boldsymbol{A\alpha}_1,\boldsymbol{A\alpha}_2,\cdots,\boldsymbol{A\alpha}_s$ 线性无关

C．若向量组 $\boldsymbol{\alpha}_1,\boldsymbol{\alpha}_2,\cdots,\boldsymbol{\alpha}_s$ 线性无关，则 $\boldsymbol{A\alpha}_1,\boldsymbol{A\alpha}_2,\cdots,\boldsymbol{A\alpha}_s$ 线性相关

D．若向量组 $\boldsymbol{\alpha}_1,\boldsymbol{\alpha}_2,\cdots,\boldsymbol{\alpha}_s$ 线性无关，则 $\boldsymbol{A\alpha}_1,\boldsymbol{A\alpha}_2,\cdots,\boldsymbol{A\alpha}_s$ 线性无关

5．下列二次型中，属于正定二次型的是（　　）.

A．$f_1(x_1,x_2,x_3)=(x_1-x_2)^2+(x_2-x_3)^2+(x_3-x_1)^2$

B．$f_2(x_1,x_2,x_3)=(x_1+x_2)^2+(x_2-x_3)^2+(x_3+x_1)^2$

C．$f_3(x_1,x_2,x_3,x_4)=(x_1+x_2)^2+(x_2+x_3)^2+(x_3-x_4)^2+(x_4-x_1)^2$

D．$f_4(x_1,x_2,x_3,x_4)=(x_1+x_2)^2+(x_2+x_3)^2+(x_3+x_4)^2+(x_4-x_1)^2$

6．已知 $\boldsymbol{A}$ 是 n 阶方阵，$\boldsymbol{\alpha}$ 是 n 维非零向量，若 $R\begin{pmatrix} \boldsymbol{A} & \boldsymbol{\alpha} \\ \boldsymbol{\alpha}^{\mathrm{T}} & \boldsymbol{0} \end{pmatrix}=R(\boldsymbol{A})$，则方程组（　　）.

A．$\boldsymbol{Ax}=\boldsymbol{\alpha}$ 必有无限多解　　B．$\boldsymbol{Ax}=\boldsymbol{\alpha}$ 必有唯一解

C．$\begin{pmatrix} \boldsymbol{A} & \boldsymbol{\alpha} \\ \boldsymbol{\alpha}^{\mathrm{T}} & \boldsymbol{0} \end{pmatrix}\begin{pmatrix} \boldsymbol{x} \\ \boldsymbol{y} \end{pmatrix}=\boldsymbol{0}$ 只有零解　　D．$\begin{pmatrix} \boldsymbol{A} & \boldsymbol{\alpha} \\ \boldsymbol{\alpha}^{\mathrm{T}} & \boldsymbol{0} \end{pmatrix}\begin{pmatrix} \boldsymbol{x} \\ \boldsymbol{y} \end{pmatrix}=\boldsymbol{0}$ 必有非零解

7．$\boldsymbol{A}$，$\boldsymbol{B}$ 是三阶相似方阵，若 $\lambda_1=1$，$\lambda_2=2$ 是 $\boldsymbol{A}$ 的两个特征值，$|\boldsymbol{B}|=2$，则 $\begin{vmatrix} (\boldsymbol{A}+\boldsymbol{E})^{-1} & \boldsymbol{O} \\ \boldsymbol{O} & (2\boldsymbol{B}^*) \end{vmatrix}=$（　　）.

A．2　　B．$\dfrac{31}{2}$　　C．$\dfrac{64}{3}$　　D．21

8．已知 $\boldsymbol{\alpha}_1$ 是矩阵 $\boldsymbol{A}$ 的特征值 $\lambda_1=1$ 对应的特征向量，$\boldsymbol{\alpha}_2$，$\boldsymbol{\alpha}_3$ 是特征值 $\lambda_2=4$ 对应的特征向量，且 $\boldsymbol{P}^{-1}\boldsymbol{AP}=\begin{pmatrix} 1 & 0 & 0 \\ 0 & 4 & 0 \\ 0 & 0 & 4 \end{pmatrix}$，则 $\boldsymbol{P}$ 不可能为（　　）.

A．$(\boldsymbol{\alpha}_1,\boldsymbol{\alpha}_2,-\boldsymbol{\alpha}_3)$　　B．$(\boldsymbol{\alpha}_1,\boldsymbol{\alpha}_2-\boldsymbol{\alpha}_3,\boldsymbol{\alpha}_3)$　　C．$(\boldsymbol{\alpha}_1,\boldsymbol{\alpha}_2,\boldsymbol{\alpha}_3+\boldsymbol{\alpha}_2)$　　D．$(\boldsymbol{\alpha}_1,\boldsymbol{\alpha}_1+\boldsymbol{\alpha}_2,\boldsymbol{\alpha}_3)$

二、填空题（本大题共 6 小题，每小题 4 分，共 24 分）

9．若以自然数从小到大的顺序为标准次序，则排列 4321567 的逆序数是＿＿＿＿＿＿.

10．已知矩阵 $\boldsymbol{A}=\begin{pmatrix} 1 & 0 & 0 \\ 4 & 2 & 0 \\ 6 & 2 & 1 \end{pmatrix}$，则 $(\boldsymbol{A}^2)^{-1}=$＿＿＿＿＿＿.

11．若方阵 $\boldsymbol{A}=\begin{pmatrix} 3 & 0 & 0 \\ -1 & m & 1 \\ 1 & 1 & 1 \end{pmatrix}$ 与 $\boldsymbol{B}=\begin{pmatrix} n & 0 & 0 \\ 0 & 3 & 0 \\ 0 & 0 & -1 \end{pmatrix}$ 相似，则 $mn=$＿＿＿＿＿＿.

12．由向量组 $\boldsymbol{\alpha}_1=\begin{pmatrix} 1 \\ 3 \\ 1 \\ -1 \end{pmatrix}$，$\boldsymbol{\alpha}_2=\begin{pmatrix} 2 \\ -1 \\ -1 \\ 4 \end{pmatrix}$，$\boldsymbol{\alpha}_3=\begin{pmatrix} 5 \\ 1 \\ -1 \\ 7 \end{pmatrix}$，$\boldsymbol{\alpha}_4=\begin{pmatrix} 2 \\ 6 \\ 2 \\ -3 \end{pmatrix}$ 生成的向量空间的维数是＿＿＿＿.

13．若 $\boldsymbol{A}=(a_{ij})_{3\times3}$ 为实矩阵，$A_{ij}=a_{ij}\ (i,\ j=1,2,3)$，$a_{33}=1$，$|\boldsymbol{A}|=1$，则方程组 $\boldsymbol{A}\begin{pmatrix} x_1 \\ x_2 \\ x_3 \end{pmatrix}=\begin{pmatrix} 0 \\ 0 \\ 1 \end{pmatrix}$ 的解是＿＿＿＿＿＿.

14．已知 $\boldsymbol{A}$ 是三阶可逆方阵，$\boldsymbol{A}$ 的各行元素之和都为 10，$\boldsymbol{A}$ 的伴随矩阵 $\boldsymbol{A}^*$ 的各行元素之和都为 8，则 $|\boldsymbol{A}|=$＿＿＿＿＿＿.

三、解答题（本大题共 6 小题，15～18 题每小题 7 分，19～20 题每小题 8 分）

15．已知矩阵 $\boldsymbol{A}=\begin{pmatrix} 1 & 0 & 0 \\ 1 & 1 & 3 \\ 0 & 1 & -1 \end{pmatrix}$，$\boldsymbol{C}=\begin{pmatrix} 1 & 0 & 1 \\ 0 & 1 & 0 \\ 0 & 0 & 1 \end{pmatrix}$，且矩阵 $\boldsymbol{B}$ 满足方程 $\boldsymbol{ABA}=\boldsymbol{C}$，求 $\boldsymbol{B}^*$.

16．已知向量$\boldsymbol{\alpha}_1=\begin{pmatrix}k+1\\1\\1\end{pmatrix}$，$\boldsymbol{\alpha}_2=\begin{pmatrix}1\\k+1\\1\end{pmatrix}$，$\boldsymbol{\alpha}_3=\begin{pmatrix}1\\1\\k+1\end{pmatrix}$，$\boldsymbol{\beta}=\begin{pmatrix}0\\k\\k^2\end{pmatrix}$，求$k$满足什么条件时：

（1）$\boldsymbol{\beta}$可由向量组$\boldsymbol{\alpha}_1$，$\boldsymbol{\alpha}_2$，$\boldsymbol{\alpha}_3$线性表示，且表示式唯一；

（2）$\boldsymbol{\beta}$可由向量组$\boldsymbol{\alpha}_1$，$\boldsymbol{\alpha}_2$，$\boldsymbol{\alpha}_3$线性表示，但表示式不唯一，并求一般表示式；

（3）$\boldsymbol{\beta}$不可由向量组$\boldsymbol{\alpha}_1$，$\boldsymbol{\alpha}_2$，$\boldsymbol{\alpha}_3$线性表示.

17．已知$\boldsymbol{\alpha}_1$，$\boldsymbol{\alpha}_2$是齐次线性方程组$\boldsymbol{Ax}=\boldsymbol{0}$的基础解系，证明：$\boldsymbol{\alpha}_1+\boldsymbol{\alpha}_2$，$3\boldsymbol{\alpha}_1+\boldsymbol{\alpha}_2$也是$\boldsymbol{Ax}=\boldsymbol{0}$的基础解系.

18．已知n阶行列式$D=\begin{vmatrix}1&1&1&\cdots&1&1\\0&2&2&\cdots&2&2\\0&0&3&\cdots&3&3\\\vdots&\vdots&\vdots&&\vdots&\vdots\\0&0&0&\cdots&n-1&n-1\\0&0&0&\cdots&0&n\end{vmatrix}$，求$D$的所有元素的代数余子式之和.

19．已知三阶方阵$\boldsymbol{A}$的第一行元素为a，b，c，且a，b，c不全为0，矩阵$\boldsymbol{B}=\begin{pmatrix}1&2&3\\2&4&6\\3&6&k\end{pmatrix}$，且$\boldsymbol{AB}=\boldsymbol{O}$，求齐次线性方程组$\boldsymbol{Ax}=\boldsymbol{0}$的通解.

20．已知二次型$f(x_1,x_2,x_3)=x_1^2+ax_2^2+ax_3^2+2x_1x_2-2x_1x_3$，且$a\neq 3$，当$x_1^2+x_2^2+x_3^2=1$时，$f(x_1,x_2,x_3)$的最大值为3.

（1）求常数a的值；

（2）求一个正交变换$\boldsymbol{x}=\boldsymbol{Py}$，化二次型$f(x_1,x_2,x_3)$成标准形.

参考答案及解析

第一章　行列式测试 A 卷

一、单项选择题

1. C【解析】由对角线法则，得原式 $=1\times3-2\times(-5)=3+10=13$．故选 C.
2. D【解析】（方法一　对角线法则）由对角线法则，得原式 $=1\times1\times0+3\times3\times(-1)+2\times2\times2-1\times3\times2-3\times2\times0-2\times1\times(-1)=-9+8-6+2=-5$．故选 D.

思路点拨

三阶行列式 $\begin{vmatrix} a_{11} & a_{12} & a_{13} \\ a_{21} & a_{22} & a_{23} \\ a_{31} & a_{32} & a_{33} \end{vmatrix}=a_{11}a_{22}a_{33}+a_{12}a_{23}a_{31}+a_{13}a_{21}a_{32}-a_{11}a_{23}a_{32}-a_{12}a_{21}a_{33}-a_{13}a_{22}a_{31}$ 的计算可利用对角线法则来记忆，如图 1 所示，将行列式的前两列按原顺序排到行列式的右侧，三条实线是平行于主对角线的连线，实线上三个元素的乘积冠正号；三条虚线是平行于副对角线的连线，虚线上三个元素的乘积冠负号.

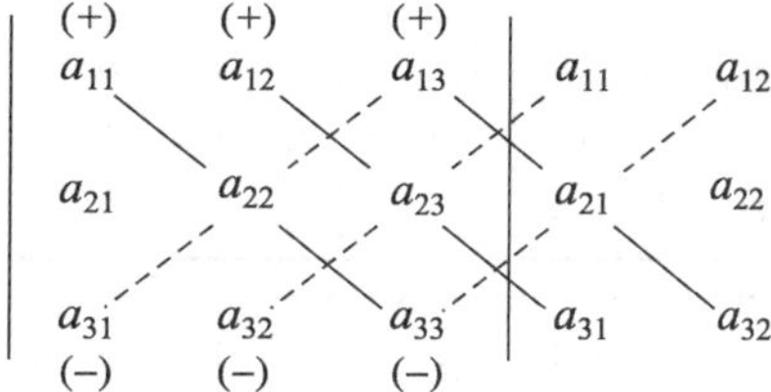

图 1

（方法二　行列式的性质）由行列式的性质，得原式 $\xlongequal[r_3+r_1]{r_2-2r_1}\begin{vmatrix} 1 & 3 & 2 \\ 0 & -5 & -1 \\ 0 & 5 & 2 \end{vmatrix}\xlongequal{r_3+r_2}\begin{vmatrix} 1 & 3 & 2 \\ 0 & -5 & -1 \\ 0 & 0 & 1 \end{vmatrix}=1\times(-5)\times1=-5$．故选 D.

方法总结

可运用行列式的性质将一般行列式化为特殊的行列式进行计算，常用的几种特殊的行列式如下表所示.

名　称	上三角形行列式	下三角形行列式	主对角行列式	副对角行列式
定　义	主对角线以下的元素都为 0 的行列式叫作上三角形行列式	主对角线以上的元素都为 0 的行列式叫作下三角形行列式	主对角线以上和以下的元素都为 0 的行列式叫作主对角行列式	副对角线以上和以下的元素都为 0 的行列式叫作副对角行列式
行列式	$\begin{vmatrix} a_{11} & a_{12} & \cdots & a_{1n} \\ 0 & a_{22} & \cdots & a_{2n} \\ \vdots & \vdots & & \vdots \\ 0 & 0 & \cdots & a_{nn} \end{vmatrix}$ $=a_{11}a_{22}\cdots a_{nn}$	$\begin{vmatrix} a_{11} & 0 & \cdots & 0 \\ a_{21} & a_{22} & \cdots & 0 \\ \vdots & \vdots & & \vdots \\ a_{n1} & a_{n2} & \cdots & a_{nn} \end{vmatrix}$ $=a_{11}a_{22}\cdots a_{nn}$	$\begin{vmatrix} r_1 & 0 & \cdots & 0 \\ 0 & r_2 & \cdots & 0 \\ \vdots & \vdots & & \vdots \\ 0 & 0 & \cdots & r_n \end{vmatrix}$ $=r_1r_2\cdots r_n$	$\begin{vmatrix} 0 & \cdots & 0 & r_1 \\ 0 & \cdots & r_2 & 0 \\ \vdots & & \vdots & \vdots \\ r_n & \cdots & 0 & 0 \end{vmatrix}$ $=(-1)^{\frac{n(n-1)}{2}}r_1r_2\cdots r_n$
说　明	上三角形行列式和下三角形行列式统称为三角形行列式		副对角行列式可看作由主对角行列式上下（左右）对称的两行（两列）对换多次得到的	

3. D【解析】根据余子式和代数余子式的关系可知，元素 a_{32} 的代数余子式 $A_{32}=(-1)^{3+2}M_{32}=-\begin{vmatrix} 3 & 4 \\ 8 & 5 \end{vmatrix}=-(15-32)=17$．故选 D.

4. A【解析】根据行列式展开法则，将行列式按第 1 行展开，得原式 $=(-1)^{1+1}\times1\begin{vmatrix} x & 0 & 0 \\ x & 1 & 0 \\ 0 & x & 1 \end{vmatrix}+(-1)^{1+4}x\begin{vmatrix} x & x & 0 \\ 0 & x & 1 \\ 0 & 0 & x \end{vmatrix}=x-x^4$．故选 A.

方法总结

本题中的行列式的特点是每行（列）只有两个元素不为零，且行列式非零元素的分布有规律，所以可将行列式按第 1 行展开，展开后得到两个三阶行列式，分别为下三角形行列式和上三角形行列式，这种利用行列式按行（列）展开法则将行列式化为更低阶行列式的方法称为**降阶法**.

5. A【解析】根据行列式展开法则，将行列式按第 4 行展开，得 $D=(-1)^{4+1}a_{41}M_{41}+(-1)^{4+2}a_{42}M_{42}+(-1)^{4+3}a_{43}M_{43}+(-1)^{4+4}a_{44}M_{44}=-1\times2\times3+1\times(-1)\times1-1\times3\times2+1\times1\times(-1)=-14$．故选 A.

6. D【解析】用 1，1，1，1 替换行列式 D 的第 4 行元素，得 $A_{41}+A_{42}+A_{43}+A_{44}=\begin{vmatrix} 1 & 5 & 1 & 3 \\ 1 & 1 & 3 & 4 \\ 1 & 1 & 2 & 3 \\ 1 & 1 & 1 & 1 \end{vmatrix}\xlongequal[r_3-r_4]{r_1-r_4,\ r_2-r_4}\begin{vmatrix} 0 & 4 & 0 & 2 \\ 0 & 0 & 2 & 3 \\ 0 & 0 & 1 & 2 \\ 1 & 1 & 1 & 1 \end{vmatrix}\xlongequal{r_2-2r_3}$

$\begin{vmatrix} 0 & 4 & 0 & 2 \\ 0 & 0 & 0 & -1 \\ 0 & 0 & 1 & 2 \\ 1 & 1 & 1 & 1 \end{vmatrix}\xlongequal[r_1\leftrightarrow r_2]{r_1\leftrightarrow r_3}\begin{vmatrix} 0 & 0 & 0 & -1 \\ 0 & 0 & 1 & 2 \\ 0 & 4 & 0 & 2 \\ 1 & 1 & 1 & 1 \end{vmatrix}=(-1)\times1\times4\times1=-4$．故选 D.

7. A【解析】（方法一　行列式展开法则的推论）$A_{31}+A_{32}+A_{33}+A_{34}$ 即为第 1 行元素乘以第 3 行元素的代数余子式，根据行列式展开法则的推论可知，$A_{31}+A_{32}+A_{33}+A_{34}=0$．故选 A.

（方法二　行列式的性质）用 1，1，1，1 替换行列式 D 的第 3 行元素，由行列式的性质，得 $A_{31}+A_{32}+A_{33}+A_{34}=\begin{vmatrix} 1 & 1 & 1 & 1 \\ 0 & 1 & 3 & -6 \\ 1 & 1 & 1 & 1 \\ 2 & 2 & 4 & 7 \end{vmatrix}=0$．故选 A.

方法总结

行列式的性质如下表所示.

性　质	内　容	说　明
转置性	行列式与它的转置行列式相等	$D=D^{\mathrm{T}}$
反号性	行列式两行（列）互换，符号改变； 推论：行列式两行（列）相同，行列式的值为零	$r_i\leftrightarrow r_j$ 表示第 i 行与第 j 行互换，$c_i\leftrightarrow c_j$ 表示第 i 列与第 j 列互换
倍乘性	行列式的某一行（列）中所有元素都乘以同一个数 k，等于用数 k 乘以行列式； 推论：某行（列）的公因子 $k\,(k\neq0)$ 可提到行列式外； 推论：行列式两行（列）成比例，行列式的值为零； 推论：行列式有零行（列），行列式的值为零	kr_i 表示第 i 行的所有元素都乘以实数 k； kc_i 表示第 i 列的所有元素都乘以实数 k
可加性	某行（列）的元素都是两元素之和，则可将行列式拆成两个相应行列式的和	例如：$\begin{vmatrix} a_{11}+b_{11} & c_{12} \\ a_{21}+b_{21} & c_{22} \end{vmatrix}=\begin{vmatrix} a_{11} & c_{12} \\ a_{21} & c_{22} \end{vmatrix}+\begin{vmatrix} b_{11} & c_{12} \\ b_{21} & c_{22} \end{vmatrix}$
倍加性	行列式的某一行（列）的各元素同乘数 k 后，加到另一行（列）的对应元素上，行列式的值不变	r_j+kr_i 表示实数 k 乘以第 i 行加到第 j 行上； c_j+kc_i 表示实数 k 乘以第 i 列加到第 j 列上

8. A【解析】（方法一）由该行列式的性质，得原式 $\xlongequal{\substack{r_1-2r_2\\ r_1-3r_3\\ \cdots\\ r_1-nr_n}}\begin{vmatrix}1-\sum\limits_{i=2}^{n}i^2 & 0 & 0 & \cdots & 0\\ 2 & 1 & 0 & \cdots & 0\\ 3 & 0 & 1 & \cdots & 0\\ \vdots & \vdots & \vdots & & \vdots\\ n & 0 & 0 & \cdots & 1\end{vmatrix}=1-\sum\limits_{i=2}^{n}i^2$. 故选 A.

（方法二）由行列式的性质，得原式 $\xlongequal{\substack{c_1-2c_2\\ c_1-3c_3\\ \cdots\\ c_1-nc_n}}\begin{vmatrix}1-\sum\limits_{i=2}^{n}i^2 & 2 & 3 & \cdots & n\\ 0 & 1 & 0 & \cdots & 0\\ 0 & 0 & 1 & \cdots & 0\\ \vdots & \vdots & \vdots & & \vdots\\ 0 & 0 & 0 & \cdots & 1\end{vmatrix}=1-\sum\limits_{i=2}^{n}i^2$. 故选 A.

方法总结

形如 $\begin{vmatrix}a_{11} & a_{12} & a_{13} & \cdots & a_{1n}\\ a_{21} & a_{22} & 0 & \cdots & 0\\ a_{31} & 0 & a_{33} & \cdots & 0\\ \vdots & \vdots & \vdots & & \vdots\\ a_{n1} & 0 & 0 & \cdots & a_{nn}\end{vmatrix}$ 的行列式称为爪形（或箭形）行列式，即第 1 行、第 1 列及主对角线上的元素不为 0，其余元素均为 0 的行列式．爪形（或箭形）行列式一定可以化为上（下）三角形行列式，此方法称为**消零化三角形法**，且

$$\begin{vmatrix}a_{11} & a_{12} & a_{13} & \cdots & a_{1n}\\ a_{21} & a_{22} & 0 & \cdots & 0\\ a_{31} & 0 & a_{33} & \cdots & 0\\ \vdots & \vdots & \vdots & & \vdots\\ a_{n1} & 0 & 0 & \cdots & a_{nn}\end{vmatrix}\xlongequal{r_1-\frac{a_{12}}{a_{22}}r_2-\frac{a_{13}}{a_{33}}r_3-\cdots-\frac{a_{1n}}{a_{nn}}r_n}\begin{vmatrix}a_{11}-\sum\limits_{i=2}^{n}\dfrac{a_{1i}a_{i1}}{a_{ii}} & 0 & 0 & \cdots & 0\\ a_{21} & a_{22} & 0 & \cdots & 0\\ a_{31} & 0 & a_{33} & \cdots & 0\\ \vdots & \vdots & \vdots & & \vdots\\ a_{n1} & 0 & 0 & \cdots & a_{nn}\end{vmatrix}=\left(a_{11}-\sum_{i=2}^{n}\frac{a_{1i}a_{i1}}{a_{ii}}\right)\prod_{i=2}^{n}a_{ii}\ (a_{ii}\neq 0)\text{ 或}$$

$$\begin{vmatrix}a_{11} & a_{12} & a_{13} & \cdots & a_{1n}\\ a_{21} & a_{22} & 0 & \cdots & 0\\ a_{31} & 0 & a_{33} & \cdots & 0\\ \vdots & \vdots & \vdots & & \vdots\\ a_{n1} & 0 & 0 & \cdots & a_{nn}\end{vmatrix}\xlongequal{c_1-\frac{a_{21}}{a_{22}}c_2-\frac{a_{31}}{a_{33}}c_3-\cdots-\frac{a_{n1}}{a_{nn}}c_n}\begin{vmatrix}a_{11}-\sum\limits_{i=2}^{n}\dfrac{a_{i1}a_{1i}}{a_{ii}} & a_{12} & a_{13} & \cdots & a_{1n}\\ 0 & a_{22} & 0 & \cdots & 0\\ 0 & 0 & a_{33} & \cdots & 0\\ \vdots & \vdots & \vdots & & \vdots\\ 0 & 0 & 0 & \cdots & a_{nn}\end{vmatrix}=\left(a_{11}-\sum_{i=2}^{n}\frac{a_{i1}a_{1i}}{a_{ii}}\right)\prod_{i=2}^{n}a_{ii}\ (a_{ii}\neq 0).$$

二、填空题

9. 24【解析】该行列式为上三角形行列式，则原式 $=1\times3\times8=24$.

10. 5【解析】元素 9 的余子式 $M_{22}=\begin{vmatrix}2 & -1\\ 1 & 2\end{vmatrix}=4-(-1)=5$.

11. 11【解析】逆序数 $t(135784629)=0+0+0+0+3+2+6+0=11$.

12. -12【解析】元素 7 的代数余子式 $A_{42}=(-1)^{4+2}\begin{vmatrix}-1 & 1 & 2\\ 0 & 3 & 0\\ 3 & 4 & -2\end{vmatrix}=(-1)^{2+2}\times3\begin{vmatrix}-1 & 2\\ 3 & -2\end{vmatrix}=3\times(-4)=-12$.

13. $x_1=-2$，$x_2=-1$，$x_3=1$，$x_4=2$【解析】函数 $f(x)=\begin{vmatrix}1 & 1 & 2\\ 1 & 1 & x^2-2\\ 2 & x^2+1 & 1\end{vmatrix}\xlongequal{\substack{r_2-r_1\\ r_3-2r_1}}\begin{vmatrix}1 & 1 & 2\\ 0 & 0 & x^2-4\\ 0 & x^2-1 & -3\end{vmatrix}=\begin{vmatrix}0 & x^2-4\\ x^2-1 & -3\end{vmatrix}=$ $-(x^2-4)(x^2-1)$，令 $f(x)=0$，解得方程的根是 $x_1=-2$，$x_2=-1$，$x_3=1$，$x_4=2$.

14. 12【解析】$D_1=\begin{vmatrix}2a_{11} & a_{11}-3a_{12} & a_{13}\\ 2a_{21} & a_{21}-3a_{22} & a_{23}\\ 2a_{31} & a_{31}-3a_{32} & a_{33}\end{vmatrix}=\begin{vmatrix}2a_{11} & a_{11} & a_{13}\\ 2a_{21} & a_{21} & a_{23}\\ 2a_{31} & a_{31} & a_{33}\end{vmatrix}+\begin{vmatrix}2a_{11} & -3a_{12} & a_{13}\\ 2a_{21} & -3a_{22} & a_{23}\\ 2a_{31} & -3a_{32} & a_{33}\end{vmatrix}=0-6D=-6\times(-2)=12$.

三、解答题

15. **解**：因为 $D=\begin{vmatrix}2 & 3\\ 1 & -4\end{vmatrix}=-11\neq0$，所以方程组有解．又因为 $D_1=\begin{vmatrix}6 & 3\\ 5 & -4\end{vmatrix}=-39$，$D_2=\begin{vmatrix}2 & 6\\ 1 & 5\end{vmatrix}=4$，所以方程组的解为 $x_1=\dfrac{D_1}{D}=\dfrac{39}{11}$，$x_2=\dfrac{D_2}{D}=-\dfrac{4}{11}$.

方法总结

利用行列式解线性方程组的方法如下表所示．

方程组	行列式	方程组的解
$\begin{cases}a_{11}x_1+a_{12}x_2=b_1,\\ a_{21}x_1+a_{22}x_2=b_2\end{cases}$	$D=\begin{vmatrix}a_{11} & a_{12}\\ a_{21} & a_{22}\end{vmatrix}$，$D_1=\begin{vmatrix}b_1 & a_{12}\\ b_2 & a_{22}\end{vmatrix}$，$D_2=\begin{vmatrix}a_{11} & b_1\\ a_{21} & b_2\end{vmatrix}$	$x_1=\dfrac{D_1}{D}$，$x_2=\dfrac{D_2}{D}\ (D\neq0)$
$\begin{cases}a_{11}x_1+a_{12}x_2+a_{13}x_3=b_1,\\ a_{21}x_1+a_{22}x_2+a_{23}x_3=b_2,\\ a_{31}x_1+a_{32}x_2+a_{33}x_3=b_3\end{cases}$	$D=\begin{vmatrix}a_{11} & a_{12} & a_{13}\\ a_{21} & a_{22} & a_{23}\\ a_{31} & a_{32} & a_{33}\end{vmatrix}$，$D_1=\begin{vmatrix}b_1 & a_{12} & a_{13}\\ b_2 & a_{22} & a_{23}\\ b_3 & a_{32} & a_{33}\end{vmatrix}$，$D_2=\begin{vmatrix}a_{11} & b_1 & a_{13}\\ a_{21} & b_2 & a_{23}\\ a_{31} & b_3 & a_{33}\end{vmatrix}$，$D_3=\begin{vmatrix}a_{11} & a_{12} & b_1\\ a_{21} & a_{22} & b_2\\ a_{31} & a_{32} & b_3\end{vmatrix}$	$x_1=\dfrac{D_1}{D}$，$x_2=\dfrac{D_2}{D}$，$x_3=\dfrac{D_3}{D}\ (D\neq0)$

16. **解**：由行列式的性质，得原式 $\xlongequal{\substack{r_2-r_1\\ r_3-r_1\\ r_4-r_1}}\begin{vmatrix}1 & 1 & 1 & 1\\ 0 & 1 & 1 & 1\\ 0 & 1 & 2 & 2\\ 0 & 1 & 2 & 3\end{vmatrix}\xlongequal{\substack{r_3-r_2\\ r_4-r_2}}\begin{vmatrix}1 & 1 & 1 & 1\\ 0 & 1 & 1 & 1\\ 0 & 0 & 1 & 1\\ 0 & 0 & 1 & 2\end{vmatrix}\xlongequal{r_4-r_3}\begin{vmatrix}1 & 1 & 1 & 1\\ 0 & 1 & 1 & 1\\ 0 & 0 & 1 & 1\\ 0 & 0 & 0 & 1\end{vmatrix}=1$.

17. **解**：根据行列式展开法则，将行列式按第 1 行展开，得原式 $=(-1)^{1+2}y\begin{vmatrix}x & y & 0\\ 0 & 0 & y\\ y & x & 0\end{vmatrix}+(-1)^{1+4}x\begin{vmatrix}x & 0 & y\\ 0 & x & 0\\ y & 0 & x\end{vmatrix}=-(-1)^{2+3}y^2\cdot$ $\begin{vmatrix}x & y\\ y & x\end{vmatrix}-(-1)^{2+2}x^2\begin{vmatrix}x & y\\ y & x\end{vmatrix}=y^2(x^2-y^2)-x^2(x^2-y^2)=-(x^2-y^2)^2$.

18. **解**：由行列式的性质，得 $f(x)\xlongequal{\substack{c_2-c_1\\ c_3-c_1\\ c_4-c_1}}\begin{vmatrix}x-2 & 1 & 0 & -1\\ 2x-2 & 1 & 0 & -1\\ 3x-3 & 1 & x-2 & -2\\ 4x & -3 & x-7 & -3\end{vmatrix}\xlongequal{c_4+c_2}\begin{vmatrix}x-2 & 1 & 0 & 0\\ 2x-2 & 1 & 0 & 0\\ 3x-3 & 1 & x-2 & -1\\ 4x & -3 & x-7 & -6\end{vmatrix}\xlongequal{\substack{r_2-r_1\\ r_3-r_1\\ r_4+3r_1}}\begin{vmatrix}x-2 & 1 & 0 & 0\\ x & 0 & 0 & 0\\ 2x-1 & 0 & x-2 & -1\\ 7x-6 & 0 & x-7 & -6\end{vmatrix}=$ $(-1)^{1+2}\times1\begin{vmatrix}x & 0 & 0\\ 2x-1 & x-2 & -1\\ 7x-6 & x-7 & -6\end{vmatrix}=-x\begin{vmatrix}x-2 & -1\\ x-7 & -6\end{vmatrix}=-x[-6(x-2)+x-7]=5x(x-1)$，令 $5x(x-1)=0$，解得 $x_1=0$，$x_2=1$.

19. **解**：由行列式的性质，得原式 $\xlongequal{\substack{c_1+c_2\\ c_1+c_3\\ c_1+c_4}}\begin{vmatrix}y+a+b+c+d & b & c & d\\ y+a+b+c+d & y+b & c & d\\ y+a+b+c+d & b & y+c & d\\ y+a+b+c+d & b & c & y+d\end{vmatrix}=(y+a+b+c+d)\begin{vmatrix}1 & b & c & d\\ 1 & y+b & c & d\\ 1 & b & y+c & d\\ 1 & b & c & y+d\end{vmatrix}$ $\xlongequal{\substack{r_2-r_1\\ r_3-r_1\\ r_4-r_1}}(y+a+b+c+d)\begin{vmatrix}1 & b & c & d\\ 0 & y & 0 & 0\\ 0 & 0 & y & 0\\ 0 & 0 & 0 & y\end{vmatrix}=y^3(y+a+b+c+d)$.

20．**解**：将行列式增加一行元素 1，1，1，1，1，增加一列元素 1，0，0，0，0，行列式的值不变，则原式 =

$$\begin{vmatrix} 1 & 1 & 1 & 1 & 1 \\ 0 & 1+a & 1 & 1 & 1 \\ 0 & 1 & 1-a & 1 & 1 \\ 0 & 1 & 1 & 1+b & 1 \\ 0 & 1 & 1 & 1 & 1-b \end{vmatrix} \xlongequal[r_5-r_1]{\substack{r_2-r_1\\ r_3-r_1\\ r_4-r_1}} \begin{vmatrix} 1 & 1 & 1 & 1 & 1 \\ -1 & a & 0 & 0 & 0 \\ -1 & 0 & -a & 0 & 0 \\ -1 & 0 & 0 & b & 0 \\ -1 & 0 & 0 & 0 & -b \end{vmatrix} \xlongequal{c_1+\frac{1}{a}c_2-\frac{1}{a}c_3+\frac{1}{b}c_4-\frac{1}{b}c_5} \begin{vmatrix} 1 & 1 & 1 & 1 & 1 \\ 0 & a & 0 & 0 & 0 \\ 0 & 0 & -a & 0 & 0 \\ 0 & 0 & 0 & b & 0 \\ 0 & 0 & 0 & 0 & -b \end{vmatrix} = a^2b^2 .$$

方法总结

本题所用的方法为**加边法**．此类行列式不宜直接利用行列式的性质，可以考虑将 n 阶行列式添加 1 行 1 列升至 $n+1$ 阶行列式，若添加的第 1 列（行）元素为 1，0，…，0，则第 1 行（列）其余元素可任意，行列式的值不变，即

$$D_n = \begin{vmatrix} a_{11} & a_{12} & \cdots & a_{1n} \\ a_{21} & a_{22} & \cdots & a_{2n} \\ \vdots & \vdots & & \vdots \\ a_{n1} & a_{n2} & \cdots & a_{nn} \end{vmatrix}_{n\times n} = \begin{vmatrix} 1 & * & * & \cdots & * \\ 0 & a_{11} & a_{12} & \cdots & a_{1n} \\ 0 & a_{21} & a_{22} & \cdots & a_{2n} \\ \vdots & \vdots & \vdots & & \vdots \\ 0 & a_{n1} & a_{n2} & \cdots & a_{nn} \end{vmatrix}_{(n+1)\times(n+1)} .$$

注意：虽然第 1 行的元素 * 可任意，但应根据原行列式元素的规律，在第 1 行添加合适的元素，进而简化行列式的计算．

第一章 行列式测试 B 卷

一、单项选择题

1．D【解析】由对角线法则，得原式 $=9-3a=0$，解得 $a=3$．故选 D．

2．A【解析】A 选项中，行标逆序数 $t(32514)=1+0+3+1=5$，列标逆序数 $t(43215)=1+2+3+0=6$，该项符号为 $(-1)^{5+6}=-1$．B 选项中，行标逆序数 $t(45312)=0+2+3+3=8$，列标逆序数 $t(42513)=1+0+3+2=6$，该项符号为 $(-1)^{8+6}=1$．C 选项中，行标为自然排序，行标逆序数 $t(12345)=0$，列标逆序数 $t(43152)=1+2+0+3=6$，该项符号为 $(-1)^{0+6}=1$．D 选项中，行标为自然排序，行标逆序数 $t(12345)=0$，列标逆序数 $t(54132)=1+2+2+3=8$，该项符号为 $(-1)^{0+8}=1$．故选 A．

3．D【解析】（方法一）该行列式每行的和相同，由行列式的性质，得原式 $\xlongequal{c_1+c_2+c_3} \begin{vmatrix} 7 & 2 & 2 \\ 7 & 3 & 2 \\ 7 & 2 & 3 \end{vmatrix} = 7\begin{vmatrix} 1 & 2 & 2 \\ 1 & 3 & 2 \\ 1 & 2 & 3 \end{vmatrix} \xlongequal{\substack{r_2-r_1\\ r_3-r_1}}$

$7\begin{vmatrix} 1 & 2 & 2 \\ 0 & 1 & 0 \\ 0 & 0 & 1 \end{vmatrix} = 7$．故选 D．

（方法二）该行列式每列的和相同，由行列式的性质，得原式 $\xlongequal{r_1+r_2+r_3} \begin{vmatrix} 7 & 7 & 7 \\ 2 & 3 & 2 \\ 2 & 2 & 3 \end{vmatrix} = 7\begin{vmatrix} 1 & 1 & 1 \\ 2 & 3 & 2 \\ 2 & 2 & 3 \end{vmatrix} \xlongequal{\substack{c_2-c_1\\ c_3-c_1}} 7\begin{vmatrix} 1 & 0 & 0 \\ 2 & 1 & 0 \\ 2 & 0 & 1 \end{vmatrix} = 7$．故选 D．

思路点拨

本题中的行列式的特点是每一行（列）各元素之和相等，常用的方法是将后面各列（行）都加到第 1 列（行），使第 1 列（行）有公因子，并将公因子提到行列式外，再利用行列式的性质将其化简．

4．A【解析】$A_{31}-A_{32}+2A_{33}$ 即为第 1 行元素乘第 3 行元素的代数余子式，根据行列式展开法则的推论可知，$A_{31}-A_{32}+2A_{33}=0$．故选 A．

5．B【解析】由行列式的性质，得原式 $\xlongequal{\substack{r_1+r_4\\ r_2+r_4\\ r_3+r_4}} \begin{vmatrix} 0 & 0 & 0 & -2 \\ 0 & 0 & -2 & -2 \\ 0 & -2 & -2 & -2 \\ -1 & -1 & -1 & -1 \end{vmatrix} = (-1)^{\frac{4\times3}{2}}\times(-2)\times(-2)\times(-2)\times(-1)=8$．故选 B．

6．D【解析】根据行列式展开法则，将行列式按第 1 列展开，得 $f(x)=(-1)^{1+1}\times1\begin{vmatrix} 1 & -1 & -1 \\ -1 & 1 & -1 \\ -1 & -1 & 1 \end{vmatrix}+(-1)^{4+1}x\begin{vmatrix} 1 & 1 & 1 \\ 1 & -1 & -1 \\ -1 & 1 & -1 \end{vmatrix}$，

所以该多项式的常数项是 $\begin{vmatrix} 1 & -1 & -1 \\ -1 & 1 & -1 \\ -1 & -1 & 1 \end{vmatrix} \xlongequal{\substack{r_2+r_1\\ r_3+r_1}} \begin{vmatrix} 1 & -1 & -1 \\ 0 & 0 & -2 \\ 0 & -2 & 0 \end{vmatrix} \xlongequal{r_2\leftrightarrow r_3} -\begin{vmatrix} 1 & -1 & -1 \\ 0 & -2 & 0 \\ 0 & 0 & -2 \end{vmatrix} = -1\times(-2)\times(-2)=-4$．故选 D．

7．B【解析】$\begin{vmatrix} 1 & 1 & 1 \\ 1 & x & -2 \\ 1 & x^2 & 4 \end{vmatrix}$ 为范德蒙德行列式，则 $\begin{vmatrix} 1 & 1 & 1 \\ 1 & x & x^2 \\ 1 & -2 & 4 \end{vmatrix} = \begin{vmatrix} 1 & 1 & 1 \\ 1 & x & -2 \\ 1 & x^2 & 4 \end{vmatrix} = (-2-x)(-2-1)(x-1)=3(x+2)(x-1)=0$，

解得 $x=-2$ 或 1．由 $x=1$ 可推出 $\begin{vmatrix} 1 & 1 & 1 \\ 1 & x & x^2 \\ 1 & -2 & 4 \end{vmatrix}=0$，反之不一定成立，所以“$x=1$”是“$\begin{vmatrix} 1 & 1 & 1 \\ 1 & x & x^2 \\ 1 & -2 & 4 \end{vmatrix}=0$”的充分不必要条件．故选 B．

8．A【解析】由行列式的性质，得原式 $\xlongequal[r_1-r_n]{\substack{r_1-r_2\\ r_1-r_3\\ \cdots}} \begin{vmatrix} 1 & 0 & 0 & \cdots & 0 \\ 1 & n-1 & 0 & \cdots & 0 \\ 1 & 0 & n-2 & \cdots & 0 \\ \vdots & \vdots & \vdots & & \vdots \\ 1 & 0 & 0 & \cdots & 1 \end{vmatrix} = (n-1)!$．故选 A．

二、填空题

9．-1【解析】（方法一 对角线法则）由对角线法则，得原式 $=201\times99-199\times100=201\times100-201-199\times100=(201-199)\times100-201=200-201=-1$．

（方法二 行列式性质）由行列式的性质，得原式 $=\begin{vmatrix} 200+1 & 200-1 \\ 100+0 & 100-1 \end{vmatrix} = \begin{vmatrix} 200 & 200 \\ 100 & 100 \end{vmatrix} + \begin{vmatrix} 200 & -1 \\ 100 & -1 \end{vmatrix} + \begin{vmatrix} 1 & 200 \\ 0 & 100 \end{vmatrix} + \begin{vmatrix} 1 & -1 \\ 0 & -1 \end{vmatrix} = 0-100+100-1=-1$．

10．4【解析】（方法一）由对角线法则，得原式 $=k-2-12+2-4+3k=4k-16=0$，解得 $k=4$．

（方法二）由行列式的性质，得原式 $\xlongequal{r_3+r_1} \begin{vmatrix} 1 & 2 & 3 \\ 2 & k & 1 \\ 0 & 0 & 4 \end{vmatrix} = 4\times(-1)^{3+3}\begin{vmatrix} 1 & 2 \\ 2 & k \end{vmatrix} = 4(k-4)=0$，解得 $k=4$．

11．$-x^2y^2$【解析】由行列式的性质，得原式 $\xlongequal{r_1\leftrightarrow r_3} -\begin{vmatrix} x & 0 & 0 & 0 \\ 0 & y & 0 & 0 \\ 0 & 0 & x & 0 \\ 0 & 0 & 0 & y \end{vmatrix} = -x^2y^2$．

12．4；2【解析】由题可知，m 和 n 的值应为 2，4．若 $m=2$，$n=4$，则 $t(158267493)=0+0+2+1+1+4+0+6=14$，为偶排列，不符合题意；若 $m=4$，$n=2$，则 $t(158467293)=0+0+2+1+1+5+0+6=15$，为奇排列，符合题意，所以 $m=4$，$n=2$．

13．-18【解析】由行列式的性质，得原式 $=(-1)\times3\times(-6)\begin{vmatrix} a_{11} & a_{12} & a_{13} \\ a_{21} & a_{22} & a_{23} \\ a_{31} & a_{32} & a_{33} \end{vmatrix} \xlongequal{r_1\leftrightarrow r_2} -18\begin{vmatrix} a_{21} & a_{22} & a_{23} \\ a_{11} & a_{12} & a_{13} \\ a_{31} & a_{32} & a_{33} \end{vmatrix}$．

14．120【解析】由行列式的性质，得原式 $\xlongequal{r_1\leftrightarrow r_4}-\begin{vmatrix}3&0&0&0&0\\0&0&4&0&0\\0&0&0&0&1\\0&2&0&0&0\\0&0&0&5&0\end{vmatrix}\xlongequal{r_2\leftrightarrow r_4}\begin{vmatrix}3&0&0&0&0\\0&2&0&0&0\\0&0&0&0&1\\0&0&4&0&0\\0&0&0&5&0\end{vmatrix}\xlongequal{r_3\leftrightarrow r_4}-\begin{vmatrix}3&0&0&0&0\\0&2&0&0&0\\0&0&4&0&0\\0&0&0&0&1\\0&0&0&5&0\end{vmatrix}\xlongequal{r_4\leftrightarrow r_5}$

$\begin{vmatrix}3&0&0&0&0\\0&2&0&0&0\\0&0&4&0&0\\0&0&0&5&0\\0&0&0&0&1\end{vmatrix}=3\times2\times4\times5\times1=120$.

三、解答题

15．解：因为 $D=\begin{vmatrix}2&3&-5\\1&-2&1\\3&1&3\end{vmatrix}=-49\neq0$，所以方程组有解．又因为 $D_1=\begin{vmatrix}3&3&-5\\0&-2&1\\7&1&3\end{vmatrix}=-70$，$D_2=\begin{vmatrix}2&3&-5\\1&0&1\\3&7&3\end{vmatrix}=-49$，

$D_3=\begin{vmatrix}2&3&3\\1&-2&0\\3&1&7\end{vmatrix}=-28$，所以方程组的解为 $x=\dfrac{D_1}{D}=\dfrac{10}{7}$，$y=\dfrac{D_2}{D}=1$，$z=\dfrac{D_3}{D}=\dfrac{4}{7}$．

16．解：由行列式的性质，得原式 $\xlongequal{c_1+c_2+c_3+c_4}\begin{vmatrix}y&-1&1&y-1\\y&-1&y+1&-1\\y&y-1&1&-1\\y&-1&1&-1\end{vmatrix}=y\begin{vmatrix}1&-1&1&y-1\\1&-1&y+1&-1\\1&y-1&1&-1\\1&-1&1&-1\end{vmatrix}\xlongequal[r_4-r_1]{r_2-r_1,\ r_3-r_1}y\begin{vmatrix}1&-1&1&y-1\\0&0&y&-y\\0&y&0&-y\\0&0&0&-y\end{vmatrix}\xlongequal{r_2\leftrightarrow r_3}$

$-y\begin{vmatrix}1&-1&1&y-1\\0&y&0&-y\\0&0&y&-y\\0&0&0&-y\end{vmatrix}=y^4$．

17．解：由行列式的性质，得原式 $=\begin{vmatrix}a^2&a&\frac{1}{a}&1\\b^2&b&\frac{1}{b}&1\\c^2&c&\frac{1}{c}&1\\d^2&d&\frac{1}{d}&1\end{vmatrix}+\begin{vmatrix}\frac{1}{a^2}&a&\frac{1}{a}&1\\\frac{1}{b^2}&b&\frac{1}{b}&1\\\frac{1}{c^2}&c&\frac{1}{c}&1\\\frac{1}{d^2}&d&\frac{1}{d}&1\end{vmatrix}=abcd\begin{vmatrix}a&1&\frac{1}{a^2}&\frac{1}{a}\\b&1&\frac{1}{b^2}&\frac{1}{b}\\c&1&\frac{1}{c^2}&\frac{1}{c}\\d&1&\frac{1}{d^2}&\frac{1}{d}\end{vmatrix}+(-1)^3\begin{vmatrix}a&1&\frac{1}{a^2}&\frac{1}{a}\\b&1&\frac{1}{b^2}&\frac{1}{b}\\c&1&\frac{1}{c^2}&\frac{1}{c}\\d&1&\frac{1}{d^2}&\frac{1}{d}\end{vmatrix}=$

$(abcd-1)\begin{vmatrix}a&1&\frac{1}{a^2}&\frac{1}{a}\\b&1&\frac{1}{b^2}&\frac{1}{b}\\c&1&\frac{1}{c^2}&\frac{1}{c}\\d&1&\frac{1}{d^2}&\frac{1}{d}\end{vmatrix}=0$．

18．解：由行列式的性质，得原式 $\xlongequal[r_n-r_1]{r_2-r_1,\ r_3-r_1,\ \cdots}\begin{vmatrix}4&3&3&\cdots&3&3\\-1&2&0&\cdots&0&0\\-1&0&3&\cdots&0&0\\\vdots&\vdots&\vdots&&\vdots&\vdots\\-1&0&0&\cdots&n-1&0\\-1&0&0&\cdots&0&n\end{vmatrix}\xlongequal[c_1+\frac{1}{n}c_n]{c_1+\frac{1}{2}c_2,\ c_1+\frac{1}{3}c_2,\ \cdots}\begin{vmatrix}4+3\sum\limits_{k=2}^{n}\frac{1}{k}&3&3&\cdots&3&3\\0&2&0&\cdots&0&0\\0&0&3&\cdots&0&0\\\vdots&\vdots&\vdots&&\vdots&\vdots\\0&0&0&\cdots&n-1&0\\0&0&0&\cdots&0&n\end{vmatrix}=\left(4+3\sum\limits_{k=2}^{n}\frac{1}{k}\right)n!$．

19．解：（1）由行列式的性质，得 $D\xlongequal{c_1+c_2+c_3+\cdots+c_n}\begin{vmatrix}x+(n-1)a&a&a&\cdots&a&a\\x+(n-1)a&x&a&\cdots&a&a\\x+(n-1)a&a&x&\cdots&a&a\\\vdots&\vdots&\vdots&&\vdots&\vdots\\x+(n-1)a&a&a&\cdots&x&a\\x+(n-1)a&a&a&\cdots&a&x\end{vmatrix}=[x+(n-1)a]\begin{vmatrix}1&a&a&\cdots&a&a\\1&x&a&\cdots&a&a\\1&a&x&\cdots&a&a\\\vdots&\vdots&\vdots&&\vdots&\vdots\\1&a&a&\cdots&x&a\\1&a&a&\cdots&a&x\end{vmatrix}\xlongequal[r_n-r_1]{r_2-r_1,\ r_3-r_1,\ \cdots}$

$[x+(n-1)a]\begin{vmatrix}1&a&a&\cdots&a&a\\0&x-a&0&\cdots&0&0\\0&0&x-a&\cdots&0&0\\\vdots&\vdots&\vdots&&\vdots&\vdots\\0&0&0&\cdots&x-a&0\\0&0&0&\cdots&0&x-a\end{vmatrix}=[x+(n-1)a](x-a)^{n-1}$．

（2）根据余子式和代数余子式的关系，有 $A_{ij}=(-1)^{i+j}M_{ij}$，用 $1,1,\cdots,1$ 替换行列式 D 的第 1 行元素，得 $A_{11}+A_{12}$

$+\cdots+A_{1n}=\begin{vmatrix}1&1&1&\cdots&1&1\\a&x&a&\cdots&a&a\\a&a&x&\cdots&a&a\\\vdots&\vdots&\vdots&&\vdots&\vdots\\a&a&a&\cdots&x&a\\a&a&a&\cdots&a&x\end{vmatrix}\xlongequal[r_n-ar_1]{r_2-ar_1,\ r_3-ar_1,\ \cdots}\begin{vmatrix}1&1&1&\cdots&1&1\\0&x-a&0&\cdots&0&0\\0&0&x-a&\cdots&0&0\\\vdots&\vdots&\vdots&&\vdots&\vdots\\0&0&0&\cdots&x-a&0\\0&0&0&\cdots&0&x-a\end{vmatrix}=(x-a)^{n-1}$．

20．证明：（方法一　数学归纳法）当 $n=1$ 时，$D_1=x+a_1$ 成立；当 $n=2$ 时，$D_2=\begin{vmatrix}x&-1\\a_2&x+a_1\end{vmatrix}=x(x+a_1)+a_2=x^2+a_1x+a_2$ 成立；假设当 $n=k-1$ 时，结论成立，即 $D_{k-1}=x^{k-1}+a_1x^{k-2}+\cdots+a_{k-2}x+a_{k-1}$ 成立，则当 $n=k$ 时，$D_k=xD_{k-1}+a_k=x^k+a_1x^{k-1}+\cdots+a_{k-2}x^2+a_{k-1}x+a_k=x^k+\sum\limits_{i=1}^{k}a_ix^{k-i}$ 也成立．因此，对一切正整数 n，结论成立，即 $D_n=$

$\begin{vmatrix}x&-1&0&\cdots&0&0\\0&x&-1&\cdots&0&0\\\vdots&\vdots&\vdots&&\vdots&\vdots\\0&0&0&\cdots&x&-1\\a_n&a_{n-1}&a_{n-2}&\cdots&a_2&x+a_1\end{vmatrix}=x^n+\sum\limits_{i=1}^{n}a_ix^{n-i}$，得证．

（方法二　递推法）$D_n\xlongequal{\text{按第1列展开}}(-1)^{1+1}x\begin{vmatrix}x&-1&\cdots&0&0\\\vdots&\vdots&&\vdots&\vdots\\0&0&\cdots&x&-1\\a_{n-1}&a_{n-2}&\cdots&a_2&x+a_1\end{vmatrix}+(-1)^{n+1}a_n\begin{vmatrix}-1&0&\cdots&0&0\\x&-1&\cdots&0&0\\\vdots&\vdots&&\vdots&\vdots\\0&0&\cdots&x&-1\end{vmatrix}=xD_{n-1}+a_n$，故

$D_{n-1}\xlongequal{\text{按第1列展开}}(-1)^{1+1}x\begin{vmatrix}x&-1&\cdots&0&0\\\vdots&\vdots&&\vdots&\vdots\\0&0&\cdots&x&-1\\a_{n-2}&a_{n-3}&\cdots&a_2&x+a_1\end{vmatrix}+(-1)^{(n-1)+1}a_{n-1}\begin{vmatrix}-1&0&\cdots&0&0\\x&-1&\cdots&0&0\\\vdots&\vdots&&\vdots&\vdots\\0&0&\cdots&x&-1\end{vmatrix}=xD_{n-2}+a_{n-1}$，依次类推，

$D_2=\begin{vmatrix}x&-1\\a_2&x+a_1\end{vmatrix}=x(x+a_1)+a_2=x^2+a_1x+a_2$，故 $D_n=x^n+a_1x^{n-1}+\cdots+a_{n-1}x+a_n=x^n+\sum\limits_{i=1}^{n}a_ix^{n-i}$，得证．

第一章　行列式测试 C 卷

一、单项选择题

1．A【解析】由对角线法则，得原式 $=(\lambda-1)^2-4=(\lambda+1)(\lambda-3)$，令 $(\lambda+1)(\lambda-3)\neq0$，解得 $\lambda\neq-1$ 且 $\lambda\neq3$．故选 A．

2．B【解析】逆序数为奇数的排列叫作奇排列．A 选项中，逆序数 $t(365214)=0+1+3+4+2=10$，为偶排列．B 选项中，逆序数 $t(321645)=1+2+0+1+1=5$，为奇排列．C 选项中，逆序数 $t(312564)=1+1+0+0+2=4$，为偶排列．D 选

项中，逆序数 $t(123456)=0$，为偶排列．故选 B.

3．C【解析】$\begin{vmatrix}a&c\\b&d\end{vmatrix}=ad-bc$，$-\begin{vmatrix}d&c\\b&a\end{vmatrix}=bc-ad$，A 选项错误．$\begin{vmatrix}a+c&1\\b+d&1\end{vmatrix}=\begin{vmatrix}a&1\\b&1\end{vmatrix}+\begin{vmatrix}c&1\\d&1\end{vmatrix}$，B 选项错误．$\begin{vmatrix}3a&3c\\3b&3d\end{vmatrix}=3\times3\begin{vmatrix}a&c\\b&d\end{vmatrix}=9\begin{vmatrix}a&c\\b&d\end{vmatrix}$，C 选项正确．$\begin{vmatrix}ab&1\\cd&1\end{vmatrix}=ab-cd$，$\begin{vmatrix}a&1\\c&1\end{vmatrix}+\begin{vmatrix}b&1\\d&1\end{vmatrix}=a-c+b-d$，D 选项错误．故选 C.

4．D【解析】根据余子式和代数余子式的关系可知，$A_{32}+M_{21}=(-1)^{3+2}M_{32}+M_{21}=-\begin{vmatrix}1&2\\-1&2\end{vmatrix}+\begin{vmatrix}3&2\\1&-2\end{vmatrix}=-4-8=-12$．故选 D.

5．B【解析】因为 $x=\dfrac{D_1}{D}=\dfrac{\begin{vmatrix}a&1&1\\b&1&-1\\c&-1&1\end{vmatrix}}{\begin{vmatrix}1&1&1\\1&1&-1\\1&-1&1\end{vmatrix}}=1$，所以 $\begin{vmatrix}a&b&c\\1&1&-1\\1&-1&1\end{vmatrix}=\begin{vmatrix}a&1&1\\b&1&-1\\c&-1&1\end{vmatrix}=\begin{vmatrix}1&1&1\\1&1&-1\\1&-1&1\end{vmatrix}\xlongequal[r_3-r_1]{r_2-r_1}\begin{vmatrix}1&1&1\\0&0&-2\\0&-2&0\end{vmatrix}\xlongequal{r_2\leftrightarrow r_3}-\begin{vmatrix}1&1&1\\0&-2&0\\0&0&-2\end{vmatrix}=-4$．故选 B.

6．C【解析】由行列式的性质，得原式 $\xlongequal{r_1-r_2-r_3-r_4}\begin{vmatrix}1&0&0&0\\1&3&0&0\\1&0&2&0\\1&0&0&1\end{vmatrix}=6$．故选 C.

7．B【解析】根据行列式展开法则，将行列式按第 2 行展开，得 $D_1=\begin{vmatrix}-1&8&3\\2&0&0\\9&m&0\end{vmatrix}=2\times(-1)^{2+1}\begin{vmatrix}8&3\\m&0\end{vmatrix}=6m$，$D_2=\begin{vmatrix}-1&0&0&0\\6&-2&0&0\\6&2&4&0\\3&1&0&n\end{vmatrix}=8n$．因为 $D_1=D_2$，所以 $6m=8n$，即 $3m=4n$．故选 B.

8．D【解析】记 $D_5=\begin{vmatrix}1-a&a&0&0&0\\-1&1-a&a&0&0\\0&-1&1-a&a&0\\0&0&-1&1-a&a\\0&0&0&-1&1-a\end{vmatrix}\xlongequal{c_1+c_2+c_3+c_4+c_5}\begin{vmatrix}1&a&0&0&0\\0&1-a&a&0&0\\0&-1&1-a&a&0\\0&0&-1&1-a&a\\-a&0&0&-1&1-a\end{vmatrix}$，根据行列式展开法则，将行列式按第 1 列展开，得 $D_5=D_4+(-a)(-1)^{5+1}a^4=D_4-a^5$，依次类推，$D_4=D_3+(-a)(-1)^{4+1}a^3=D_3+a^4$，$D_3=D_2+(-a)(-1)^{3+1}a^2=D_2-a^3$，而 $D_2=(1-a)^2+a=1-a+a^2$，所以 $D_5=1-a+a^2-a^3+a^4-a^5=\sum\limits_{i=0}^{5}(-a)^i$．故选 D.

二、填空题

9．120【解析】五阶行列式共有 5! 项，即 $5!=5\times4\times3\times2\times1=120$ 项.

10．1【解析】由对角线法则，得原式 $=\sin^2x+\cos^2x=1$.

11．$-1-e-f-g$【解析】由行列式的性质，得原式 $\xlongequal{c_1+ec_2+fc_3+gc_4}\begin{vmatrix}1+e+f+g&1&1&1\\0&-1&0&0\\0&0&-1&0\\0&0&0&-1\end{vmatrix}=-1-e-f-g$.

12．288【解析】将原行列式转置可得范德蒙德行列式，即 $\begin{vmatrix}1&2&3&4\\1&2^2&3^2&4^2\\1&2^3&3^3&4^3\\1&2^4&3^4&4^4\end{vmatrix}=2\times3\times4\begin{vmatrix}1&1&1&1\\1&2&3&4\\1&2^2&3^2&4^2\\1&2^3&3^3&4^3\end{vmatrix}=24\times(4-3)\times(4-2)\times(4-1)\times(3-2)\times(3-1)\times(2-1)=288$.

13．48【解析】行列式不同行、不同列元素的非零乘积只有一个，即 $(-1)^{t(3214)}a_{13}a_{22}a_{31}a_{44}=-2\times4\times1\times(-6)=48$.

14．0【解析】设行列式第 j 列的元素及其余子式都为 a，将行列式按第 j 列展开，得 $D=a_{1j}A_{1j}+a_{2j}A_{2j}+\cdots+a_{nj}A_{nj}=aA_{1j}+aA_{2j}+\cdots+aA_{nj}$，且第 j 列元素的代数余子式中有 n 个是 a，n 个是 $-a$，从而行列式 $D=na^2-na^2=0$.

三、解答题

15．**证明：**n 阶行列式共有 n^2 个元素．若 D 是 n 阶行列式，且 D 中等于 0 的元素的个数大于 n^2-n，则不等于零的元素的个数小于 $n^2-(n^2-n)=n$，于是 D 的展开式中每一项至少有一个零因子，从而 $D=0$，得证.

16．**解：**因为 $D=\begin{vmatrix}1&2&2\\1&3&3\\3&-1&a\end{vmatrix}\xlongequal[r_3-3r_1]{r_2-r_1}\begin{vmatrix}1&2&2\\0&1&1\\0&-7&a-6\end{vmatrix}\xlongequal{r_3+7r_2}\begin{vmatrix}1&2&2\\0&1&1\\0&0&a+1\end{vmatrix}=a+1\neq0$，所以方程组有解．又因为 $D_1=\begin{vmatrix}0&2&2\\0&3&3\\0&-1&a\end{vmatrix}=0$，$D_2=\begin{vmatrix}1&0&2\\1&0&3\\3&0&a\end{vmatrix}=0$，$D_3=\begin{vmatrix}1&2&0\\1&3&0\\3&-1&0\end{vmatrix}=0$，所以方程组的解为 $x=\dfrac{D_1}{D}=0$，$y=\dfrac{D_2}{D}=0$，$z=\dfrac{D_3}{D}=0$.

17．**解：**由题可知，$f(-1)=a-b+c=0$，$f(2)=4a+2b+c=3$，$f(3)=9a+3b+c=8$，联立得方程组 $\begin{cases}a-b+c=0,\\4a+2b+c=3,\\9a+3b+c=8,\end{cases}$

因为 $D=\begin{vmatrix}1&-1&1\\4&2&1\\9&3&1\end{vmatrix}=2-9+12-3+4-18=-12\neq0$，所以方程组有解．又因为 $D_1=\begin{vmatrix}0&-1&1\\3&2&1\\8&3&1\end{vmatrix}=0-8+9-0+3-16=-12$，$D_2=\begin{vmatrix}1&0&1\\4&3&1\\9&8&1\end{vmatrix}=3+0+32-8-0-27=0$，$D_3=\begin{vmatrix}1&-1&0\\4&2&3\\9&3&8\end{vmatrix}=16-27+0-9+32-0=12$，所以方程组的解为 $a=\dfrac{D_1}{D}=1$，$b=\dfrac{D_2}{D}=0$，$c=\dfrac{D_3}{D}=-1$，即所求多项式为 $f(x)=x^2-1$.

18．**解：**由行列式的性质，得原式 $\xlongequal[r_2-r_1]{r_4-r_3,\ r_3-r_2}\begin{vmatrix}1&4&9&16\\3&5&7&9\\5&7&9&11\\7&9&11&13\end{vmatrix}\xlongequal[r_3-r_2]{r_4-r_3}\begin{vmatrix}1&4&9&16\\3&5&7&9\\2&2&2&2\\2&2&2&2\end{vmatrix}=0$.

19．**证明：**令 $D(x)=\begin{vmatrix}x_1+x&a+x&\cdots&a+x\\b+x&x_2+x&\cdots&a+x\\\vdots&\vdots&&\vdots\\b+x&b+x&\cdots&x_n+x\end{vmatrix}$，则 $D(0)=\begin{vmatrix}x_1&a&\cdots&a\\b&x_2&\cdots&a\\\vdots&\vdots&&\vdots\\b&b&\cdots&x_n\end{vmatrix}$，$D(-a)=f(a)$，$D(-b)=f(b)$，$D(x)\xlongequal[r_2-r_1]{r_n-r_{n-1},\ r_{n-1}-r_{n-2},\ \cdots}\begin{vmatrix}x_1+x&a+x&\cdots&a+x\\b-x_1&x_2-a&\cdots&0\\\vdots&\vdots&&\vdots\\0&0&\cdots&x_n-a\end{vmatrix}$，由行列式的定义可知，$D(x)$ 是关于 x 的一次多项式，因此设 $D(x)=cx+D(0)$，其中 c，$D(0)$ 为待定常数，故有 $\begin{cases}D(-a)=-ca+D(0)=f(a),\\D(-b)=-cb+D(0)=f(b),\end{cases}$ 得 $D(0)=\dfrac{\begin{vmatrix}-a&f(a)\\-b&f(b)\end{vmatrix}}{\begin{vmatrix}-a&1\\-b&1\end{vmatrix}}=\dfrac{af(b)-bf(a)}{a-b}$，即

$$\begin{vmatrix} x_1 & a & \cdots & a \\ b & x_2 & \cdots & a \\ \vdots & \vdots & & \vdots \\ b & b & \cdots & x_n \end{vmatrix} = \frac{af(b)-bf(a)}{a-b}$$，得证.

20. **证明**：由行列式的性质，得 $D_n = \begin{vmatrix} a & b & b & \cdots & b & b \\ c & a & b & \cdots & b & b \\ c & c & a & \cdots & b & b \\ \vdots & \vdots & \vdots & & \vdots & \vdots \\ c & c & c & \cdots & a & b \\ c & c & c & \cdots & c & c \end{vmatrix} + \begin{vmatrix} a & b & b & \cdots & b & b \\ c & a & b & \cdots & b & b \\ c & c & a & \cdots & b & b \\ \vdots & \vdots & \vdots & & \vdots & \vdots \\ c & c & c & \cdots & a & b \\ 0 & 0 & 0 & \cdots & 0 & a-c \end{vmatrix} = c\begin{vmatrix} a & b & b & \cdots & b & b \\ c & a & b & \cdots & b & b \\ c & c & a & \cdots & b & b \\ \vdots & \vdots & \vdots & & \vdots & \vdots \\ c & c & c & \cdots & a & b \\ 1 & 1 & 1 & \cdots & 1 & 1 \end{vmatrix} + (a-c)D_{n-1} =$

$c\begin{vmatrix} a-b & 0 & \cdots & 0 & 0 \\ c-b & a-b & \cdots & 0 & 0 \\ \vdots & \vdots & & \vdots & \vdots \\ c-b & c-b & \cdots & a-b & 0 \\ 1 & 1 & \cdots & 1 & 1 \end{vmatrix} + (a-c)D_{n-1} = c(a-b)^{n-1}+(a-c)D_{n-1}$. 当 $n=1$ 时，$D_1 = a = \dfrac{c(a-b)-b(a-c)}{c-b}$ 成立；当 $n=2$ 时，$D_2 = \begin{vmatrix} a & b \\ c & a \end{vmatrix} = a^2-bc = \dfrac{c(a-b)^2-b(a-c)^2}{c-b}$ 成立；假设当 $n=k-1$ 时，结论成立，即 $D_{k-1} = \dfrac{c(a-b)^{k-1}-b(a-c)^{k-1}}{c-b}$ 成立，则 $D_k = c(a-b)^{k-1}+(a-c)D_{k-1} = c(a-b)^{k-1}+(a-c)\dfrac{c(a-b)^{k-1}-b(a-c)^{k-1}}{c-b} = \dfrac{c(a-b)^{k-1}[(c-b)+(a-c)]-b(a-c)^k}{c-b} = \dfrac{c(a-b)^k-b(a-c)^k}{c-b}$ 也成立. 因此，对于正整数 n，结论成立，即 $D_n =$

$$\begin{vmatrix} a & b & b & \cdots & b & b \\ c & a & b & \cdots & b & b \\ c & c & a & \cdots & b & b \\ \vdots & \vdots & \vdots & & \vdots & \vdots \\ c & c & c & \cdots & a & b \\ c & c & c & \cdots & c & a \end{vmatrix} = \frac{c(a-b)^n-b(a-c)^n}{c-b}\ (c \neq b)$$，得证.

第二章　矩阵及其运算测试 A 卷

一、单项选择题

1. D【解析】求二阶方阵的伴随矩阵，可简述为"主对调，副换号"，从而 $A^* = \begin{pmatrix} 4 & 2 \\ -1 & 1 \end{pmatrix}$. 故选 D.

方法总结

求矩阵 A 的伴随矩阵 A^* 的方法如下.

（1）**定义法**. 先求行列式 $|A|$ 的代数余子式 A_{ij}，再拼成 $A^* = \begin{pmatrix} A_{11} & A_{21} & \cdots & A_{m1} \\ A_{12} & A_{22} & \cdots & A_{m2} \\ \vdots & \vdots & & \vdots \\ A_{1n} & A_{2n} & \cdots & A_{mn} \end{pmatrix}$. 对于二阶方阵 $A = \begin{pmatrix} a & b \\ c & d \end{pmatrix}$，只需将主对角线上的元素 a，d 对调位置，副对角线上的元素 b，c 添加负号，即 $A^* = \begin{pmatrix} d & -b \\ -c & a \end{pmatrix}$.

（2）**公式法**. 若矩阵 A 可逆，则伴随矩阵 $A^* = |A|A^{-1}$.

2. D【解析】因为 $|A| = \begin{vmatrix} 1 & 3 \\ 2 & 5 \end{vmatrix} = -1 \neq 0$，所以 A 可逆. 求二阶方阵的逆矩阵，可简述为"主对调，副换号，再除以行列式"，从而 $A^{-1} = \dfrac{A^*}{|A|} = -\begin{pmatrix} 5 & -3 \\ -2 & 1 \end{pmatrix} = \begin{pmatrix} -5 & 3 \\ 2 & -1 \end{pmatrix}$. 故选 D.

方法总结

求矩阵 A 的逆矩阵 A^{-1} 的方法如下.

（1）**定义法**. 若 $AB=E$（或 $BA=E$），则 $A^{-1}=B$.

（2）**伴随矩阵法**. 若矩阵 A 可逆，则 $A^{-1} = \dfrac{A^*}{|A|}$.

（3）**初等变换法**. $(A, E) \xrightarrow{\text{初等行变换}} (E, A^{-1})$（此方法会在第三章介绍）.

（4）**分块矩阵法**. 若 A 是 m 阶可逆方阵，B 是 n 阶可逆方阵，C 是 $m\times n$ 矩阵，D 是 $n\times m$ 矩阵，则分块矩阵的逆矩阵如下表所示.

分块矩阵	逆矩阵
$\begin{pmatrix} A & O \\ O & B \end{pmatrix}$	$\begin{pmatrix} A & O \\ O & B \end{pmatrix}^{-1} = \begin{pmatrix} A^{-1} & O \\ O & B^{-1} \end{pmatrix}$
$\begin{pmatrix} O & A \\ B & O \end{pmatrix}$	$\begin{pmatrix} O & A \\ B & O \end{pmatrix}^{-1} = \begin{pmatrix} O & B^{-1} \\ A^{-1} & O \end{pmatrix}$
$\begin{pmatrix} A & C \\ O & B \end{pmatrix}$	$\begin{pmatrix} A & C \\ O & B \end{pmatrix}^{-1} = \begin{pmatrix} A^{-1} & -A^{-1}CB^{-1} \\ O & B^{-1} \end{pmatrix}$
$\begin{pmatrix} A & O \\ D & B \end{pmatrix}$	$\begin{pmatrix} A & O \\ D & B \end{pmatrix}^{-1} = \begin{pmatrix} A^{-1} & O \\ -B^{-1}DA^{-1} & B^{-1} \end{pmatrix}$

3. A【解析】因为 $A=B$，所以 $a=3$，$b=4-b$，解得 $b=2$. 故选 A.

4. B【解析】因为 $\begin{vmatrix} a_1+a_2 & 2a_2-a_1 \\ b_1+b_2 & 2b_2-b_1 \end{vmatrix} = \begin{vmatrix} a_1+a_2 & 2a_2 \\ b_1+b_2 & 2b_2 \end{vmatrix} + \begin{vmatrix} a_1+a_2 & -a_1 \\ b_1+b_2 & -b_1 \end{vmatrix} = 2\begin{vmatrix} a_1 & a_2 \\ b_1 & b_2 \end{vmatrix} - \begin{vmatrix} a_2 & a_1 \\ b_2 & b_1 \end{vmatrix} = 3\begin{vmatrix} a_1 & a_2 \\ b_1 & b_2 \end{vmatrix} = -2$，所以 $|A| = -\dfrac{2}{3}$. 故选 B.

5. C【解析】由方程 $A^2+2A-5E=O$，得 $(A-E)(A+3E)=2E$，故 $(A-E)^{-1} = \dfrac{A+3E}{2}$. 故选 C.

思路点拨

设 A 为 n 阶方阵，若能得到 $AB=E$ 或 $BA=E$，则 $A^{-1}=B$. 这是计算抽象矩阵逆矩阵常用的方法，一般来说，将所给相关矩阵的等式变形，凑出 $AB=E$ 或 $BA=E$ 的形式，即可求得相应逆矩阵.

6. A【解析】由 $AB-A^2=E$，得 $AB=A^2+E$，因为 $|A| = \begin{vmatrix} 1 & -2 \\ -1 & 4 \end{vmatrix} = 2 \neq 0$，所以 $B = A+A^{-1} = A+\dfrac{A^*}{|A|} = \begin{pmatrix} 1 & -2 \\ -1 & 4 \end{pmatrix} + \dfrac{1}{2}\begin{pmatrix} 4 & 2 \\ 1 & 1 \end{pmatrix} = \begin{pmatrix} 3 & -1 \\ -\frac{1}{2} & \frac{9}{2} \end{pmatrix}$. 故选 A.

7. C【解析】因为 $AB^{\mathrm{T}} = \begin{pmatrix} 1 & 2 & \cdots & n \\ 1 & 2 & \cdots & n \\ \vdots & \vdots & & \vdots \\ 1 & 2 & \cdots & n \end{pmatrix}$，可令 $A = \begin{pmatrix} k \\ k \\ \vdots \\ k \end{pmatrix}$，$B^{\mathrm{T}} = \left(\dfrac{1}{k}, \dfrac{2}{k}, \cdots, \dfrac{n}{k}\right)$，其中 k 为非 0 常数，所以

$A^{\mathrm T}B=(k,k,\cdots,k)\begin{pmatrix}\frac{1}{k}\\ \frac{2}{k}\\ \vdots\\ \frac{n}{k}\end{pmatrix}=1+2+\cdots+n=\frac{n(n+1)}{2}$. 故选 C.

8. C【解析】令矩阵 $A_1=\begin{pmatrix}3&4\\2&1\end{pmatrix}$，$A_2=\begin{pmatrix}1&2\\-3&2\end{pmatrix}$，则 $A=\begin{pmatrix}O&A_1\\A_2&O\end{pmatrix}$ 为分块对角矩阵. 因为 $|A_1|=\begin{vmatrix}3&4\\2&1\end{vmatrix}=-5\neq0$，

$|A_2|=\begin{vmatrix}1&2\\-3&2\end{vmatrix}=8\neq0$，则矩阵 A_1，A_2 均可逆，$A_1^{-1}=\begin{pmatrix}-\frac{1}{5}&\frac{4}{5}\\ \frac{2}{5}&-\frac{3}{5}\end{pmatrix}$，$A_2^{-1}=\begin{pmatrix}\frac{1}{4}&-\frac{1}{4}\\ \frac{3}{8}&\frac{1}{8}\end{pmatrix}$，所以 $A^{-1}=\begin{pmatrix}O&A_2^{-1}\\A_1^{-1}&O\end{pmatrix}=$

$\begin{pmatrix}0&0&\frac{1}{4}&-\frac{1}{4}\\0&0&\frac{3}{8}&\frac{1}{8}\\-\frac{1}{5}&\frac{4}{5}&0&0\\ \frac{2}{5}&-\frac{3}{5}&0&0\end{pmatrix}$. 故选 C.

二、填空题

9. $\begin{pmatrix}a_{11}+2a_{13}&a_{12}&a_{13}\\a_{21}+2a_{23}&a_{22}&a_{23}\\a_{31}+2a_{33}&a_{32}&a_{33}\end{pmatrix}$【解析】$AB=\begin{pmatrix}a_{11}&a_{12}&a_{13}\\a_{21}&a_{22}&a_{23}\\a_{31}&a_{32}&a_{33}\end{pmatrix}\begin{pmatrix}1&0&0\\0&1&0\\2&0&1\end{pmatrix}=\begin{pmatrix}a_{11}+2a_{13}&a_{12}&a_{13}\\a_{21}+2a_{23}&a_{22}&a_{23}\\a_{31}+2a_{33}&a_{32}&a_{33}\end{pmatrix}$.

思路点拨

在计算矩阵 $A_{mn}\times B_{pq}$ 时，要先判定两个矩阵是否可相乘. 若 $n\neq p$，则矩阵 A，B 不可相乘；若 $n=p$，则矩阵 A，B 可相乘，且结果为 m 行 q 列的矩阵.

记忆口诀

内标同，则可乘，外标决定型.

10. $\begin{pmatrix}5&2&1\\-6&-1&-3\\2&0&-3\end{pmatrix}$【解析】$A-2B=\begin{pmatrix}9&2&-1\\0&1&1\\2&0&1\end{pmatrix}-2\begin{pmatrix}2&0&-1\\3&1&2\\0&0&2\end{pmatrix}=\begin{pmatrix}5&2&1\\-6&-1&-3\\2&0&-3\end{pmatrix}$.

思路点拨

实数乘矩阵时，实数要与矩阵中每个元素对应相乘. 同型矩阵相加（减），需对应位置的元素分别相加（减）.

11. $\begin{pmatrix}0&4\\-8&-4\end{pmatrix}$【解析】$f(A)=A^2+3A-2E=\begin{pmatrix}1&1\\-2&0\end{pmatrix}\begin{pmatrix}1&1\\-2&0\end{pmatrix}+3\begin{pmatrix}1&1\\-2&0\end{pmatrix}-2\begin{pmatrix}1&0\\0&1\end{pmatrix}=\begin{pmatrix}-1&1\\-2&-2\end{pmatrix}+\begin{pmatrix}3&3\\-6&0\end{pmatrix}-\begin{pmatrix}2&0\\0&2\end{pmatrix}=$

$\begin{pmatrix}0&4\\-8&-4\end{pmatrix}$.

12. 81【解析】$|3A|=3^4|A|=81$.

方法总结

求矩阵 A 的转置矩阵 $A^{\mathrm T}$、逆矩阵 A^{-1}、伴随矩阵 A^* 是矩阵的三种常见运算，其相关运算公式如下表所示.

名　称	相关运算公式				
转置矩阵 $A^{\mathrm T}$	$\lvert A^{\mathrm T}\rvert=\lvert A\rvert$	$(kA)^{\mathrm T}=kA^{\mathrm T}$	$(A^{\mathrm T})^{\mathrm T}=A$	$(AB)^{\mathrm T}=B^{\mathrm T}A^{\mathrm T}$	$(A^{\mathrm T})^{-1}=(A^{-1})^{\mathrm T}$
逆矩阵 A^{-1}	$\lvert A^{-1}\rvert=\lvert A\rvert^{-1}$	$(kA)^{-1}=k^{-1}A^{-1}$	$(A^{-1})^{-1}=A$	$(AB)^{-1}=B^{-1}A^{-1}$	$(A^{-1})^*=(A^*)^{-1}$
伴随矩阵 A^*	$\lvert A^*\rvert=\lvert A\rvert^{n-1}$	$(kA)^*=k^{n-1}A^*$	$(A^*)^*=\lvert A\rvert^{n-2}A$	$(AB)^*=B^*A^*$	$(A^*)^{\mathrm T}=(A^{\mathrm T})^*$

13. $\begin{pmatrix}3&-4&0&0\\-2&11&0&0\\0&0&-6&-8\\0&0&48&58\end{pmatrix}$【解析】令矩阵 $A_1=\begin{pmatrix}1&2\\1&-3\end{pmatrix}$，$A_2=\begin{pmatrix}0&-1\\6&8\end{pmatrix}$，则 $A=\begin{pmatrix}A_1&O\\O&A_2\end{pmatrix}$ 为分块对角矩阵，$A^2=\begin{pmatrix}A_1^2&O\\O&A_2^2\end{pmatrix}$.

因为 $A_1^2=\begin{pmatrix}1&2\\1&-3\end{pmatrix}\begin{pmatrix}1&2\\1&-3\end{pmatrix}=\begin{pmatrix}3&-4\\-2&11\end{pmatrix}$，$A_2^2=\begin{pmatrix}0&-1\\6&8\end{pmatrix}\begin{pmatrix}0&-1\\6&8\end{pmatrix}=\begin{pmatrix}-6&-8\\48&58\end{pmatrix}$，所以 $A^2=\begin{pmatrix}3&-4&0&0\\-2&11&0&0\\0&0&-6&-8\\0&0&48&58\end{pmatrix}$.

14. $\begin{pmatrix}\frac{1}{3}&\frac{2}{3}\\ \frac{2}{3}&\frac{1}{3}\end{pmatrix}$【解析】$A-2E=\begin{pmatrix}1&2\\2&1\end{pmatrix}-2\begin{pmatrix}1&0\\0&1\end{pmatrix}=\begin{pmatrix}-1&2\\2&-1\end{pmatrix}$，$|A-2E|=\begin{vmatrix}-1&2\\2&-1\end{vmatrix}=-3\neq0$，则矩阵 $A-2E$ 可逆，又

$(A-2E)^*=\begin{pmatrix}-1&-2\\-2&-1\end{pmatrix}$，则 $(A-2E)^{-1}=\frac{(A-2E)^*}{|A-2E|}=-\frac{1}{3}\begin{pmatrix}-1&-2\\-2&-1\end{pmatrix}=\begin{pmatrix}\frac{1}{3}&\frac{2}{3}\\ \frac{2}{3}&\frac{1}{3}\end{pmatrix}$.

三、解答题

15. 解：$AB=\begin{pmatrix}2&-2\\-2&2\end{pmatrix}\begin{pmatrix}2&-1\\2&-1\end{pmatrix}=\begin{pmatrix}0&0\\0&0\end{pmatrix}$，$BA=\begin{pmatrix}2&-1\\2&-1\end{pmatrix}\begin{pmatrix}2&-2\\-2&2\end{pmatrix}=\begin{pmatrix}6&-6\\6&-6\end{pmatrix}$.

16. 解：因为 $|A|=\begin{vmatrix}1&2&3\\2&2&1\\3&4&3\end{vmatrix}=2\neq0$，所以矩阵 A 可逆，又因为矩阵 A 的代数余子式 $A_{11}=\begin{vmatrix}2&1\\4&3\end{vmatrix}=2$，$A_{12}=-\begin{vmatrix}2&1\\3&3\end{vmatrix}=-3$，

$A_{13}=\begin{vmatrix}2&2\\3&4\end{vmatrix}=2$，$A_{21}=-\begin{vmatrix}2&3\\4&3\end{vmatrix}=6$，$A_{22}=\begin{vmatrix}1&3\\3&3\end{vmatrix}=-6$，$A_{23}=-\begin{vmatrix}1&2\\3&4\end{vmatrix}=2$，$A_{31}=\begin{vmatrix}2&3\\2&1\end{vmatrix}=-4$，$A_{32}=-\begin{vmatrix}1&3\\2&1\end{vmatrix}=5$，

$A_{33}=\begin{vmatrix}1&2\\2&2\end{vmatrix}=-2$，则伴随矩阵 $A^*=\begin{pmatrix}A_{11}&A_{21}&A_{31}\\A_{12}&A_{22}&A_{32}\\A_{13}&A_{23}&A_{33}\end{pmatrix}=\begin{pmatrix}2&6&-4\\-3&-6&5\\2&2&-2\end{pmatrix}$，所以 $A^{-1}=\frac{A^*}{|A|}=\frac{1}{2}\begin{pmatrix}2&6&-4\\-3&-6&5\\2&2&-2\end{pmatrix}=$

$\begin{pmatrix}1&3&-2\\-\frac{3}{2}&-3&\frac{5}{2}\\1&1&-1\end{pmatrix}$.

17. 解：因为 $C=AB^{\mathrm T}=\begin{pmatrix}2\\1\\3\end{pmatrix}(-1,1,1)=\begin{pmatrix}-2&2&2\\-1&1&1\\-3&3&3\end{pmatrix}$，且 $B^{\mathrm T}A=(-1,1,1)\begin{pmatrix}2\\1\\3\end{pmatrix}=2$，所以 $C^5=(AB^{\mathrm T})^5=A(B^{\mathrm T}A)^4B^{\mathrm T}=$

$2^4AB^{\mathrm T}=2^4\begin{pmatrix}-2&2&2\\-1&1&1\\-3&3&3\end{pmatrix}$.

18. **解**：系数行列式 $|\boldsymbol{A}|=\begin{vmatrix}1&-1&1&-1\\0&1&-1&1\\0&1&1&-1\\1&0&1&0\end{vmatrix}=2\neq 0$，根据克拉默法则可知，方程组有唯一解，且

$x_1=\dfrac{1}{|\boldsymbol{A}|}\cdot\begin{vmatrix}1&-1&1&-1\\-1&1&-1&1\\1&1&1&-1\\-2&0&1&0\end{vmatrix}=0$，$x_2=\dfrac{1}{|\boldsymbol{A}|}\begin{vmatrix}1&1&1&-1\\0&-1&-1&1\\0&1&1&-1\\1&-2&1&0\end{vmatrix}=0$，$x_3=\dfrac{1}{|\boldsymbol{A}|}\begin{vmatrix}1&-1&1&-1\\0&1&-1&1\\0&1&1&-1\\1&0&-2&0\end{vmatrix}=-2$，$x_4=\dfrac{1}{|\boldsymbol{A}|}\begin{vmatrix}1&-1&1&1\\0&1&-1&-1\\0&1&1&1\\1&0&1&-2\end{vmatrix}=-3$.

19. **解**：设矩阵 $\boldsymbol{B}=\begin{pmatrix}a&b\\c&d\end{pmatrix}$ 与 $\boldsymbol{A}$ 满足乘法交换律，则 $\begin{pmatrix}1&1\\0&0\end{pmatrix}\begin{pmatrix}a&b\\c&d\end{pmatrix}=\begin{pmatrix}a&b\\c&d\end{pmatrix}\begin{pmatrix}1&1\\0&0\end{pmatrix}$，即 $\begin{pmatrix}a+c&b+d\\0&0\end{pmatrix}=\begin{pmatrix}a&a\\c&c\end{pmatrix}$，解得 $c=0$，$a=b+d$．因此，所有与矩阵 $\boldsymbol{A}=\begin{pmatrix}1&1\\0&0\end{pmatrix}$ 满足乘法交换律的矩阵的形式为 $\begin{pmatrix}b+d&b\\0&d\end{pmatrix}$，其中 b，d 为任意常数.

20. **解**：由 $\boldsymbol{X}=\boldsymbol{XA}+\boldsymbol{B}$，得 $\boldsymbol{X}(\boldsymbol{E}-\boldsymbol{A})=\boldsymbol{B}$，因为 $|\boldsymbol{E}-\boldsymbol{A}|=\begin{vmatrix}1&2&0\\1&1&0\\0&0&-1\end{vmatrix}=1\neq 0$，则矩阵 $\boldsymbol{E}-\boldsymbol{A}$ 可逆，且 $(\boldsymbol{E}-\boldsymbol{A})^{-1}=\begin{pmatrix}-1&2&0\\1&-1&0\\0&0&-1\end{pmatrix}$，所以 $\boldsymbol{X}=\boldsymbol{B}(\boldsymbol{E}-\boldsymbol{A})^{-1}=\begin{pmatrix}1&2&5\\-1&0&3\end{pmatrix}\begin{pmatrix}-1&2&0\\1&-1&0\\0&0&-1\end{pmatrix}=\begin{pmatrix}1&0&-5\\1&-2&-3\end{pmatrix}$.

思路点拨

利用逆矩阵和矩阵的乘法解矩阵方程一般有以下三种情况：① $\boldsymbol{AX}=\boldsymbol{C}$，若矩阵 $\boldsymbol{A}$ 可逆，则 $\boldsymbol{X}=\boldsymbol{A}^{-1}\boldsymbol{C}$；② $\boldsymbol{XA}=\boldsymbol{C}$，若矩阵 $\boldsymbol{A}$ 可逆，则 $\boldsymbol{X}=\boldsymbol{CA}^{-1}$；③ $\boldsymbol{AXB}=\boldsymbol{C}$，若矩阵 $\boldsymbol{A}$，$\boldsymbol{B}$ 可逆，则 $\boldsymbol{X}=\boldsymbol{A}^{-1}\boldsymbol{CB}^{-1}$.

第二章　矩阵及其运算测试 B 卷

一、单项选择题

1. B【解析】$(\boldsymbol{A}-\boldsymbol{A}^{\mathrm T})^2=(\boldsymbol{A}-\boldsymbol{A}^{\mathrm T})(\boldsymbol{A}-\boldsymbol{A}^{\mathrm T})=\boldsymbol{A}^2-\boldsymbol{AA}^{\mathrm T}-\boldsymbol{A}^{\mathrm T}\boldsymbol{A}+(\boldsymbol{A}^{\mathrm T})^2$，因为 $\boldsymbol{AA}^{\mathrm T}$ 与 $\boldsymbol{A}^{\mathrm T}\boldsymbol{A}$ 不一定相等，所以 $(\boldsymbol{A}-\boldsymbol{A}^{\mathrm T})^2$ 与 $\boldsymbol{A}^2-2\boldsymbol{AA}^{\mathrm T}+(\boldsymbol{A}^{\mathrm T})^2$ 不一定相等．故选 B.
2. B【解析】$(\boldsymbol{AB}^{\mathrm T})^{-1}=(\boldsymbol{B}^{\mathrm T})^{-1}\boldsymbol{A}^{-1}=(\boldsymbol{B}^{-1})^{\mathrm T}\boldsymbol{A}^{-1}$．故选 B.
3. A【解析】$|-2\boldsymbol{AB}|=(-2)^3|\boldsymbol{AB}|=-8|\boldsymbol{A}||\boldsymbol{B}|=-8\times 2\times 1=-16$．故选 A.
4. D【解析】因为齐次线性方程组有非零解，所以该方程组系数矩阵的行列式为零，即 $|\boldsymbol{A}|=\begin{vmatrix}2&1&1\\k&1&1\\1&-1&1\end{vmatrix}\xlongequal[r_2+r_3]{r_1+r_3}\begin{vmatrix}3&0&2\\k+1&0&2\\1&-1&1\end{vmatrix}=(-1)^{3+2}\times(-1)\begin{vmatrix}3&2\\k+1&2\end{vmatrix}=4-2k=0$，解得 $k=2$．故选 D.
5. B【解析】A 选项中，取 $\boldsymbol{A}=\begin{pmatrix}1&1\\-1&-1\end{pmatrix}$，满足 $\boldsymbol{A}^2=\boldsymbol{O}$，但是 $\boldsymbol{A}\neq\boldsymbol{O}$．B 选项中，矩阵 $\boldsymbol{A}$ 可逆，方程 $\boldsymbol{AB}=\boldsymbol{AC}$ 两边同时左乘 $\boldsymbol{A}^{-1}$，得 $\boldsymbol{B}=\boldsymbol{C}$．C 选项中，$(\boldsymbol{A}+\boldsymbol{B})^2=(\boldsymbol{A}+\boldsymbol{B})(\boldsymbol{A}+\boldsymbol{B})=\boldsymbol{A}^2+\boldsymbol{AB}+\boldsymbol{BA}+\boldsymbol{B}^2$，因为 $\boldsymbol{AB}$ 不一定等于 $\boldsymbol{BA}$，所以 $(\boldsymbol{A}+\boldsymbol{B})^2$ 不一定等于 $\boldsymbol{A}^2+2\boldsymbol{AB}+\boldsymbol{B}^2$．D 选项中，由 $\boldsymbol{A}^2=\boldsymbol{A}$，得 $\boldsymbol{A}(\boldsymbol{A}-\boldsymbol{E})=\boldsymbol{O}$，不一定能推出 $\boldsymbol{A}=\boldsymbol{O}$ 或 $\boldsymbol{A}=\boldsymbol{E}$，如 $\boldsymbol{A}=\begin{pmatrix}\frac{1}{2}&\frac{1}{2}\\\frac{1}{2}&\frac{1}{2}\end{pmatrix}$ 满足 $\boldsymbol{A}(\boldsymbol{A}-\boldsymbol{E})=\boldsymbol{O}$，但是 $\boldsymbol{A}\neq\boldsymbol{O}$ 且 $\boldsymbol{A}\neq\boldsymbol{E}$．故选 B.
6. A【解析】由伴随矩阵的性质 $\boldsymbol{AA}^*=\boldsymbol{A}^*\boldsymbol{A}=|\boldsymbol{A}|\boldsymbol{E}$，得 $\boldsymbol{A}^*=|\boldsymbol{A}|\boldsymbol{A}^{-1}$，故 $(\boldsymbol{A}^{-1})^*=|\boldsymbol{A}^{-1}|(\boldsymbol{A}^{-1})^{-1}=\dfrac{\boldsymbol{A}}{|\boldsymbol{A}|}=-\dfrac{\boldsymbol{A}}{6}$．故选 A.

思路点拨

若矩阵 $\boldsymbol{A}$ 可逆，则 $(\boldsymbol{A}^{-1})^*=(\boldsymbol{A}^*)^{-1}=\dfrac{\boldsymbol{A}}{|\boldsymbol{A}|}$，该公式的推导过程如下．由伴随矩阵的性质 $\boldsymbol{AA}^*=\boldsymbol{A}^*\boldsymbol{A}=|\boldsymbol{A}|\boldsymbol{E}$，得 $\boldsymbol{A}^*=|\boldsymbol{A}|\boldsymbol{A}^{-1}$，$\boldsymbol{A}^{-1}=\dfrac{\boldsymbol{A}^*}{|\boldsymbol{A}|}$，则 $(\boldsymbol{A}^{-1})^*=|\boldsymbol{A}^{-1}|(\boldsymbol{A}^{-1})^{-1}=\dfrac{\boldsymbol{A}}{|\boldsymbol{A}|}$，$(\boldsymbol{A}^*)^{-1}=\dfrac{(\boldsymbol{A}^*)^*}{|\boldsymbol{A}^*|}=\dfrac{|\boldsymbol{A}|^{n-2}\boldsymbol{A}}{|\boldsymbol{A}|^{n-1}}=\dfrac{\boldsymbol{A}}{|\boldsymbol{A}|}$，从而 $(\boldsymbol{A}^{-1})^*=(\boldsymbol{A}^*)^{-1}=\dfrac{\boldsymbol{A}}{|\boldsymbol{A}|}$.

7. D【解析】由方程 $\boldsymbol{AX}+4\boldsymbol{E}=\boldsymbol{A}^2+2\boldsymbol{X}$，得 $(\boldsymbol{A}-2\boldsymbol{E})\boldsymbol{X}=\boldsymbol{A}^2-4\boldsymbol{E}=(\boldsymbol{A}-2\boldsymbol{E})(\boldsymbol{A}+2\boldsymbol{E})$，因为 $|\boldsymbol{A}-2\boldsymbol{E}|=\begin{vmatrix}0&0&1\\0&-1&0\\1&0&-1\end{vmatrix}=1\neq 0$，所以矩阵 $\boldsymbol{A}-2\boldsymbol{E}$ 可逆，$\boldsymbol{X}=\boldsymbol{A}+2\boldsymbol{E}=\begin{pmatrix}2&0&1\\0&1&0\\1&0&1\end{pmatrix}+2\begin{pmatrix}1&0&0\\0&1&0\\0&0&1\end{pmatrix}=\begin{pmatrix}4&0&1\\0&3&0\\1&0&3\end{pmatrix}$．故选 D.
8. C【解析】分块矩阵 $\begin{pmatrix}\boldsymbol{O}&\boldsymbol{A}\\\boldsymbol{B}&\boldsymbol{O}\end{pmatrix}$ 的行列式 $\begin{vmatrix}\boldsymbol{O}&\boldsymbol{A}\\\boldsymbol{B}&\boldsymbol{O}\end{vmatrix}=(-1)^{2\times 2}|\boldsymbol{A}||\boldsymbol{B}|=4\times 7=28\neq 0$，则分块矩阵可逆，于是 $\begin{pmatrix}\boldsymbol{O}&\boldsymbol{A}\\\boldsymbol{B}&\boldsymbol{O}\end{pmatrix}^*=\begin{vmatrix}\boldsymbol{O}&\boldsymbol{A}\\\boldsymbol{B}&\boldsymbol{O}\end{vmatrix}\begin{pmatrix}\boldsymbol{O}&\boldsymbol{A}\\\boldsymbol{B}&\boldsymbol{O}\end{pmatrix}^{-1}=28\begin{pmatrix}\boldsymbol{O}&\boldsymbol{B}^{-1}\\\boldsymbol{A}^{-1}&\boldsymbol{O}\end{pmatrix}=28\begin{pmatrix}\boldsymbol{O}&\dfrac{\boldsymbol{B}^*}{|\boldsymbol{B}|}\\\dfrac{\boldsymbol{A}^*}{|\boldsymbol{A}|}&\boldsymbol{O}\end{pmatrix}=\begin{pmatrix}\boldsymbol{O}&4\boldsymbol{B}^*\\7\boldsymbol{A}^*&\boldsymbol{O}\end{pmatrix}$．故选 C.

二、填空题

9. $\begin{pmatrix}4&-3&0\\9&1&6\\-15&12&1\end{pmatrix}$【解析】$3\boldsymbol{A}-2\boldsymbol{E}=3\begin{pmatrix}2&-1&0\\3&1&2\\-5&4&1\end{pmatrix}-2\begin{pmatrix}1&0&0\\0&1&0\\0&0&1\end{pmatrix}=\begin{pmatrix}4&-3&0\\9&1&6\\-15&12&1\end{pmatrix}$.
10. $\dfrac{\boldsymbol{A}-\boldsymbol{E}}{2}$【解析】由方程 $\boldsymbol{A}^2-\boldsymbol{A}=2\boldsymbol{E}$，得 $\boldsymbol{A}(\boldsymbol{A}-\boldsymbol{E})=2\boldsymbol{E}$，故 $\boldsymbol{A}^{-1}=\dfrac{\boldsymbol{A}-\boldsymbol{E}}{2}$.
11. $\left(\begin{array}{cccc:c}1&-2&3&-4&18\\1&0&-1&1&-6\\1&0&-3&-1&2\end{array}\right)$【解析】非齐次线性方程组的增广矩阵是 $\left(\begin{array}{cccc:c}1&-2&3&-4&18\\1&0&-1&1&-6\\1&0&-3&-1&2\end{array}\right)$.
12. $(-3)^{n-1}$【解析】由伴随矩阵的性质 $\boldsymbol{AA}^*=|\boldsymbol{A}|\boldsymbol{E}$，得 $|\boldsymbol{AA}^*|=\big||\boldsymbol{A}|\boldsymbol{E}\big|$，即 $|\boldsymbol{A}||\boldsymbol{A}^*|=|\boldsymbol{A}|^n$，则 $|\boldsymbol{A}^*|=|\boldsymbol{A}|^{n-1}$，所以 $|\boldsymbol{A}^*|=(-3)^{n-1}$.
13. $\begin{pmatrix}-2&-2&1\\0&-1&0\\3&0&-1\end{pmatrix}$【解析】由伴随矩阵的性质 $\boldsymbol{AA}^*=|\boldsymbol{A}|\boldsymbol{E}$，得 $\dfrac{\boldsymbol{A}}{|\boldsymbol{A}|}\boldsymbol{A}^*=\boldsymbol{E}$，则 $(\boldsymbol{A}^*)^{-1}=\dfrac{\boldsymbol{A}}{|\boldsymbol{A}|}$．因为 $|\boldsymbol{A}|=\begin{vmatrix}2&2&-1\\0&1&0\\-3&0&1\end{vmatrix}=-1$，所以 $(\boldsymbol{A}^*)^{-1}=-\boldsymbol{A}=\begin{pmatrix}-2&-2&1\\0&-1&0\\3&0&-1\end{pmatrix}$.
14. -180【解析】令 $\boldsymbol{A}_1=\begin{pmatrix}2&-3\\1&6\end{pmatrix}$，$\boldsymbol{A}_2=\begin{pmatrix}-2&8\\1&2\end{pmatrix}$，则 $\boldsymbol{A}=\begin{pmatrix}\boldsymbol{O}&\boldsymbol{A}_1\\\boldsymbol{A}_2&\boldsymbol{O}\end{pmatrix}$ 为分块对角矩阵，所以 $|\boldsymbol{A}|=(-1)^{2\times 2}|\boldsymbol{A}_1||\boldsymbol{A}_2|=\begin{vmatrix}2&-3\\1&6\end{vmatrix}\begin{vmatrix}-2&8\\1&2\end{vmatrix}=15\times(-12)=-180$.

三、解答题

15．解：因为非齐次线性方程组有唯一解，所以该方程组系数矩阵的行列式不为零，即 $|\boldsymbol{A}|=\begin{vmatrix}1&1&1\\2&k&1\\1&1&k\end{vmatrix}\overset{r_2-2r_1}{\underset{r_3-r_1}{=\!=\!=}}\begin{vmatrix}1&1&1\\0&k-2&-1\\0&0&k-1\end{vmatrix}=(k-1)(k-2)\neq 0$，解得 $k\neq 1$ 且 $k\neq 2$．根据克拉默法则可知，$x_1=\dfrac{1}{|\boldsymbol{A}|}\begin{vmatrix}0&1&1\\3&k&1\\2&1&k\end{vmatrix}=\dfrac{5}{2-k}$，$x_2=\dfrac{1}{|\boldsymbol{A}|}\begin{vmatrix}1&0&1\\2&3&1\\1&2&k\end{vmatrix}=\dfrac{3k-1}{(k-1)(k-2)}$，$x_3=\dfrac{1}{|\boldsymbol{A}|}\begin{vmatrix}1&1&0\\2&k&3\\1&1&2\end{vmatrix}=\dfrac{2}{k-1}$．

16．解：$\boldsymbol{AC}=\begin{pmatrix}2&1\\1&3\end{pmatrix}\begin{pmatrix}0&0\\2&1\end{pmatrix}=\begin{pmatrix}2&1\\6&3\end{pmatrix}$，$\boldsymbol{BC}=\begin{pmatrix}3&1\\2&3\end{pmatrix}\begin{pmatrix}0&0\\2&1\end{pmatrix}=\begin{pmatrix}2&1\\6&3\end{pmatrix}$．

17．解:由 $\boldsymbol{A}$，$\boldsymbol{B}$ 是可逆方阵，得 $\boldsymbol{B}-\boldsymbol{A}=\boldsymbol{A}(\boldsymbol{A}^{-1}\boldsymbol{B}-\boldsymbol{E})=\boldsymbol{A}(\boldsymbol{A}^{-1}\boldsymbol{B}-\boldsymbol{B}^{-1}\boldsymbol{B})=\boldsymbol{A}(\boldsymbol{A}^{-1}-\boldsymbol{B}^{-1})\boldsymbol{B}$．又因为矩阵 $\boldsymbol{A}$，$\boldsymbol{B}$ 和 $\boldsymbol{A}^{-1}-\boldsymbol{B}^{-1}$ 均可逆，所以矩阵 $\boldsymbol{B}-\boldsymbol{A}$ 可逆，于是 $(\boldsymbol{B}-\boldsymbol{A})^{-1}=[\boldsymbol{A}(\boldsymbol{A}^{-1}-\boldsymbol{B}^{-1})\boldsymbol{B}]^{-1}=\boldsymbol{B}^{-1}(\boldsymbol{A}^{-1}-\boldsymbol{B}^{-1})^{-1}\boldsymbol{A}^{-1}$．

18．解：令矩阵 $\boldsymbol{A}=\begin{pmatrix}1&0&2\\1&0&-1\\-1&3&1\end{pmatrix}$，$\boldsymbol{B}=\begin{pmatrix}2&1&1\\0&0&-1\end{pmatrix}$，则 $\boldsymbol{XA}=\boldsymbol{B}$．因为 $|\boldsymbol{A}|=\begin{vmatrix}1&0&2\\1&0&-1\\-1&3&1\end{vmatrix}=9\neq 0$，所以矩阵 $\boldsymbol{A}$ 可逆，$\boldsymbol{X}=\boldsymbol{BA}^{-1}$．又因为 $\boldsymbol{A}^*=\begin{pmatrix}3&6&0\\0&3&3\\3&-3&0\end{pmatrix}$，则 $\boldsymbol{A}^{-1}=\dfrac{\boldsymbol{A}^*}{|\boldsymbol{A}|}=\dfrac{1}{9}\begin{pmatrix}3&6&0\\0&3&3\\3&-3&0\end{pmatrix}=\dfrac{1}{3}\begin{pmatrix}1&2&0\\0&1&1\\1&-1&0\end{pmatrix}$，所以矩阵方程的解 $\boldsymbol{X}=\boldsymbol{BA}^{-1}=$

$$\frac{1}{3}\begin{pmatrix}2&1&1\\0&0&-1\end{pmatrix}\begin{pmatrix}1&2&0\\0&1&1\\1&-1&0\end{pmatrix}=\frac{1}{3}\begin{pmatrix}3&4&1\\-1&1&0\end{pmatrix}=\begin{pmatrix}1&\frac{4}{3}&\frac{1}{3}\\-\frac{1}{3}&\frac{1}{3}&0\end{pmatrix}.$$

19．解：(1) 由方程 $2\boldsymbol{X}+3\boldsymbol{A}=4\boldsymbol{B}$，得 $\boldsymbol{X}=2\boldsymbol{B}-\dfrac{3}{2}\boldsymbol{A}=\begin{pmatrix}2&14&10\\6&-2&8\end{pmatrix}-\begin{pmatrix}-\frac{3}{2}&6&3\\0&0&6\end{pmatrix}=\begin{pmatrix}\frac{7}{2}&8&7\\6&-2&2\end{pmatrix}$．

(2) $\boldsymbol{AB}^{\mathrm{T}}=\begin{pmatrix}-1&4&2\\0&0&4\end{pmatrix}\begin{pmatrix}1&3\\7&-1\\5&4\end{pmatrix}=\begin{pmatrix}37&1\\20&16\end{pmatrix}$．

20．解：因为 $\boldsymbol{A}_1$，$\boldsymbol{A}_3$ 为可逆方阵，则 $|\boldsymbol{A}_1|\neq 0$，$|\boldsymbol{A}_3|\neq 0$，于是 $|\boldsymbol{A}|=\begin{vmatrix}\boldsymbol{A}_1&\boldsymbol{A}_2\\\boldsymbol{O}&\boldsymbol{A}_3\end{vmatrix}=|\boldsymbol{A}_1||\boldsymbol{A}_3|\neq 0$，所以矩阵 $\boldsymbol{A}$ 可逆．设 $\boldsymbol{A}^{-1}=\begin{pmatrix}\boldsymbol{B}_1&\boldsymbol{B}_2\\\boldsymbol{B}_3&\boldsymbol{B}_4\end{pmatrix}$，由定义 $\boldsymbol{AA}^{-1}=\begin{pmatrix}\boldsymbol{A}_1&\boldsymbol{A}_2\\\boldsymbol{O}&\boldsymbol{A}_3\end{pmatrix}\begin{pmatrix}\boldsymbol{B}_1&\boldsymbol{B}_2\\\boldsymbol{B}_3&\boldsymbol{B}_4\end{pmatrix}=\begin{pmatrix}\boldsymbol{A}_1\boldsymbol{B}_1+\boldsymbol{A}_2\boldsymbol{B}_3&\boldsymbol{A}_1\boldsymbol{B}_2+\boldsymbol{A}_2\boldsymbol{B}_4\\\boldsymbol{A}_3\boldsymbol{B}_3&\boldsymbol{A}_3\boldsymbol{B}_4\end{pmatrix}=\begin{pmatrix}\boldsymbol{E}&\boldsymbol{O}\\\boldsymbol{O}&\boldsymbol{E}\end{pmatrix}$，得 $\boldsymbol{A}_3\boldsymbol{B}_4=\boldsymbol{E}\Rightarrow\boldsymbol{B}_4=\boldsymbol{A}_3^{-1}$，$\boldsymbol{A}_3\boldsymbol{B}_3=\boldsymbol{O}\Rightarrow\boldsymbol{B}_3=\boldsymbol{O}$，$\boldsymbol{A}_1\boldsymbol{B}_2+\boldsymbol{A}_2\boldsymbol{B}_4=\boldsymbol{O}\Rightarrow\boldsymbol{B}_2=-\boldsymbol{A}_1^{-1}\boldsymbol{A}_2\boldsymbol{A}_3^{-1}$，$\boldsymbol{A}_1\boldsymbol{B}_1+\boldsymbol{A}_2\boldsymbol{B}_3=\boldsymbol{E}\Rightarrow\boldsymbol{B}_1=\boldsymbol{A}_1^{-1}$，故有 $\boldsymbol{A}^{-1}=\begin{pmatrix}\boldsymbol{A}_1^{-1}&-\boldsymbol{A}_1^{-1}\boldsymbol{A}_2\boldsymbol{A}_3^{-1}\\\boldsymbol{O}&\boldsymbol{A}_3^{-1}\end{pmatrix}$．

第二章　矩阵及其运算测试 C 卷

一、单项选择题

1．C【解析】由方程 $\boldsymbol{A}^2+3\boldsymbol{A}-5\boldsymbol{E}=\boldsymbol{O}$，得 $(\boldsymbol{A}+5\boldsymbol{E})(\boldsymbol{A}-2\boldsymbol{E})=-5\boldsymbol{E}$，故 $(\boldsymbol{A}+5\boldsymbol{E})^{-1}=\dfrac{2\boldsymbol{E}-\boldsymbol{A}}{5}$．故选 C．

2．A【解析】$|\boldsymbol{B}|=\begin{vmatrix}2a_{11}&2a_{12}&2a_{13}\\a_{21}&a_{22}&a_{23}\\a_{31}-a_{11}&a_{32}-a_{12}&a_{33}-a_{13}\end{vmatrix}=\begin{vmatrix}2a_{11}&2a_{12}&2a_{13}\\a_{21}&a_{22}&a_{23}\\a_{31}&a_{32}&a_{33}\end{vmatrix}+\begin{vmatrix}2a_{11}&2a_{12}&2a_{13}\\a_{21}&a_{22}&a_{23}\\-a_{11}&-a_{12}&-a_{13}\end{vmatrix}=2\begin{vmatrix}a_{11}&a_{12}&a_{13}\\a_{21}&a_{22}&a_{23}\\a_{31}&a_{32}&a_{33}\end{vmatrix}+0=2|\boldsymbol{A}|=2\times 10=20$．故选 A．

3．C【解析】(方法一) 由方程 $\boldsymbol{BA}=\boldsymbol{B}+2\boldsymbol{E}$，得 $\boldsymbol{B}(\boldsymbol{A}-\boldsymbol{E})=2\boldsymbol{E}$，因为 $|\boldsymbol{A}-\boldsymbol{E}|=\begin{vmatrix}1&2\\-1&-1\end{vmatrix}=1\neq 0$，则矩阵 $\boldsymbol{A}-\boldsymbol{E}$ 可逆，$\boldsymbol{B}=2(\boldsymbol{A}-\boldsymbol{E})^{-1}=\dfrac{2(\boldsymbol{A}-\boldsymbol{E})^*}{|\boldsymbol{A}-\boldsymbol{E}|}=2\begin{pmatrix}-1&-2\\1&1\end{pmatrix}$，所以 $|\boldsymbol{B}|=2^2\begin{vmatrix}-1&-2\\1&1\end{vmatrix}=4$．故选 C．

(方法二) 由方程 $\boldsymbol{BA}=\boldsymbol{B}+2\boldsymbol{E}$，得 $\boldsymbol{B}(\boldsymbol{A}-\boldsymbol{E})=2\boldsymbol{E}$，两边取行列式，得 $|\boldsymbol{B}||\boldsymbol{A}-\boldsymbol{E}|=|2\boldsymbol{E}|=4$，因为 $|\boldsymbol{A}-\boldsymbol{E}|=\begin{vmatrix}1&2\\-1&-1\end{vmatrix}=1$，所以 $|\boldsymbol{B}|=4$．故选 C．

4．A【解析】由方程 $\boldsymbol{B}=\boldsymbol{E}+\boldsymbol{AB}$，得 $(\boldsymbol{E}-\boldsymbol{A})\boldsymbol{B}=\boldsymbol{E}$，因为矩阵 $\boldsymbol{E}-\boldsymbol{A}$ 可逆，所以 $\boldsymbol{B}=(\boldsymbol{E}-\boldsymbol{A})^{-1}$．由 $\boldsymbol{C}=\boldsymbol{A}+\boldsymbol{CA}$，得 $\boldsymbol{C}(\boldsymbol{E}-\boldsymbol{A})=\boldsymbol{A}$，因为矩阵 $\boldsymbol{E}-\boldsymbol{A}$ 可逆，所以 $\boldsymbol{C}=\boldsymbol{A}(\boldsymbol{E}-\boldsymbol{A})^{-1}$．因此，$\boldsymbol{B}-\boldsymbol{C}=(\boldsymbol{E}-\boldsymbol{A})^{-1}-\boldsymbol{A}(\boldsymbol{E}-\boldsymbol{A})^{-1}=(\boldsymbol{E}-\boldsymbol{A})(\boldsymbol{E}-\boldsymbol{A})^{-1}=\boldsymbol{E}$．故选 A．

5．A【解析】因为 $\boldsymbol{A}^3=\boldsymbol{O}$，则 $|\boldsymbol{A}^3|=|\boldsymbol{O}|=0$，所以 $\begin{vmatrix}a&1&0\\1&a&-1\\0&1&a\end{vmatrix}=a^3=0$，解得 $a=0$．故选 A．

6．B【解析】$\boldsymbol{B}=\boldsymbol{A}^2-3\boldsymbol{A}+2\boldsymbol{E}=(\boldsymbol{A}-\boldsymbol{E})(\boldsymbol{A}-2\boldsymbol{E})=\begin{pmatrix}0&-1\\2&2\end{pmatrix}\begin{pmatrix}-1&-1\\2&1\end{pmatrix}=\begin{pmatrix}-2&-1\\2&0\end{pmatrix}$，因为 $|\boldsymbol{B}|=\begin{vmatrix}-2&-1\\2&0\end{vmatrix}=2\neq 0$，所以矩阵 $\boldsymbol{B}$ 可逆，$\boldsymbol{B}^{-1}=\dfrac{1}{2}\boldsymbol{B}^*=\dfrac{1}{2}\begin{pmatrix}0&1\\-2&-2\end{pmatrix}=\begin{pmatrix}0&\frac{1}{2}\\-1&-1\end{pmatrix}$．故选 B．

7．C【解析】由 $\boldsymbol{A}^*=\boldsymbol{A}^{\mathrm{T}}$，得 $a_{ij}=A_{ij}$，$i,j=1,2,3,4$，根据伴随矩阵的性质 $\boldsymbol{AA}^*=\boldsymbol{A}^*\boldsymbol{A}=|\boldsymbol{A}|\boldsymbol{E}$ 可知，$|\boldsymbol{AA}^*|=|\boldsymbol{AA}^{\mathrm{T}}|=||\boldsymbol{A}|\boldsymbol{E}|$，即 $|\boldsymbol{A}|^2=|\boldsymbol{A}|^4$，解得 $|\boldsymbol{A}|=-1$ 或 0 或 1．又因为 $|\boldsymbol{A}|=a_{12}A_{12}+a_{22}A_{22}+a_{32}A_{32}+a_{42}A_{42}=a_{12}^2+a_{22}^2+a_{32}^2+a_{42}^2=4a_{12}^2\geqslant 0$，若 $|\boldsymbol{A}|=0$，则 $4a_{12}^2=0$，解得 $a_{12}=0$；若 $|\boldsymbol{A}|=1$，则 $4a_{12}^2=1$，解得 $a_{12}=\pm\dfrac{1}{2}$，所以 a_{12} 的取值可为 $-\dfrac{1}{2}$，0，$\dfrac{1}{2}$．故选 C．

8．A【解析】(方法一) 由 $\boldsymbol{A}^2=\begin{pmatrix}1&0&0\\2&1&0\\4&3&1\end{pmatrix}\begin{pmatrix}1&0&0\\2&1&0\\4&3&1\end{pmatrix}=\begin{pmatrix}1&0&0\\4&1&0\\14&6&1\end{pmatrix}$，$\boldsymbol{A}^3=\begin{pmatrix}1&0&0\\4&1&0\\14&6&1\end{pmatrix}\begin{pmatrix}1&0&0\\2&1&0\\4&3&1\end{pmatrix}=\begin{pmatrix}1&0&0\\6&1&0\\30&9&1\end{pmatrix}$，可排除 B，C，D 选项．故选 A．

(方法二) $\boldsymbol{A}=\begin{pmatrix}1&0&0\\2&1&0\\4&3&1\end{pmatrix}=\boldsymbol{E}+\begin{pmatrix}0&0&0\\2&0&0\\4&3&0\end{pmatrix}$，令 $\boldsymbol{B}=\begin{pmatrix}0&0&0\\2&0&0\\4&3&0\end{pmatrix}$，则 $\boldsymbol{B}^2=\begin{pmatrix}0&0&0\\2&0&0\\4&3&0\end{pmatrix}\begin{pmatrix}0&0&0\\2&0&0\\4&3&0\end{pmatrix}=\begin{pmatrix}0&0&0\\0&0&0\\6&0&0\end{pmatrix}$，$\boldsymbol{B}^3=\begin{pmatrix}0&0&0\\0&0&0\\6&0&0\end{pmatrix}\begin{pmatrix}0&0&0\\2&0&0\\4&3&0\end{pmatrix}=\boldsymbol{O}$，故 $\boldsymbol{A}^n=(\boldsymbol{E}+\boldsymbol{B})^n=\boldsymbol{E}^n+n\boldsymbol{E}^{n-1}\boldsymbol{B}+\dfrac{n(n-1)}{2}\boldsymbol{E}^{n-2}\boldsymbol{B}^2=\boldsymbol{E}+n\boldsymbol{B}+\dfrac{n(n-1)}{2}\boldsymbol{B}^2=\begin{pmatrix}1&0&0\\0&1&0\\0&0&1\end{pmatrix}+\begin{pmatrix}0&0&0\\2n&0&0\\4n&3n&0\end{pmatrix}+\begin{pmatrix}0&0&0\\0&0&0\\3n(n-1)&0&0\end{pmatrix}=\begin{pmatrix}1&0&0\\2n&1&0\\3n^2+n&3n&1\end{pmatrix}$．故选 A．

二、填空题

9．$\dfrac{1}{162}$【解析】$|(3\boldsymbol{A})^{-1}|=\left|\dfrac{1}{3}\boldsymbol{A}^{-1}\right|=\dfrac{1}{3^4}|\boldsymbol{A}^{-1}|=\dfrac{1}{81|\boldsymbol{A}|}=\dfrac{1}{81\times 2}=\dfrac{1}{162}$．

10. $\begin{pmatrix}1&0&6\\3&0&0\\0&2&1\end{pmatrix}$ 【解析】因为 $A^{\mathrm{T}}=\begin{pmatrix}0&2&1\\0&0&3\\1&0&0\end{pmatrix}$，所以 $(A^{\mathrm{T}})^2=\begin{pmatrix}0&2&1\\0&0&3\\1&0&0\end{pmatrix}\begin{pmatrix}0&2&1\\0&0&3\\1&0&0\end{pmatrix}=\begin{pmatrix}1&0&6\\3&0&0\\0&2&1\end{pmatrix}$.

11. $\begin{pmatrix}0&0&-\frac{1}{3}\\0&2&0\\1&0&0\end{pmatrix}$ 【解析】令矩阵 $A_1=\begin{pmatrix}0&1\\\frac{1}{2}&0\end{pmatrix}$，$A_2=(-3)$，则 $A=\begin{pmatrix}O&A_1\\A_2&O\end{pmatrix}$ 为分块对角矩阵，又因为 $|A_1|=\begin{vmatrix}0&1\\\frac{1}{2}&0\end{vmatrix}=-\frac{1}{2}\neq0$，$|A_2|=-3\neq0$，则矩阵 A_1，A_2 均可逆，$A_1^{-1}=\begin{pmatrix}0&2\\1&0\end{pmatrix}$，$A_2^{-1}=-\frac{1}{3}$，所以 $A^{-1}=\begin{pmatrix}O&A_2^{-1}\\A_1^{-1}&O\end{pmatrix}=$ $\begin{pmatrix}0&0&-\frac{1}{3}\\0&2&0\\1&0&0\end{pmatrix}$.

方法总结

（1）若对角矩阵 $A=\begin{pmatrix}a_1&&&\\&a_2&&\\&&\ddots&\\&&&a_n\end{pmatrix}$，则 $A^{-1}=\begin{pmatrix}a_1^{-1}&&&\\&a_2^{-1}&&\\&&\ddots&\\&&&a_n^{-1}\end{pmatrix}$.

（2）若副对角矩阵 $A=\begin{pmatrix}&&&a_n\\&&\iddots&\\&a_2&&\\a_1&&&\end{pmatrix}$，则 $A^{-1}=\begin{pmatrix}&&&a_1^{-1}\\&&a_2^{-1}&\\&\iddots&&\\a_n^{-1}&&&\end{pmatrix}$.

12. $\begin{pmatrix}-1&0&1\\0&0&0\\0&0&-1\end{pmatrix}$ 【解析】$(A+2E)^{-1}(A^2-4E)=(A+2E)^{-1}(A+2E)(A-2E)=A-2E=\begin{pmatrix}-1&0&1\\0&0&0\\0&0&-1\end{pmatrix}$.

13. $\begin{pmatrix}2&0&-2\\-1&1&1\\1&-1&1\end{pmatrix}$ 【解析】因为 $(A^*)^{-1}=(A^{-1})^*$，且 A^{-1} 的代数余子式 $A_{11}=2$，$A_{12}=-1$，$A_{13}=1$，$A_{21}=0$，$A_{22}=1$，$A_{23}=-1$，$A_{31}=-2$，$A_{32}=1$，$A_{33}=1$，所以 $(A^*)^{-1}=(A^{-1})^*=\begin{pmatrix}2&0&-2\\-1&1&1\\1&-1&1\end{pmatrix}$.

14. $23^{n-1}\begin{pmatrix}1&2&3\\2&4&6\\6&12&18\end{pmatrix}$【解析】矩阵 $A=\begin{pmatrix}1&2&3\\2&4&6\\6&12&18\end{pmatrix}=\begin{pmatrix}1\\2\\6\end{pmatrix}(1,2,3)$，令矩阵 $B=\begin{pmatrix}1\\2\\6\end{pmatrix}$，$C=(1,2,3)$，则 $A=BC$，$CB=23$，故 $A^n=(BC)^n=B(CB)^{n-1}C=23^{n-1}\begin{pmatrix}1\\2\\6\end{pmatrix}(1,2,3)=23^{n-1}\begin{pmatrix}1&2&3\\2&4&6\\6&12&18\end{pmatrix}$.

三、解答题

15. 解：系数行列式 $|A|=\begin{vmatrix}1&1&0\\2&-3&1\\2&-1&3\end{vmatrix}=-12\neq0$，根据克拉默法则可知，方程组有唯一解，并且 $x_1=\frac{1}{|A|}\begin{vmatrix}1&1&0\\2&-3&1\\3&-1&3\end{vmatrix}=\frac{11}{12}$，$x_2=\frac{1}{|A|}\begin{vmatrix}1&1&0\\2&2&1\\2&3&3\end{vmatrix}=\frac{1}{12}$，$x_3=\frac{1}{|A|}\begin{vmatrix}1&1&1\\2&-3&2\\2&-1&3\end{vmatrix}=\frac{5}{12}$.

16. 解：（方法一）$ABC=\begin{pmatrix}1&2&-3\\4&5&6\\7&8&-9\end{pmatrix}\begin{pmatrix}1&0&0\\0&2&0\\0&0&3\end{pmatrix}\begin{pmatrix}1&0&0\\0&\frac{1}{2}&0\\0&0&\frac{1}{3}\end{pmatrix}=\begin{pmatrix}1&4&-9\\4&10&18\\7&16&-27\end{pmatrix}\begin{pmatrix}1&0&0\\0&\frac{1}{2}&0\\0&0&\frac{1}{3}\end{pmatrix}=\begin{pmatrix}1&2&-3\\4&5&6\\7&8&-9\end{pmatrix}$.

（方法二）因为 $BC=\begin{pmatrix}1&0&0\\0&2&0\\0&0&3\end{pmatrix}\begin{pmatrix}1&0&0\\0&\frac{1}{2}&0\\0&0&\frac{1}{3}\end{pmatrix}=E$，所以 $ABC=A(BC)=AE=A=\begin{pmatrix}1&2&-3\\4&5&6\\7&8&-9\end{pmatrix}$.

17. 解：$A^{-1}+B^{-1}=A^{-1}(E+AB^{-1})=A^{-1}(BB^{-1}+AB^{-1})=A^{-1}(B+A)B^{-1}$，因为方阵 A，B，$B+A$ 均可逆，则矩阵 $A^{-1}+B^{-1}$ 可逆，所以 $(A^{-1}+B^{-1})^{-1}=[A^{-1}(B+A)B^{-1}]^{-1}=B(B+A)^{-1}A$.

18. 解：由方程 $AX=A+2X$，得 $(A-2E)X=A$，因为 $|A-2E|=\begin{vmatrix}1&0&1\\1&-1&0\\0&1&2\end{vmatrix}=-1\neq0$，所以矩阵 $A-2E$ 可逆，$X=(A-2E)^{-1}A$．又因为 $(A-2E)^*=\begin{pmatrix}-2&1&1\\-2&2&1\\1&-1&-1\end{pmatrix}$，则 $(A-2E)^{-1}=-(A-2E)^*=\begin{pmatrix}2&-1&-1\\2&-2&-1\\-1&1&1\end{pmatrix}$，所以 $X=(A-2E)^{-1}A=\begin{pmatrix}2&-1&-1\\2&-2&-1\\-1&1&1\end{pmatrix}\begin{pmatrix}3&0&1\\1&1&0\\0&1&4\end{pmatrix}=\begin{pmatrix}5&-2&-2\\4&-3&-2\\-2&2&3\end{pmatrix}$.

19. 解：$A^2=\begin{pmatrix}0&1&0\\1&0&0\\0&1&1\end{pmatrix}\begin{pmatrix}0&1&0\\1&0&0\\0&1&1\end{pmatrix}=\begin{pmatrix}1&0&0\\0&1&0\\1&1&1\end{pmatrix}$，$A^3=\begin{pmatrix}1&0&0\\0&1&0\\1&1&1\end{pmatrix}\begin{pmatrix}0&1&0\\1&0&0\\0&1&1\end{pmatrix}=\begin{pmatrix}0&1&0\\1&0&0\\1&2&1\end{pmatrix}$，$A^4=\begin{pmatrix}0&1&0\\1&0&0\\1&2&1\end{pmatrix}\begin{pmatrix}0&1&0\\1&0&0\\0&1&1\end{pmatrix}=\begin{pmatrix}1&0&0\\0&1&0\\2&2&1\end{pmatrix}$，当 $n=3$ 时，方程 $A^3=A+A^2-E$ 成立；当 $n=4$ 时，方程 $A^4=A^2+A^2-E$ 成立；假设当 $n=k\ (k\geqslant3)$ 时，方程 $A^k=A^{k-2}+A^2-E$ 成立；则当 $n=k+1$ 时，方程 $A^{k+1}=AA^k=A(A^{k-2}+A^2-E)=A^{k-1}+A^3-A=A^{k-1}+(A+A^2-E)-A=A^{k-1}+A^2-E$ 成立，所以当正整数 $n\geqslant3$ 时，矩阵方程 $A^n=A^{n-2}+A^2-E$ 成立．$A^{10}=A^8+A^2-E=(A^6+A^2-E)+A^2-E=A^6+2(A^2-E)=\cdots=A^2+4(A^2-E)=5A^2-4E=5\begin{pmatrix}1&0&0\\0&1&0\\1&1&1\end{pmatrix}-\begin{pmatrix}4&0&0\\0&4&0\\0&0&4\end{pmatrix}=\begin{pmatrix}1&0&0\\0&1&0\\5&5&1\end{pmatrix}$.

20. 解：由方程 $ABA^{-1}=BA^{-1}+E$，得 $(A-E)BA^{-1}=E$，因为矩阵 $A-E$ 可逆，则 $B=(A-E)^{-1}A=[A^{-1}(A-E)]^{-1}=(E-A^{-1})^{-1}=\left(E-\frac{A^*}{|A|}\right)^{-1}$，所以 $B^{-1}=E-\frac{A^*}{|A|}$．又因为 $|A^*|=\begin{vmatrix}1&0&0&0\\0&1&0&0\\1&0&1&0\\0&-3&0&8\end{vmatrix}=8$，$|A^*|=|A|^3$，所以 $|A|=2$，从而所求矩阵 $B^{-1}=\begin{pmatrix}1&0&0&0\\0&1&0&0\\0&0&1&0\\0&0&0&1\end{pmatrix}-\frac{1}{2}\begin{pmatrix}1&0&0&0\\0&1&0&0\\1&0&1&0\\0&-3&0&8\end{pmatrix}=\begin{pmatrix}\frac{1}{2}&0&0&0\\0&\frac{1}{2}&0&0\\-\frac{1}{2}&0&\frac{1}{2}&0\\0&\frac{3}{2}&0&-3\end{pmatrix}$.

第三章 矩阵的初等变换与线性方程组测试 A 卷

一、单项选择题

1. B【解析】由单位矩阵经过一次初等行（列）变换得到的矩阵称为初等矩阵．矩阵 $\begin{pmatrix}1&4&0\\0&1&0\\0&0&1\end{pmatrix}$ 可由单位矩阵 $\begin{pmatrix}1&0&0\\0&1&0\\0&0&1\end{pmatrix}$ 的第 2 行乘以 4，再加到第 1 行（或第 1 列乘以 4，再加到第 2 列）得到．其他矩阵都需要由单位矩阵经两次初等变换得到．故选 B.

2. C【解析】右乘矩阵对应列变换，初等矩阵 $\boldsymbol{P}=\begin{pmatrix}1&3&0\\0&1&0\\0&0&1\end{pmatrix}$ 是由单位矩阵 $\begin{pmatrix}1&0&0\\0&1&0\\0&0&1\end{pmatrix}$ 的第 1 列的 3 倍加到第 2 列得到．故选 C.

3. B【解析】 $\boldsymbol{A}=\begin{pmatrix}1&2&-1&3\\2&1&4&3\\0&a&2&-1\end{pmatrix}\xrightarrow{r_2-2r_1}\begin{pmatrix}1&2&-1&3\\0&-3&6&-3\\0&a&2&-1\end{pmatrix}\xrightarrow{\frac{1}{3}r_2}\begin{pmatrix}1&2&-1&3\\0&-1&2&-1\\0&a&2&-1\end{pmatrix}\xrightarrow{r_3+ar_2}\begin{pmatrix}1&2&-1&3\\0&-1&2&-1\\0&0&2+2a&-1-a\end{pmatrix}$，

因为 $R(\boldsymbol{A})=2$，所以 $\begin{cases}2+2a=0,\\-1-a=0,\end{cases}$ 解得 $a=-1$．故选 B.

4. B【解析】对矩阵 $\boldsymbol{A}$ 进行一次初等行变换相当于在矩阵 $\boldsymbol{A}$ 的左边乘相应的初等矩阵．$\boldsymbol{P}_2\boldsymbol{A}$ 相当于将矩阵 $\boldsymbol{A}$ 的第 2 行加到第 3 行，$\boldsymbol{P}_1\boldsymbol{P}_2\boldsymbol{A}$ 相当于将矩阵 $\boldsymbol{P}_2\boldsymbol{A}$ 的第 2 行乘以 -1，即 $\boldsymbol{P}_1\boldsymbol{P}_2\boldsymbol{A}=\boldsymbol{B}$．故选 B.

5. D【解析】齐次线性方程组有非零解，则系数矩阵的行列式 $|\boldsymbol{A}|=\begin{vmatrix}1&k&1\\2&1&1\\0&k&1\end{vmatrix}=1-k=0$，解得 $k=1$．故选 D.

思路点拨

齐次线性方程组 $\boldsymbol{A}_{m\times n}\boldsymbol{x}=\boldsymbol{0}$ 有非零解 $\Leftrightarrow R(\boldsymbol{A})<n$；齐次线性方程组 $\boldsymbol{A}_{n\times n}\boldsymbol{x}=\boldsymbol{0}$ 有非零解 $\Leftrightarrow R(\boldsymbol{A})<n$ 或 $|\boldsymbol{A}|=0$.

齐次线性方程组 $\boldsymbol{A}_{m\times n}\boldsymbol{x}=\boldsymbol{0}$ 只有零解 $\Leftrightarrow R(\boldsymbol{A})=n$；齐次线性方程组 $\boldsymbol{A}_{n\times n}\boldsymbol{x}=\boldsymbol{0}$ 只有零解 $\Leftrightarrow R(\boldsymbol{A})=n$ 或 $|\boldsymbol{A}|\neq 0$.

6. A【解析】因为 $\boldsymbol{AB}=\boldsymbol{E}$，所以 $R(\boldsymbol{AB})=m$．又因为 $R(\boldsymbol{AB})=m\leqslant\min\{R(\boldsymbol{A}),R(\boldsymbol{B})\}$，即 $R(\boldsymbol{A})\geqslant m$，$R(\boldsymbol{B})\geqslant m$，而 $R(\boldsymbol{A})\leqslant m$，$R(\boldsymbol{B})\leqslant m$，所以 $R(\boldsymbol{A})=m$，$R(\boldsymbol{B})=m$．故选 A.

7. C【解析】 $\boldsymbol{B}=\begin{pmatrix}1&0&1\\0&1&0\\-1&0&1\end{pmatrix}\xrightarrow{r_3+r_1}\begin{pmatrix}1&0&1\\0&1&0\\0&0&2\end{pmatrix}$，$R(\boldsymbol{B})=3$，则矩阵 $\boldsymbol{B}$ 可逆，所以 $R(\boldsymbol{BA})=R(\boldsymbol{A})=2$．故选 C.

思路点拨

对矩阵 $\boldsymbol{A}$ 左乘可逆矩阵 $\boldsymbol{B}$，相当于对矩阵 $\boldsymbol{A}$ 进行相应的初等行变换，初等变换不改变矩阵的秩，所以 $R(\boldsymbol{BA})=R(\boldsymbol{A})$．注意：若矩阵 $\boldsymbol{B}$ 不可逆，则 $R(\boldsymbol{BA})\neq R(\boldsymbol{A})$.

8. A【解析】 $\boldsymbol{A}$ 为 4 行 3 列的矩阵，且 $\boldsymbol{AB}=\boldsymbol{O}$，则 $R(\boldsymbol{A})+R(\boldsymbol{B})\leqslant 3$，由 $\boldsymbol{B}\neq\boldsymbol{O}$，得 $R(\boldsymbol{B})\geqslant 1$，故 $R(\boldsymbol{A})<3$．对 $\boldsymbol{A}$ 作初等行变换，$\boldsymbol{A}=\begin{pmatrix}1&1&a\\1&a&1\\a&1&1\\2&a+1&a+3\end{pmatrix}\xrightarrow{r_2-r_1,\ r_3-ar_1,\ r_4-2r_1}\begin{pmatrix}1&1&a\\0&a-1&1-a\\0&1-a&1-a^2\\0&a-1&-a+3\end{pmatrix}\xrightarrow{r_3+r_2,\ r_4-r_2}\begin{pmatrix}1&1&a\\0&a-1&1-a\\0&0&(1-a)(a+2)\\0&0&2\end{pmatrix}$，当 $a=-2$ 时，$R(\boldsymbol{A})=3$，不满足 $R(\boldsymbol{A})<3$；当 $a=1$ 时，$R(\boldsymbol{A})=2<3$，所以 $a=1$．故选 A.

思路点拨

本题运用了矩阵秩的性质：若 $\boldsymbol{A}_{m\times n}\boldsymbol{B}_{n\times l}=\boldsymbol{O}$，则 $R(\boldsymbol{A})+R(\boldsymbol{B})\leqslant n$.

二、填空题

9. 2【解析】因为矩阵 $\boldsymbol{A}$ 的最高阶非零子式的阶数为 2，所以 $R(\boldsymbol{A})=2$.

10. 左【解析】根据初等矩阵的性质，对矩阵 $\boldsymbol{A}$ 进行一次初等行变换相当于在矩阵 $\boldsymbol{A}$ 的左边乘相应的初等矩阵，对矩阵 $\boldsymbol{A}$ 进行一次初等列变换相当于在矩阵 $\boldsymbol{A}$ 的右边乘相应的初等矩阵．这一性质简称为“左乘变行，右乘变列”.

11. 3【解析】(方法一 定义法) 因为矩阵 $\boldsymbol{A}$ 没有四阶子式，且 $\boldsymbol{A}$ 的一个三阶子式 $\begin{vmatrix}1&1&1\\1&0&-1\\2&2&3\end{vmatrix}=-1\neq 0$，所以 $R(\boldsymbol{A})=3$.

(方法二 初等变换法) 因为 $\boldsymbol{A}=\begin{pmatrix}1&1&1&1\\1&0&-1&1\\2&2&3&3\end{pmatrix}\xrightarrow[r_3-2r_1]{r_2-r_1}\begin{pmatrix}1&1&1&1\\0&-1&-2&0\\0&0&1&1\end{pmatrix}$，所以 $R(\boldsymbol{A})=3$.

方法总结

求矩阵 $\boldsymbol{A}$ 的秩的一般方法如下.

(1) **定义法**．找出矩阵 $\boldsymbol{A}$ 中不等于 0 的 r 阶子式，且所有 $r+1$ 阶子式（若存在）全等于 0，则矩阵的秩 $R(\boldsymbol{A})=r$.

(2) **初等变换法**．将矩阵 $\boldsymbol{A}$ 化为行阶梯形，所得行阶梯形矩阵的非零行的行数即为矩阵的秩.

12. 4【解析】系数矩阵 $\boldsymbol{A}=\begin{pmatrix}1&2&3\\2&a&6\\1&2&2\end{pmatrix}\xrightarrow[r_3-r_1]{r_2-2r_1}\begin{pmatrix}1&2&3\\0&a-4&0\\0&0&-1\end{pmatrix}$，因为齐次线性方程组 $\boldsymbol{Ax}=\boldsymbol{0}$ 有非零解，则 $R(\boldsymbol{A})<3$，所以 $a-4=0$，解得 $a=4$.

13. -2【解析】增广矩阵 $(\boldsymbol{A},\boldsymbol{b})=\left(\begin{array}{ccc|c}k&1&1&1\\1&k&1&k\\1&1&k&k^2\end{array}\right)\xrightarrow{r_1\leftrightarrow r_3}\left(\begin{array}{ccc|c}1&1&k&k^2\\1&k&1&k\\k&1&1&1\end{array}\right)\xrightarrow[r_3-kr_1]{r_2-r_1}\left(\begin{array}{ccc|c}1&1&k&k^2\\0&k-1&1-k&k-k^2\\0&1-k&1-k^2&1-k^3\end{array}\right)\xrightarrow{r_3+r_2}$

$\left(\begin{array}{ccc|c}1&1&k&k^2\\0&k-1&1-k&k(1-k)\\0&0&-(k-1)(k+2)&-k^3-k^2+k+1\end{array}\right)$，因为方程组无解，则 $R(\boldsymbol{A})<R(\boldsymbol{A},\boldsymbol{b})$，所以 $\begin{cases}(k-1)(k+2)=0,\\-k^3-k^2+k+1\neq 0,\end{cases}$ 解得 $k=-2$.

方法总结

将非齐次线性方程组 $\boldsymbol{A}_{m\times n}\boldsymbol{x}=\boldsymbol{b}$ 的增广矩阵 $R(\boldsymbol{A},\boldsymbol{b})$ 化为行最简形，则该方程组解的判定方法如下.

$$\begin{cases}R(\boldsymbol{A})<R(\boldsymbol{A},\boldsymbol{b}), & \text{方程组无解;}\\ R(\boldsymbol{A})=R(\boldsymbol{A},\boldsymbol{b}), & \text{方程组有解;}\\ R(\boldsymbol{A})=R(\boldsymbol{A},\boldsymbol{b})=n, & \text{方程组有唯一解;}\\ R(\boldsymbol{A})=R(\boldsymbol{A},\boldsymbol{b})=r<n, & \text{方程组有无限多解.}\end{cases}$$

14. $\begin{pmatrix}1&1&0\\5&0&3\\2&5&6\end{pmatrix}$【解析】 $\boldsymbol{A}$ 与 $\boldsymbol{B}$ 均为三阶方阵，令矩阵 $\boldsymbol{P}=\begin{pmatrix}1&0&0\\2&1&0\\0&0&1\end{pmatrix}$，则 $\boldsymbol{PA}=\boldsymbol{C}$ 相当于将矩阵 $\boldsymbol{A}$ 中第 1 行的 2 倍加到第 2 行得到矩阵 $\boldsymbol{C}$；令矩阵 $\boldsymbol{Q}=\begin{pmatrix}1&0&0\\0&0&1\\0&1&0\end{pmatrix}$，则 $\boldsymbol{BQ}=\boldsymbol{D}$ 相当于将矩阵 $\boldsymbol{B}$ 中第 2 列与第 3 列互换得到矩阵 $\boldsymbol{D}$．因为 $\boldsymbol{CD}=\begin{pmatrix}1&0&1\\7&3&2\\2&6&5\end{pmatrix}$，则 $\boldsymbol{PABQ}=\boldsymbol{CD}$，所以 $\boldsymbol{AB}=\boldsymbol{P}^{-1}\boldsymbol{CDQ}^{-1}=\begin{pmatrix}1&0&0\\2&1&0\\0&0&1\end{pmatrix}^{-1}\begin{pmatrix}1&0&1\\7&3&2\\2&6&5\end{pmatrix}\begin{pmatrix}1&0&0\\0&0&1\\0&1&0\end{pmatrix}^{-1}=\begin{pmatrix}1&0&0\\-2&1&0\\0&0&1\end{pmatrix}$

$\begin{pmatrix}1&0&1\\7&3&2\\2&6&5\end{pmatrix}\begin{pmatrix}1&0&0\\0&0&1\\0&1&0\end{pmatrix}=\begin{pmatrix}1&0&1\\5&3&0\\2&6&5\end{pmatrix}\begin{pmatrix}1&0&0\\0&0&1\\0&1&0\end{pmatrix}=\begin{pmatrix}1&1&0\\5&0&3\\2&5&6\end{pmatrix}$.

思路点拨

初等矩阵都是可逆的，且逆矩阵与原矩阵是同型矩阵．初等矩阵的逆矩阵的计算方法如下表所示．

名 称	初等变换	逆矩阵	示 例
初等对换矩阵	将单位矩阵 $\boldsymbol{E}$ 的第 i，j 两行对换（或第 i，j 两列对换），得初等矩阵 $\boldsymbol{E}(i,j)$	$\boldsymbol{E}(i,j)^{-1}=\boldsymbol{E}(i,j)$	$\begin{pmatrix}0&1\\1&0\end{pmatrix}^{-1}=\begin{pmatrix}0&1\\1&0\end{pmatrix}$
初等倍乘矩阵	非零常数 k 乘单位矩阵的第 i 行（或第 i 列），得初等矩阵 $\boldsymbol{E}(i(k))$	$\boldsymbol{E}(i(k))^{-1}=\boldsymbol{E}\left(i\left(\frac{1}{k}\right)\right)$	$\begin{pmatrix}1&0\\0&2\end{pmatrix}^{-1}=\begin{pmatrix}1&0\\0&\frac{1}{2}\end{pmatrix}$
初等倍加矩阵	数 k 乘单位矩阵的第 j 行加到第 i 行上（或数 k 乘单位矩阵的第 i 列加到第 j 列上），得初等矩阵 $\boldsymbol{E}(ij(k))$	$\boldsymbol{E}(ij(k))^{-1}=\boldsymbol{E}(ij(-k))$	$\begin{pmatrix}1&0\\2&1\end{pmatrix}^{-1}=\begin{pmatrix}1&0\\-2&1\end{pmatrix}$

三、解答题

15．**解**：$\boldsymbol{A}=\begin{pmatrix}1&1&-2\\4&-3&0\\-2&2&4\end{pmatrix}\xrightarrow[r_3+2r_1]{r_2-4r_1}\begin{pmatrix}1&1&-2\\0&-7&8\\0&4&0\end{pmatrix}\xrightarrow{\frac{1}{4}r_3}\begin{pmatrix}1&1&-2\\0&-7&8\\0&1&0\end{pmatrix}\xrightarrow{r_3\leftrightarrow r_2}\begin{pmatrix}1&1&-2\\0&1&0\\0&-7&8\end{pmatrix}\xrightarrow{r_3+7r_2}\begin{pmatrix}1&1&-2\\0&1&0\\0&0&8\end{pmatrix}$．

思路点拨

利用初等变换，可以将矩阵化为更简单的形式，形式更简单的矩阵如下表所示．

名 称	行阶梯形矩阵	行最简形矩阵	标准形矩阵
条 件	非零矩阵满足：① 非零行在零行的上面；② 非零行的首非零元所在列在上一行的首非零元所在列的右面	矩阵是行阶梯形矩阵，并且满足：① 非零行的首非零元为 1；② 首非零元所在的列的其余元均为 0	左上角是一个单位矩阵，其余元均为 0
示 例	$\begin{pmatrix}1&2&1&3\\0&2&2&4\\0&0&0&0\end{pmatrix}$	$\begin{pmatrix}1&0&-1&-1\\0&1&1&2\\0&0&0&0\end{pmatrix}$	$\begin{pmatrix}1&0&0&0\\0&1&0&0\\0&0&0&0\end{pmatrix}$
说 明	① 任何一个非零矩阵都可通过有限次初等变换化为标准形； ② 将可逆方阵 $\boldsymbol{A}$ 变换为标准形 $\boldsymbol{E}$，其逆变换对应的矩阵即为 $\boldsymbol{A}^{-1}$，即 $(\boldsymbol{A},\boldsymbol{E})\xrightarrow{\text{初等行变换}}(\boldsymbol{E},\boldsymbol{A}^{-1})$ 或 $\begin{pmatrix}\boldsymbol{A}\\\boldsymbol{E}\end{pmatrix}\xrightarrow{\text{初等列变换}}\begin{pmatrix}\boldsymbol{E}\\\boldsymbol{A}^{-1}\end{pmatrix}$； ③ 若 $\boldsymbol{A}\sim\boldsymbol{B}$，则两矩阵的秩相等，故可利用初等变换求矩阵的秩； ④ 将线性方程组的系数矩阵变换为行阶梯形矩阵，可以化简线性方程组		

16．**解**：$\boldsymbol{A}=\begin{pmatrix}0&-1&1\\2&6&-2\\1&3&0\end{pmatrix}\xrightarrow{r_1\leftrightarrow r_3}\begin{pmatrix}1&3&0\\2&6&-2\\0&-1&1\end{pmatrix}\xrightarrow{r_2-2r_1}\begin{pmatrix}1&3&0\\0&0&-2\\0&-1&1\end{pmatrix}\xrightarrow{-r_3,\ -\frac{1}{2}r_2}\begin{pmatrix}1&3&0\\0&0&1\\0&1&-1\end{pmatrix}\xrightarrow{r_2\leftrightarrow r_3}\begin{pmatrix}1&3&0\\0&1&-1\\0&0&1\end{pmatrix}\xrightarrow[r_1-3r_2]{r_2+r_3}$

$\begin{pmatrix}1&0&0\\0&1&0\\0&0&1\end{pmatrix}=\boldsymbol{E}$．

17．**解**：（**方法一**）因为 $|\boldsymbol{A}|=\begin{vmatrix}1&2&-1\\0&1&0\\0&0&-1\end{vmatrix}=-1\neq0$，所以矩阵 $\boldsymbol{A}$ 可逆，于是 $(\boldsymbol{A},\boldsymbol{B})=\left(\begin{array}{ccc|cc}1&2&-1&-1&0\\0&1&0&0&1\\0&0&-1&1&-1\end{array}\right)\xrightarrow[-r_3]{r_1-2r_2}$

$\left(\begin{array}{ccc|cc}1&0&-1&-1&-2\\0&1&0&0&1\\0&0&1&-1&1\end{array}\right)\xrightarrow{r_1+r_3}\left(\begin{array}{ccc|cc}1&0&0&-2&-1\\0&1&0&0&1\\0&0&1&-1&1\end{array}\right)=(\boldsymbol{E},\boldsymbol{A}^{-1}\boldsymbol{B})$，从而 $\boldsymbol{X}=\boldsymbol{A}^{-1}\boldsymbol{B}=\begin{pmatrix}-2&-1\\0&1\\-1&1\end{pmatrix}$．

思路点拨

将矩阵方程 $\boldsymbol{AX}=\boldsymbol{B}$ 两边左乘 $\boldsymbol{A}^{-1}$，得 $\boldsymbol{X}=\boldsymbol{A}^{-1}\boldsymbol{B}$，所以矩阵 $\boldsymbol{X}$ 是对矩阵 $\boldsymbol{B}$ 施以由 $\boldsymbol{A}$ 到 $\boldsymbol{E}$ 对应的初等行变换，即 $(\boldsymbol{A},\boldsymbol{B})\xrightarrow{\text{初等行变换}}(\boldsymbol{E},\boldsymbol{A}^{-1}\boldsymbol{B})\Rightarrow\boldsymbol{X}=\boldsymbol{A}^{-1}\boldsymbol{B}$．

（方法二）$(\boldsymbol{A},\boldsymbol{E})=\left(\begin{array}{ccc|ccc}1&2&-1&1&0&0\\0&1&0&0&1&0\\0&0&-1&0&0&1\end{array}\right)\xrightarrow[-r_3]{r_1-2r_2}\left(\begin{array}{ccc|ccc}1&0&-1&1&-2&0\\0&1&0&0&1&0\\0&0&1&0&0&-1\end{array}\right)\xrightarrow{r_1+r_3}\left(\begin{array}{ccc|ccc}1&0&0&1&-2&-1\\0&1&0&0&1&0\\0&0&1&0&0&-1\end{array}\right)=$

$(\boldsymbol{E},\boldsymbol{A}^{-1})$，则 $\boldsymbol{A}^{-1}=\begin{pmatrix}1&-2&-1\\0&1&0\\0&0&-1\end{pmatrix}$，所以 $\boldsymbol{X}=\boldsymbol{A}^{-1}\boldsymbol{B}=\begin{pmatrix}1&-2&-1\\0&1&0\\0&0&-1\end{pmatrix}\begin{pmatrix}-1&0\\0&1\\1&-1\end{pmatrix}=\begin{pmatrix}-2&-1\\0&1\\-1&1\end{pmatrix}$．

18．**解**：系数矩阵 $\boldsymbol{A}=\begin{pmatrix}1&1&2\\1&0&-1\\0&1&3\end{pmatrix}\xrightarrow{r_2-r_1}\begin{pmatrix}1&1&2\\0&-1&-3\\0&1&3\end{pmatrix}\xrightarrow[-r_2]{r_3+r_2}\begin{pmatrix}1&1&2\\0&1&3\\0&0&0\end{pmatrix}\xrightarrow{r_1-r_2}\begin{pmatrix}1&0&-1\\0&1&3\\0&0&0\end{pmatrix}$，$R(\boldsymbol{A})=2<3$，则方程组有无限多解，其同解方程组为 $\begin{cases}x_1-x_3=0,\\x_2+3x_3=0,\end{cases}$ 即 $\begin{cases}x_1=x_3,\\x_2=-3x_3,\end{cases}$ 其中 x_3 为自由未知数，令 $x_3=c$，于是方程组的通解为 $\begin{pmatrix}x_1\\x_2\\x_3\end{pmatrix}=c\begin{pmatrix}1\\-3\\1\end{pmatrix}(c\in\mathbb{R})$．

19．**解**：增广矩阵 $(\boldsymbol{A},\boldsymbol{b})=\left(\begin{array}{ccc|c}1&-1&-1&0\\1&-1&1&1\\1&-1&-2&a\end{array}\right)\xrightarrow[r_3-r_1]{r_2-r_1}\left(\begin{array}{ccc|c}1&-1&-1&0\\0&0&2&1\\0&0&-1&a\end{array}\right)\xrightarrow{r_3+\frac{1}{2}r_2}\left(\begin{array}{ccc|c}1&-1&-1&0\\0&0&2&1\\0&0&0&a+\frac{1}{2}\end{array}\right)$．当 $a\neq-\frac{1}{2}$ 时，$R(\boldsymbol{A})=2$，$R(\boldsymbol{A},\boldsymbol{b})=3$，$R(\boldsymbol{A})<R(\boldsymbol{A},\boldsymbol{b})$，此时方程组无解．当 $a=-\frac{1}{2}$ 时，增广矩阵 $(\boldsymbol{A},\boldsymbol{b})\sim\left(\begin{array}{ccc|c}1&-1&-1&0\\0&0&2&1\\0&0&0&0\end{array}\right)\xrightarrow[r_1+r_2]{\frac{1}{2}r_2}$

$\left(\begin{array}{ccc|c}1&-1&0&\frac{1}{2}\\0&0&1&\frac{1}{2}\\0&0&0&0\end{array}\right)$，此时 $R(\boldsymbol{A})=R(\boldsymbol{A},\boldsymbol{b})=2<3$，方程组有无限多解，其同解方程组为 $\begin{cases}x_1-x_2=\frac{1}{2},\\x_3=\frac{1}{2},\end{cases}$ 即 $\begin{cases}x_1=x_2+\frac{1}{2},\\x_3=\frac{1}{2},\end{cases}$

其中 x_2 为自由未知数，令 $x_2=c$，于是方程组的通解为 $\begin{pmatrix}x_1\\x_2\\x_3\end{pmatrix}=c\begin{pmatrix}1\\1\\0\end{pmatrix}+\begin{pmatrix}\frac{1}{2}\\0\\\frac{1}{2}\end{pmatrix}(c\in\mathbb{R})$．

思路点拨

解含有参数的非齐次线性方程组时，一般先将含有参数的增广矩阵化为行阶梯形，再根据方程组系数矩阵的秩与增广矩阵的秩的关系，得出方程组无解、有解、有唯一解、有无限多解的情况．若方程组有无限多解，则根据行最简形矩阵写出原方程组的同解方程组，进而求其通解．

20．**解**：增广矩阵 $(\boldsymbol{A},\boldsymbol{b})=\left(\begin{array}{ccc|c}1&-2&3&a\\0&1&-1&b\\1&0&1&c\end{array}\right)\xrightarrow{r_3-r_1}\left(\begin{array}{ccc|c}1&-2&3&a\\0&1&-1&b\\0&2&-2&c-a\end{array}\right)\xrightarrow{r_3-2r_2}\left(\begin{array}{ccc|c}1&-2&3&a\\0&1&-1&b\\0&0&0&c-a-2b\end{array}\right)$，由非齐次线性

方程组有无限多解，得 $R(A)=R(A,b)=2<3$，即 $c-a-2b=0$，此时方程组的增广矩阵 $(A,b)\sim$ $\left(\begin{array}{ccc|c}1&-2&3&a\\0&1&-1&b\\0&0&0&0\end{array}\right)\xrightarrow{r_1+2r_2}\left(\begin{array}{ccc|c}1&0&1&a+2b\\0&1&-1&b\\0&0&0&0\end{array}\right)$，原方程组的同解方程组为 $\begin{cases}x_1+x_3=a+2b,\\x_2-x_3=b,\end{cases}$ 即 $\begin{cases}x_1=-x_3+a+2b,\\x_2=x_3+b,\end{cases}$ 其中 x_3 为自由未知数，令 $x_3=c$，于是方程组的通解为 $\begin{pmatrix}x_1\\x_2\\x_3\end{pmatrix}=c\begin{pmatrix}-1\\1\\1\end{pmatrix}+\begin{pmatrix}a+2b\\b\\0\end{pmatrix}(c\in\mathbb{R})$.

第三章　矩阵的初等变换与线性方程组测试B卷

一、单项选择题

1. D【解析】由单位矩阵经过一次初等行（列）变换得到的矩阵称为初等矩阵．A，B 和 C 选项的矩阵均为初等矩阵．D 选项中，$\begin{pmatrix}1&0&1\\0&1&1\\0&0&1\end{pmatrix}$ 可由单位矩阵 $\begin{pmatrix}1&0&0\\0&1&0\\0&0&1\end{pmatrix}$ 的第 3 行加到 1 行，第 3 行加到第 2 行（或第 1 列加到第 3 列，第 2 列加到第 3 列）得到．故选 D.

2. B【解析】增广矩阵 $(A,b)=\left(\begin{array}{ccc|c}1&1&1&1\\-1&2&-4&2\\2&5&-1&3\end{array}\right)\xrightarrow[r_3-2r_1]{r_2+r_1}\left(\begin{array}{ccc|c}1&1&1&1\\0&3&-3&3\\0&3&-3&1\end{array}\right)\xrightarrow{r_3-r_2}\left(\begin{array}{ccc|c}1&1&1&1\\0&3&-3&3\\0&0&0&-2\end{array}\right)$，因为 $R(A)=2$，$R(A,b)=3$，$R(A)<R(A,b)$，所以方程组无解．故选 B.

3. D【解析】若系数矩阵的秩不等于增广矩阵的秩，即 $R(A)<R(A,b)$，则非齐次线性方程组 $Ax=b$ 无解，A 和 B 选项错误．若 $r(A)=n$，$R(A,b)=m$，且 $R(A)<R(A,b)$，则非齐次线性方程组 $Ax=b$ 无解，C 选项错误．若系数矩阵的秩 $R(A)=m$，且 A 是 $m\times n$ 矩阵，则增广矩阵的秩 $R(A,b)=m$，即 $R(A)=R(A,b)$，此时非齐次线性方程组 $Ax=b$ 一定有解，D 选项正确．故选 D.

4. A【解析】令 $P=\begin{pmatrix}1&0&0\\0&0&1\\0&1&0\end{pmatrix}$，则 $AP=B$ 相当于将矩阵 A 的第 2 列与第 3 列互换得到矩阵 B；令 $Q=\begin{pmatrix}1&0&-2\\0&1&0\\0&0&1\end{pmatrix}$，则 $BQ=E$ 相当于将矩阵 B 的第 1 列的 -2 倍加到第 3 列得到单位矩阵 E，故 $APQ=E$，从而 $A=Q^{-1}P^{-1}=\begin{pmatrix}1&0&-2\\0&1&0\\0&0&1\end{pmatrix}^{-1}\begin{pmatrix}1&0&0\\0&0&1\\0&1&0\end{pmatrix}^{-1}=\begin{pmatrix}1&0&2\\0&1&0\\0&0&1\end{pmatrix}\begin{pmatrix}1&0&0\\0&0&1\\0&1&0\end{pmatrix}=\begin{pmatrix}1&2&0\\0&0&1\\0&1&0\end{pmatrix}$．故选 A.

5. B【解析】将矩阵 $A=\begin{pmatrix}a_{11}&a_{12}&a_{13}\\a_{21}&a_{22}&a_{23}\\a_{31}&a_{32}&a_{33}\end{pmatrix}$ 的第 1 行与第 2 行互换，第 1 列与第 3 列互换得到矩阵 $P^mAQ^n=\begin{pmatrix}a_{23}&a_{22}&a_{21}\\a_{13}&a_{12}&a_{11}\\a_{33}&a_{32}&a_{31}\end{pmatrix}$，若 $PAQ=P^mAQ^n$，则 m，n 均为奇数，只有 $m=3$，$n=5$ 符合要求．故选 B.

6. C【解析】因为 A 为 n 阶方阵，所以 $|-A|=(-1)^n|A|$，A 选项错误．若 $A^2=A$，则 A 与 E 不一定相等，取矩阵 $A=\begin{pmatrix}\frac12&\frac12\\\frac12&\frac12\end{pmatrix}$，满足 $A^2=A$，但 $A\neq E$，B 选项错误．若 $R(A)<n$，则行列式 $|A|=0$，C 选项正确．若 $|A|\neq0$，则齐次线性方程组 $Ax=0$ 只有零解，D 选项错误．故选 C.

7. A【解析】$P=\begin{pmatrix}1&2&3\\2&4&t\\4&8&12\end{pmatrix}\xrightarrow[r_3-4r_1]{r_2-2r_1}\begin{pmatrix}1&2&3\\0&0&t-6\\0&0&0\end{pmatrix}$，因为 $Q\neq O$，所以 $R(Q)\geqslant1$，又因为 $PQ=O$，则 $R(P)+R(Q)\leqslant3$，所以 $R(P)\leqslant2$．当 $t=6$ 时，$R(P)=1$，则 $R(Q)=1$ 或 2；当 $t\neq6$ 时，$R(P)=2$，则 $R(Q)=1$．故选 A.

8. C【解析】由方程 $AB-A=E-B$，得 $A(B-E)=E-B$，整理得 $(A+E)(B-E)=O$，从而 $R(A+B)\leqslant R(A+E)+R(B-E)\leqslant3$，因为 $R(A+B)=3$，所以 $R(A+E)+R(B-E)=3$，由 $B\neq E$，得 $R(B-E)\geqslant1$，又 $A+E=\begin{pmatrix}2&2&2\\3&5&t\\1&2&3\end{pmatrix}\xrightarrow{r_1\leftrightarrow r_3}\begin{pmatrix}1&2&3\\3&5&t\\2&2&2\end{pmatrix}\xrightarrow[r_3-2r_1]{r_2-3r_1}\begin{pmatrix}1&2&3\\0&-1&t-9\\0&-2&-4\end{pmatrix}\xrightarrow{r_3-2r_2}\begin{pmatrix}1&2&3\\0&-1&t-9\\0&0&-2t+14\end{pmatrix}$，得 $R(A+E)\geqslant2$，故 $R(B-E)=1$，$R(A+E)=2$，从而 $-2t+14=0$，解得 $t=7$．故选 C.

思路点拨

本题运用了矩阵秩的性质：$R(A+B)\leqslant R(A)+R(B)$.

二、填空题

9. $\begin{pmatrix}1&2\\3&4\end{pmatrix}$【解析】$PAP=\begin{pmatrix}0&1\\1&0\end{pmatrix}\begin{pmatrix}4&3\\2&1\end{pmatrix}\begin{pmatrix}0&1\\1&0\end{pmatrix}=\begin{pmatrix}2&1\\4&3\end{pmatrix}\begin{pmatrix}0&1\\1&0\end{pmatrix}=\begin{pmatrix}1&2\\3&4\end{pmatrix}$.

10. -4【解析】增广矩阵 $(A,b)=\left(\begin{array}{ccc|c}1&3&a&1\\2&6&-8&1\end{array}\right)\xrightarrow{r_2-2r_1}\left(\begin{array}{ccc|c}1&3&a&1\\0&0&-2a-8&-1\end{array}\right)$，因为非齐次线性方程组无解，则 $R(A)<R(A,b)$，所以 $-2a-8=0$，解得 $a=-4$.

思路点拨

求方程组的参数时，一般先将含有参数的增广矩阵化为行阶梯形或行最简形，然后讨论方程组解的情况，最后根据讨论结果得出参数.

11. 2【解析】因为矩阵 A 与 B 等价，所以 $R(A)=R(B)$．又 $B=\begin{pmatrix}1&1&0\\0&-1&1\\1&0&1\end{pmatrix}\xrightarrow{r_3-r_1}\begin{pmatrix}1&1&0\\0&-1&1\\0&-1&1\end{pmatrix}\xrightarrow{r_3-r_2}\begin{pmatrix}1&1&0\\0&-1&1\\0&0&0\end{pmatrix}$，则 $R(B)=2$，$R(A)=2$，对矩阵 A 作初等行变换，$A=\begin{pmatrix}a&-1&-1\\-1&a&-1\\-1&-1&a\end{pmatrix}\xrightarrow{r_1\leftrightarrow r_3}\begin{pmatrix}-1&-1&a\\-1&a&-1\\a&-1&-1\end{pmatrix}\xrightarrow[r_3+ar_1]{r_2-r_1}\begin{pmatrix}-1&-1&a\\0&a+1&-1-a\\0&-1-a&a^2-1\end{pmatrix}\xrightarrow{r_3+r_2}\begin{pmatrix}-1&-1&a\\0&a+1&-1-a\\0&0&(a-2)(a+1)\end{pmatrix}$．当 $a=-1$ 时，$A\sim\begin{pmatrix}-1&-1&-1\\0&0&0\\0&0&0\end{pmatrix}$，此时 $R(A)=1$，不符合题意，舍去．当 $a=2$ 时，$A\sim\begin{pmatrix}-1&-1&2\\0&3&-3\\0&0&0\end{pmatrix}$，此时 $R(A)=2$，符合题意，所以 $a=2$.

12. $\begin{pmatrix}2&-1\\4&-1\end{pmatrix}$【解析】由 $APQ=B$，得 $A=BQ^{-1}P^{-1}=\begin{pmatrix}1&2\\3&4\end{pmatrix}\begin{pmatrix}1&0\\1&1\end{pmatrix}^{-1}\begin{pmatrix}0&1\\1&0\end{pmatrix}^{-1}=\begin{pmatrix}1&2\\3&4\end{pmatrix}\begin{pmatrix}1&0\\-1&1\end{pmatrix}\begin{pmatrix}0&1\\1&0\end{pmatrix}=\begin{pmatrix}-1&2\\-1&4\end{pmatrix}\begin{pmatrix}0&1\\1&0\end{pmatrix}=\begin{pmatrix}2&-1\\4&-1\end{pmatrix}$.

13. -2【解析】$A=\begin{pmatrix}a&1&1\\1&a&1\\1&1&a\end{pmatrix}\xrightarrow{r_1\leftrightarrow r_3}\begin{pmatrix}1&1&a\\1&a&1\\a&1&1\end{pmatrix}\xrightarrow[r_3-ar_1]{r_2-r_1}\begin{pmatrix}1&1&a\\0&a-1&1-a\\0&1-a&1-a^2\end{pmatrix}\xrightarrow{r_3+r_2}\begin{pmatrix}1&1&a\\0&a-1&1-a\\0&0&(1-a)(a+2)\end{pmatrix}$，因为 $R(A)=2$，所以 $\begin{cases}(1-a)(a+2)=0,\\a-1\neq0,\end{cases}$ 解得 $a=-2$.

14. $\begin{pmatrix}x_1\\x_2\\x_3\end{pmatrix}=c\begin{pmatrix}1\\1\\1\end{pmatrix}(c\in\mathbb{R})$【解析】系数矩阵 $A=\begin{pmatrix}1&1&-2\\1&-2&1\\0&2&-2\end{pmatrix}\xrightarrow{r_2-r_1}\begin{pmatrix}1&1&-2\\0&-3&3\\0&2&-2\end{pmatrix}\xrightarrow[\substack{r_1-r_2\\r_3-2r_2}]{-\frac13 r_2}\begin{pmatrix}1&0&-1\\0&1&-1\\0&0&0\end{pmatrix}$，$R(A)=2<3$，则方程组有无限多解，其同解方程组为 $\begin{cases}x_1-x_3=0,\\x_2-x_3=0,\end{cases}$ 即 $\begin{cases}x_1=x_3,\\x_2=x_3,\end{cases}$ 其中 x_3 为自由未知数，令 $x_3=c$，于是方程组

的通解为$\begin{pmatrix} x_1 \\ x_2 \\ x_3 \end{pmatrix} = c\begin{pmatrix} 1 \\ 1 \\ 1 \end{pmatrix} (c \in \mathbb{R})$.

三、解答题

15. 解：$(\boldsymbol{A}, \boldsymbol{E}) = \left(\begin{array}{ccc|ccc} 0 & 0 & 1 & 1 & 0 & 0 \\ 0 & 2 & 0 & 0 & 1 & 0 \\ 3 & 0 & 0 & 0 & 0 & 1 \end{array}\right) \xrightarrow{r_1 \leftrightarrow r_3} \left(\begin{array}{ccc|ccc} 3 & 0 & 0 & 0 & 0 & 1 \\ 0 & 2 & 0 & 0 & 1 & 0 \\ 0 & 0 & 1 & 1 & 0 & 0 \end{array}\right) \xrightarrow{\frac{1}{3}r_1,\ \frac{1}{2}r_2} \left(\begin{array}{ccc|ccc} 1 & 0 & 0 & 0 & 0 & \frac{1}{3} \\ 0 & 1 & 0 & 0 & \frac{1}{2} & 0 \\ 0 & 0 & 1 & 1 & 0 & 0 \end{array}\right) = (\boldsymbol{E}, \boldsymbol{A}^{-1})$，所以

$\boldsymbol{A}^{-1} = \begin{pmatrix} 0 & 0 & \frac{1}{3} \\ 0 & \frac{1}{2} & 0 \\ 1 & 0 & 0 \end{pmatrix}$.

16. 解：$\boldsymbol{A} = \begin{pmatrix} 4 & 1 & -2 \\ -2 & -2 & 1 \\ -3 & -1 & 1 \end{pmatrix} \xrightarrow{r_1 + r_3} \begin{pmatrix} 1 & 0 & -1 \\ -2 & -2 & 1 \\ -3 & -1 & 1 \end{pmatrix} \xrightarrow[r_3 + 3r_1]{r_2 + 2r_1} \begin{pmatrix} 1 & 0 & -1 \\ 0 & -2 & -1 \\ 0 & -1 & -2 \end{pmatrix} \xrightarrow{r_3 \leftrightarrow r_2} \begin{pmatrix} 1 & 0 & -1 \\ 0 & -1 & -2 \\ 0 & -2 & -1 \end{pmatrix} \xrightarrow[-r_2]{r_3 - 2r_2} \begin{pmatrix} 1 & 0 & -1 \\ 0 & 1 & 2 \\ 0 & 0 & 3 \end{pmatrix} \xrightarrow{\frac{1}{3}r_3}$

$\begin{pmatrix} 1 & 0 & -1 \\ 0 & 1 & 2 \\ 0 & 0 & 1 \end{pmatrix} \xrightarrow[r_2 - 2r_3]{r_1 + r_3} \begin{pmatrix} 1 & 0 & 0 \\ 0 & 1 & 0 \\ 0 & 0 & 1 \end{pmatrix}$.

17. 解：系数矩阵$\boldsymbol{A} = \begin{pmatrix} 1 & 3 & -2 & 2 \\ -2 & -5 & 1 & -5 \end{pmatrix} \xrightarrow{r_2 + 2r_1} \begin{pmatrix} 1 & 3 & -2 & 2 \\ 0 & 1 & -3 & -1 \end{pmatrix} \xrightarrow{r_1 - 3r_2} \begin{pmatrix} 1 & 0 & 7 & 5 \\ 0 & 1 & -3 & -1 \end{pmatrix}$，$R(\boldsymbol{A}) = 2 < 4$，则方程组有无限多解，其同解方程组为$\begin{cases} x_1 + 7x_3 + 5x_4 = 0, \\ x_2 - 3x_3 - x_4 = 0, \end{cases}$ 即$\begin{cases} x_1 = -7x_3 - 5x_4, \\ x_2 = 3x_3 + x_4, \end{cases}$ 其中x_3，x_4为自由未知数，令$x_3 = c_1$，$x_4 = c_2$，于是方程组的通解为$\begin{pmatrix} x_1 \\ x_2 \\ x_3 \\ x_4 \end{pmatrix} = c_1\begin{pmatrix} -7 \\ 3 \\ 1 \\ 0 \end{pmatrix} + c_2\begin{pmatrix} -5 \\ 1 \\ 0 \\ 1 \end{pmatrix} (c_1, c_2 \in \mathbb{R})$.

18. 解：增广矩阵$(\boldsymbol{A}, \boldsymbol{b}) = \left(\begin{array}{ccc|c} 1 & 1 & 4 & 4 \\ -1 & 4 & 1 & 16 \\ 1 & -1 & 2 & -4 \end{array}\right) \xrightarrow[r_3 - r_1]{r_2 + r_1} \left(\begin{array}{ccc|c} 1 & 1 & 4 & 4 \\ 0 & 5 & 5 & 20 \\ 0 & -2 & -2 & -8 \end{array}\right) \xrightarrow{\frac{1}{5}r_2} \left(\begin{array}{ccc|c} 1 & 1 & 4 & 4 \\ 0 & 1 & 1 & 4 \\ 0 & -2 & -2 & -8 \end{array}\right) \xrightarrow[r_3 + 2r_2]{r_1 - r_2} \left(\begin{array}{ccc|c} 1 & 0 & 3 & 0 \\ 0 & 1 & 1 & 4 \\ 0 & 0 & 0 & 0 \end{array}\right)$，

$R(\boldsymbol{A}) = R(\boldsymbol{A}, \boldsymbol{b}) = 2 < 3$，则方程组有无限多解，其同解方程组为$\begin{cases} x_1 + 3x_3 = 0, \\ x_2 + x_3 = 4, \end{cases}$ 即$\begin{cases} x_1 = -3x_3, \\ x_2 = -x_3 + 4, \end{cases}$ 其中x_3为自由未知数，令$x_3 = c$，于是方程组的通解为$\begin{pmatrix} x_1 \\ x_2 \\ x_3 \end{pmatrix} = c\begin{pmatrix} -3 \\ -1 \\ 1 \end{pmatrix} + \begin{pmatrix} 0 \\ 4 \\ 0 \end{pmatrix} (c \in \mathbb{R})$.

19. 解：增广矩阵$(\boldsymbol{A}, \boldsymbol{b}) = \left(\begin{array}{cccc|c} 1 & -2 & 3 & -1 & 4 \\ 2 & -3 & 2 & 3 & 5 \\ 1 & -1 & -1 & 4 & a \end{array}\right) \xrightarrow[r_3 - r_1]{r_2 - 2r_1} \left(\begin{array}{cccc|c} 1 & -2 & 3 & -1 & 4 \\ 0 & 1 & -4 & 5 & -3 \\ 0 & 1 & -4 & 5 & a-4 \end{array}\right) \xrightarrow[r_3 - r_2]{r_1 + 2r_2} \left(\begin{array}{cccc|c} 1 & 0 & -5 & 9 & -2 \\ 0 & 1 & -4 & 5 & -3 \\ 0 & 0 & 0 & 0 & a-1 \end{array}\right)$. 当$a \neq 1$时，$R(\boldsymbol{A}) = 2$，$R(\boldsymbol{A}, \boldsymbol{b}) = 3$，$R(\boldsymbol{A}) < R(\boldsymbol{A}, \boldsymbol{b})$，此时方程组无解. 当$a = 1$时，增广矩阵$(\boldsymbol{A}, \boldsymbol{b}) \sim \left(\begin{array}{cccc|c} 1 & 0 & -5 & 9 & -2 \\ 0 & 1 & -4 & 5 & -3 \\ 0 & 0 & 0 & 0 & 0 \end{array}\right)$，此时$R(\boldsymbol{A}) = R(\boldsymbol{A}, \boldsymbol{b}) = 2 < 3$，方程组有无限多解，其同解方程组为$\begin{cases} x_1 - 5x_3 + 9x_4 = -2, \\ x_2 - 4x_3 + 5x_4 = -3, \end{cases}$ 即$\begin{cases} x_1 = 5x_3 - 9x_4 - 2, \\ x_2 = 4x_3 - 5x_4 - 3, \end{cases}$ 其中x_3，x_4为自由未知数，令$x_3 = c_1$，$x_4 = c_2$，于是方程组的通解为$\begin{pmatrix} x_1 \\ x_2 \\ x_3 \\ x_4 \end{pmatrix} = c_1\begin{pmatrix} 5 \\ 4 \\ 1 \\ 0 \end{pmatrix} + c_2\begin{pmatrix} -9 \\ -5 \\ 0 \\ 1 \end{pmatrix} + \begin{pmatrix} -2 \\ -3 \\ 0 \\ 0 \end{pmatrix} (c_1, c_2 \in \mathbb{R})$.

20. 解：增广矩阵$(\boldsymbol{A}, \boldsymbol{b}) = \left(\begin{array}{ccc|c} 1 & 1 & -1 & 1 \\ 2 & k+2 & -m-2 & 3 \\ 0 & -3k & k+2m & -3 \end{array}\right) \xrightarrow{r_2 - 2r_1} \left(\begin{array}{ccc|c} 1 & 1 & -1 & 1 \\ 0 & k & -m & 1 \\ 0 & -3k & k+2m & -3 \end{array}\right) \xrightarrow{r_3 + 3r_2} \left(\begin{array}{ccc|c} 1 & 1 & -1 & 1 \\ 0 & k & -m & 1 \\ 0 & 0 & k-m & 0 \end{array}\right)$. 当$k \neq 0$且$k \neq m$时，$R(\boldsymbol{A}) = R(\boldsymbol{A}, \boldsymbol{b}) = 3$，方程组有唯一解，其解为$x_1 = 1 - \frac{1}{k}$，$x_2 = \frac{1}{k}$，$x_3 = 0$. 当$k = m = 0$时，增广矩阵$(\boldsymbol{A}, \boldsymbol{b}) \sim \left(\begin{array}{ccc|c} 1 & 1 & -1 & 1 \\ 0 & 0 & 0 & 1 \\ 0 & 0 & 0 & 0 \end{array}\right)$，此时$R(\boldsymbol{A}) = 1$，$R(\boldsymbol{A}, \boldsymbol{b}) = 2$，$R(\boldsymbol{A}) < R(\boldsymbol{A}, \boldsymbol{b})$，方程组无解. 当$k = m \neq 0$时，增广矩阵

$(\boldsymbol{A}, \boldsymbol{b}) \sim \left(\begin{array}{ccc|c} 1 & 1 & -1 & 1 \\ 0 & k & -k & 1 \\ 0 & 0 & 0 & 0 \end{array}\right) \xrightarrow{\frac{1}{k}r_2} \left(\begin{array}{ccc|c} 1 & 1 & -1 & 1 \\ 0 & 1 & -1 & \frac{1}{k} \\ 0 & 0 & 0 & 0 \end{array}\right) \xrightarrow{r_1 - r_2} \left(\begin{array}{ccc|c} 1 & 0 & 0 & 1-\frac{1}{k} \\ 0 & 1 & -1 & \frac{1}{k} \\ 0 & 0 & 0 & 0 \end{array}\right)$，此时$R(\boldsymbol{A}) = R(\boldsymbol{A}, \boldsymbol{b}) = 2 < 3$，方程组有无限多解，其同解方程组为$\begin{cases} x_1 = 1 - \frac{1}{k}, \\ x_2 - x_3 = \frac{1}{k}, \end{cases}$ 即$\begin{cases} x_1 = 1 - \frac{1}{k}, \\ x_2 = x_3 + \frac{1}{k}, \end{cases}$ 其中x_3为自由未知数，令$x_3 = c$，于是方程组的通解为

$\begin{pmatrix} x_1 \\ x_2 \\ x_3 \end{pmatrix} = c\begin{pmatrix} 0 \\ 1 \\ 1 \end{pmatrix} + \begin{pmatrix} 1-\frac{1}{k} \\ \frac{1}{k} \\ 0 \end{pmatrix} (c \in \mathbb{R})$.

第三章　矩阵的初等变换与线性方程组测试 C 卷

一、单项选择题

1. D【解析】$\boldsymbol{A}$为四阶方阵，若$R(\boldsymbol{A}) = 3$，则$R(\boldsymbol{A}^*) = 1$. 故选 D.

思路点拨

若$\boldsymbol{A}^*$为n阶方阵$\boldsymbol{A}$的伴随矩阵，则$R(\boldsymbol{A}^*) = \begin{cases} n, & R(\boldsymbol{A}) = n, \\ 1, & R(\boldsymbol{A}) = n-1, \\ 0, & R(\boldsymbol{A}) < n-1. \end{cases}$

2. B【解析】（方法一）因为齐次线性方程有非零解，所以其系数矩阵的行列式$|\boldsymbol{A}| = \begin{vmatrix} 3 & k & -1 \\ 0 & 4 & -1 \\ 0 & 4 & k \end{vmatrix} = 3(4k+4) = 0$，解得$k = -1$. 故选 B.

（方法二）系数矩阵$\boldsymbol{A} = \begin{pmatrix} 3 & k & -1 \\ 0 & 4 & -1 \\ 0 & 4 & k \end{pmatrix} \xrightarrow{r_3 - r_2} \begin{pmatrix} 3 & k & -1 \\ 0 & 4 & -1 \\ 0 & 0 & k+1 \end{pmatrix}$，因为齐次线性方程组有非零解，则$R(\boldsymbol{A}) < 3$，所以$k + 1 = 0$，解得$k = -1$. 故选 B.

3. C【解析】因为$\boldsymbol{A}$为$m \times n$矩阵，$\boldsymbol{B}$为$n \times m$矩阵，所以$\boldsymbol{AB}$为m阶方阵，又因为$m > n$，则$R(\boldsymbol{A}) \leqslant n$，$R(\boldsymbol{B}) \leqslant n$，$R(\boldsymbol{AB}) \leqslant \min\{R(\boldsymbol{A}), R(\boldsymbol{B})\} \leqslant n < m$，所以$r < m$. 故选 C.

4. D【解析】A 选项中，由齐次线性方程组$\boldsymbol{Ax} = \boldsymbol{0}$只有零解，得$R(\boldsymbol{A}) = n$，若$n < R(\boldsymbol{A}, \boldsymbol{b}) = m$，则非齐次线性方程组

$\boldsymbol{Ax}=\boldsymbol{b}$ 无解. B 选项中，由齐次线性方程组 $\boldsymbol{Ax}=\boldsymbol{0}$ 有非零解，得 $R(\boldsymbol{A})<n$，若 $n<R(\boldsymbol{A},\boldsymbol{b})=m$，则非齐次线性方程组 $\boldsymbol{Ax}=\boldsymbol{b}$ 无解. C 选项中，由非齐次线性方程组 $\boldsymbol{Ax}=\boldsymbol{b}$ 无解，得 $R(\boldsymbol{A})<R(\boldsymbol{A},\boldsymbol{b})$，若 $R(\boldsymbol{A})=n$，则齐次线性方程组 $\boldsymbol{Ax}=\boldsymbol{0}$ 只有零解. D 选项中，由非齐次线性方程组 $\boldsymbol{Ax}=\boldsymbol{b}$ 有无限多解，得 $R(\boldsymbol{A})=R(\boldsymbol{A},\boldsymbol{b})<n$，则必有 $R(\boldsymbol{A})<n$，从而齐次线性方程组 $\boldsymbol{Ax}=\boldsymbol{0}$ 一定有非零解. 故选 D.

思路点拨

本题还可利用特殊方程组排除错误选项，例如 A 选项中，取齐次线性方程组为 $\begin{cases}x_1+x_2=0,\\2x_1-2x_2=0,\\3x_1+3x_2=0,\end{cases}$ 该方程组只有零解，而对应的非齐次线性方程组 $\begin{cases}x_1+x_2=4,\\2x_1-2x_2=2,\\3x_1+3x_2=1\end{cases}$ 无解.

5. A【解析】增广矩阵 $(\boldsymbol{A},\boldsymbol{b})=\left(\begin{array}{ccc|c}1&2&1&1\\2&3&k+2&3\\1&k&-2&0\end{array}\right)\xrightarrow[r_3-r_1]{r_2-2r_1}\left(\begin{array}{ccc|c}1&2&1&1\\0&-1&k&1\\0&k-2&-3&-1\end{array}\right)\xrightarrow{r_3+(k-2)r_2}\left(\begin{array}{ccc|c}1&2&1&1\\0&-1&k&1\\0&0&(k+1)(k-3)&k-3\end{array}\right)$，

因为非齐次线性方程组有无限多解，则 $R(\boldsymbol{A})=R(\boldsymbol{A},\boldsymbol{b})=2$，所以 $k-3=0$，解得 $k=3$. 故选 A.

6. A【解析】若 $k_1\boldsymbol{\eta}_1+k_2\boldsymbol{\eta}_2+\cdots+k_s\boldsymbol{\eta}_s$ 为 $\boldsymbol{Ax}=\boldsymbol{b}$ 的解，则 $\boldsymbol{A}(k_1\boldsymbol{\eta}_1+k_2\boldsymbol{\eta}_2+\cdots+k_s\boldsymbol{\eta}_s)=\boldsymbol{b}$，因为 $\boldsymbol{A\eta}_1=\boldsymbol{b}$，$\boldsymbol{A\eta}_2=\boldsymbol{b}$，…，$\boldsymbol{A\eta}_s=\boldsymbol{b}$，所以 $(k_1+k_2+\cdots+k_s)\boldsymbol{b}=\boldsymbol{b}$，解得 $k_1+k_2+\cdots+k_s=1$. 故选 A.

7. B【解析】因为矩阵 $\boldsymbol{A}$ 经过若干次初等行变换得矩阵 $\boldsymbol{B}$，所以 $R(\boldsymbol{A})=R(\boldsymbol{B})$. 若 $|\boldsymbol{A}|=0$，则 $R(\boldsymbol{A})<n$，从而 $R(\boldsymbol{B})<n$，$|\boldsymbol{B}|=0$. 故选 B.

8. B【解析】系数矩阵 $\boldsymbol{A}=\begin{pmatrix}1&2&-2\\3&-1&k\\3&1&-1\end{pmatrix}\xrightarrow[r_3-3r_1]{r_2-3r_1}\begin{pmatrix}1&2&-2\\0&-7&k+6\\0&-5&5\end{pmatrix}\xrightarrow{-\frac{1}{5}r_3}\begin{pmatrix}1&2&-2\\0&-7&k+6\\0&1&-1\end{pmatrix}\xrightarrow{r_2\leftrightarrow r_3}\begin{pmatrix}1&2&-2\\0&1&-1\\0&-7&k+6\end{pmatrix}\xrightarrow{r_3+7r_2}$

$\begin{pmatrix}1&2&-2\\0&1&-1\\0&0&k-1\end{pmatrix}$，因为 $\boldsymbol{B}$ 的每个列向量都是齐次线性方程组的解，且 $\boldsymbol{B}\neq\boldsymbol{O}$，则齐次线性方程组 $\boldsymbol{AB}=\boldsymbol{O}$ 有非零解，

所以 $k-1=0$，$k=1$. 因为 $\boldsymbol{AB}=\boldsymbol{O}$，所以 $R(\boldsymbol{A})+R(\boldsymbol{B})\leqslant3$，且 $R(\boldsymbol{A})=2$，则 $0\leqslant R(\boldsymbol{B})\leqslant1$，故 $|\boldsymbol{B}|=0$. 故选 B.

二、填空题

9. 0【解析】由 $R(\boldsymbol{A})=2$，得 $R(\boldsymbol{A}^*)=0$，又 $R(\boldsymbol{A}^*\boldsymbol{B}^*)\leqslant\min\{R(\boldsymbol{A}^*),R(\boldsymbol{B}^*)\}$，故 $R(\boldsymbol{A}^*\boldsymbol{B}^*)=0$.

10. $a\neq2$【解析】因为非齐次线性方程组有唯一解，则 $R(\boldsymbol{A})=R(\boldsymbol{A},\boldsymbol{b})=4$，所以 $a-2\neq0$，解得 $a\neq2$.

11. $\begin{pmatrix}-7&\frac{7}{2}&-6\\4&-3&2\\7&-4&9\end{pmatrix}$【解析】因为 $\begin{pmatrix}1&0&1\\0&1&0\\0&0&1\end{pmatrix}\boldsymbol{A}\begin{pmatrix}1&0&0\\0&-2&0\\0&0&1\end{pmatrix}=\begin{pmatrix}0&1&3\\4&6&2\\7&8&9\end{pmatrix}$，所以 $\boldsymbol{A}=\begin{pmatrix}1&0&1\\0&1&0\\0&0&1\end{pmatrix}^{-1}\begin{pmatrix}0&1&3\\4&6&2\\7&8&9\end{pmatrix}\begin{pmatrix}1&0&0\\0&-2&0\\0&0&1\end{pmatrix}^{-1}=$

$\begin{pmatrix}1&0&-1\\0&1&0\\0&0&1\end{pmatrix}\begin{pmatrix}0&1&3\\4&6&2\\7&8&9\end{pmatrix}\begin{pmatrix}1&0&0\\0&-\frac{1}{2}&0\\0&0&1\end{pmatrix}=\begin{pmatrix}-7&-7&-6\\4&6&2\\7&8&9\end{pmatrix}\begin{pmatrix}1&0&0\\0&-\frac{1}{2}&0\\0&0&1\end{pmatrix}=\begin{pmatrix}-7&\frac{7}{2}&-6\\4&-3&2\\7&-4&9\end{pmatrix}$.

12. 6【解析】因为齐次线性方程组 $\boldsymbol{AB}=\boldsymbol{O}$ 有非零解，所以 $|\boldsymbol{A}|=\begin{vmatrix}1&-1&2\\2&0&4\\3&2&t\end{vmatrix}=2t-12=0$，解得 $t=6$.

13. 2【解析】因为 $|\boldsymbol{A}+2\boldsymbol{E}|=\begin{vmatrix}3&0&1\\0&1&0\\1&0&3\end{vmatrix}=8\neq0$，则矩阵 $\boldsymbol{A}+2\boldsymbol{E}$ 可逆，所以 $R(\boldsymbol{A}^2+2\boldsymbol{A})=R[\boldsymbol{A}(\boldsymbol{A}+2\boldsymbol{E})]=R(\boldsymbol{A})$，又因为 $\boldsymbol{A}=\boldsymbol{A}+2\boldsymbol{E}-2\boldsymbol{E}=\begin{pmatrix}3&0&1\\0&1&0\\1&0&3\end{pmatrix}-\begin{pmatrix}2&0&0\\0&2&0\\0&0&2\end{pmatrix}=\begin{pmatrix}1&0&1\\0&-1&0\\1&0&1\end{pmatrix}\xrightarrow{r_3-r_1}\begin{pmatrix}1&0&1\\0&-1&0\\0&0&0\end{pmatrix}$，所以 $R(\boldsymbol{A})=2$，从而 $R(\boldsymbol{A}^2+2\boldsymbol{A})=2$.

14. $\begin{pmatrix}x_1\\x_2\\x_3\end{pmatrix}=c_1\begin{pmatrix}\frac{3}{2}\\1\\0\end{pmatrix}+c_2\begin{pmatrix}1\\0\\1\end{pmatrix}(c\in\mathbb{R})$【解析】因为 $\boldsymbol{Ax}=\boldsymbol{0}$ 有非零解，所以 $|\boldsymbol{A}|=\begin{vmatrix}1&2&3\\0&4&k\\1&k&9\end{vmatrix}=-(k+4)(k-6)=0$，解得 $k=-4$，

则矩阵 $\boldsymbol{A}=\begin{pmatrix}1&2&3\\0&4&-4\\1&-4&9\end{pmatrix}$，$\boldsymbol{A}$ 的代数余子式分别为 $A_{11}=20$，$A_{12}=-4$，$A_{13}=-4$，$A_{21}=-30$，$A_{22}=6$，$A_{23}=6$，

$A_{31}=-20$，$A_{32}=4$，$A_{33}=4$，从而 $\boldsymbol{A}^*=\begin{pmatrix}20&-30&-20\\-4&6&4\\-4&6&4\end{pmatrix}\xrightarrow[-\frac{1}{4}r_3]{\substack{r_1+5r_3\\r_2-r_3}}\begin{pmatrix}0&0&0\\0&0&0\\1&-\frac{3}{2}&-1\end{pmatrix}\xrightarrow{r_1\leftrightarrow r_3}\begin{pmatrix}1&-\frac{3}{2}&-1\\0&0&0\\0&0&0\end{pmatrix}$，则

$R(\boldsymbol{A}^*)=1<3$，方程组 $\boldsymbol{A}^*\boldsymbol{x}=\boldsymbol{0}$ 有无限多解，其同解方程为 $x_1-\frac{3}{2}x_2-x_3=0$，即 $x_1=\frac{3}{2}x_2+x_3$，其中 x_2，x_3 为自由未知数，令 $x_2=c_1$，$x_3=c_2$，于是方程组 $\boldsymbol{A}^*\boldsymbol{x}=\boldsymbol{0}$ 的通解为 $\begin{pmatrix}x_1\\x_2\\x_3\end{pmatrix}=c_1\begin{pmatrix}\frac{3}{2}\\1\\0\end{pmatrix}+c_2\begin{pmatrix}1\\0\\1\end{pmatrix}(c\in\mathbb{R})$.

三、解答题

15. 解：$(\boldsymbol{A},\boldsymbol{E})=\left(\begin{array}{ccc|ccc}-1&1&2&1&0&0\\0&1&4&0&1&0\\3&1&0&0&0&1\end{array}\right)\xrightarrow{r_3+3r_1}\left(\begin{array}{ccc|ccc}-1&1&2&1&0&0\\0&1&4&0&1&0\\0&4&6&3&0&1\end{array}\right)\xrightarrow{r_3-4r_2}\left(\begin{array}{ccc|ccc}-1&1&2&1&0&0\\0&1&4&0&1&0\\0&0&-10&3&-4&1\end{array}\right)\xrightarrow{-\frac{1}{10}r_3}$

$\left(\begin{array}{ccc|ccc}-1&1&2&1&0&0\\0&1&4&0&1&0\\0&0&1&-\frac{3}{10}&\frac{2}{5}&-\frac{1}{10}\end{array}\right)\xrightarrow[r_2-4r_3]{r_1-2r_3}\left(\begin{array}{ccc|ccc}-1&1&0&\frac{8}{5}&-\frac{4}{5}&\frac{1}{5}\\0&1&0&\frac{6}{5}&-\frac{3}{5}&\frac{2}{5}\\0&0&1&-\frac{3}{10}&\frac{2}{5}&-\frac{1}{10}\end{array}\right)\xrightarrow{-r_1}\left(\begin{array}{ccc|ccc}1&-1&0&-\frac{8}{5}&\frac{4}{5}&-\frac{1}{5}\\0&1&0&\frac{6}{5}&-\frac{3}{5}&\frac{2}{5}\\0&0&1&-\frac{3}{10}&\frac{2}{5}&-\frac{1}{10}\end{array}\right)\xrightarrow{r_1+r_2}$

$\left(\begin{array}{ccc|ccc}1&0&0&-\frac{2}{5}&\frac{1}{5}&\frac{1}{5}\\0&1&0&\frac{6}{5}&-\frac{3}{5}&\frac{2}{5}\\0&0&1&-\frac{3}{10}&\frac{2}{5}&-\frac{1}{10}\end{array}\right)=(\boldsymbol{E},\boldsymbol{A}^{-1})$，所以 $\boldsymbol{A}^{-1}=\begin{pmatrix}-\frac{2}{5}&\frac{1}{5}&\frac{1}{5}\\\frac{6}{5}&-\frac{3}{5}&\frac{2}{5}\\-\frac{3}{10}&\frac{2}{5}&-\frac{1}{10}\end{pmatrix}$.

16. 解：$\boldsymbol{A}=\begin{pmatrix}2&1&1&-1\\1&0&1&-2\\-3&-2&-1&0\\1&3&-2&7\end{pmatrix}\xrightarrow{r_1\leftrightarrow r_2}\begin{pmatrix}1&0&1&-2\\2&1&1&-1\\-3&-2&-1&0\\1&3&-2&7\end{pmatrix}\xrightarrow[r_4-r_1]{\substack{r_2-2r_1\\r_3+3r_1}}\begin{pmatrix}1&0&1&-2\\0&1&-1&3\\0&-2&2&-6\\0&3&-3&9\end{pmatrix}\xrightarrow[r_4-3r_2]{r_3+2r_2}\begin{pmatrix}1&0&1&-2\\0&1&-1&3\\0&0&0&0\\0&0&0&0\end{pmatrix}$，则

$R(\boldsymbol{A})=2$. 取矩阵 $\boldsymbol{A}$ 的第 1，2 行，第 1，2 列，得二阶子式 $\begin{vmatrix}2&1\\1&0\end{vmatrix}=-1\neq0$，所以矩阵 $\boldsymbol{A}$ 的一个最高阶非零子式为 $\begin{vmatrix}2&1\\1&0\end{vmatrix}$.

17．**解**：系数矩阵 $\boldsymbol{A}=\begin{pmatrix}1&1&1&4&-3\\2&1&3&5&-5\\1&-1&3&-2&-1\\3&1&5&6&-7\end{pmatrix}\xrightarrow[r_4-3r_1]{\substack{r_2-2r_1\\r_3-r_1}}\begin{pmatrix}1&1&1&4&-3\\0&-1&1&-3&1\\0&-2&2&-6&2\\0&-2&2&-6&2\end{pmatrix}\xrightarrow[r_4-2r_2]{r_3-2r_2}\begin{pmatrix}1&1&1&4&-3\\0&-1&1&-3&1\\0&0&0&0&0\\0&0&0&0&0\end{pmatrix}\xrightarrow{r_1+r_2}$

$\begin{pmatrix}1&0&2&1&-2\\0&-1&1&-3&1\\0&0&0&0&0\\0&0&0&0&0\end{pmatrix}$，$R(\boldsymbol{A})=2<5$，则方程组有无限多解，其同解方程组为 $\begin{cases}x_1+2x_3+x_4-2x_5=0,\\-x_2+x_3-3x_4+x_5=0,\end{cases}$ 即

$\begin{cases}x_1=-2x_3-x_4+2x_5,\\x_2=x_3-3x_4+x_5,\end{cases}$ 其中 x_3，x_4，x_5 为自由未知数，令 $x_3=c_1$，$x_4=c_2$，$x_5=c_3$，于是方程组的通解为

$\begin{pmatrix}x_1\\x_2\\x_3\\x_4\\x_5\end{pmatrix}=c_1\begin{pmatrix}-2\\1\\1\\0\\0\end{pmatrix}+c_2\begin{pmatrix}-1\\-3\\0\\1\\0\end{pmatrix}+c_3\begin{pmatrix}2\\1\\0\\0\\1\end{pmatrix}(c_1，c_2，c_3\in\mathbb{R})$．

18．**解**：增广矩阵 $(\boldsymbol{A},\boldsymbol{b})=\left(\begin{array}{cccc|c}1&-1&0&-3&-2\\1&0&2&-2&-1\\2&-2&1&-6&-5\\-1&2&3&4&2\end{array}\right)\xrightarrow[r_4+r_1]{\substack{r_2-r_1\\r_3-2r_1}}\left(\begin{array}{cccc|c}1&-1&0&-3&-2\\0&1&2&1&1\\0&0&1&0&-1\\0&1&3&1&0\end{array}\right)\xrightarrow[r_4-r_2]{r_1+r_2}\left(\begin{array}{cccc|c}1&0&2&-2&-1\\0&1&2&1&1\\0&0&1&0&-1\\0&0&1&0&-1\end{array}\right)\xrightarrow[r_4-r_3]{\substack{r_1-2r_3\\r_2-2r_3}}$

$\left(\begin{array}{cccc|c}1&0&0&-2&1\\0&1&0&1&3\\0&0&1&0&-1\\0&0&0&0&0\end{array}\right)$，$R(\boldsymbol{A})=3<4$，则方程组有无限多解，其同解方程组为 $\begin{cases}x_1-2x_4=1,\\x_2+x_4=3,\\x_3=-1,\end{cases}$ 即 $\begin{cases}x_1=2x_4+1,\\x_2=-x_4+3,\\x_3=-1,\end{cases}$ 其中 x_4

为自由未知数，令 $x_4=c$，于是方程组的通解为 $\begin{pmatrix}x_1\\x_2\\x_3\\x_4\end{pmatrix}=c\begin{pmatrix}2\\-1\\0\\1\end{pmatrix}+\begin{pmatrix}1\\3\\-1\\0\end{pmatrix}(c\in\mathbb{R})$．

19．**解**：增广矩阵 $(\boldsymbol{A},\boldsymbol{b})=\left(\begin{array}{ccc|c}1&0&2&1\\-1&1&-1&-2\\2&-1&a+2&3\\1&1&3&b\end{array}\right)\xrightarrow[r_4-r_1]{\substack{r_2+r_1\\r_3-2r_1}}\left(\begin{array}{ccc|c}1&0&2&1\\0&1&1&-1\\0&-1&a-2&1\\0&1&1&b-1\end{array}\right)\xrightarrow[r_4-r_3]{r_3+r_2}\left(\begin{array}{ccc|c}1&0&2&1\\0&1&1&-1\\0&0&a-1&0\\0&0&0&b\end{array}\right)$．当 $a\neq1$，$b=0$

时，增广矩阵 $(\boldsymbol{A},\boldsymbol{b})\sim\left(\begin{array}{ccc|c}1&0&2&1\\0&1&1&-1\\0&0&a-1&0\\0&0&0&0\end{array}\right)$，此时 $R(\boldsymbol{A})=R(\boldsymbol{A},\boldsymbol{b})=3$，方程组有唯一解，其解为 $x_1=1$，$x_2=-1$，

$x_3=0$．当 $b\neq0$ 时，增广矩阵 $(\boldsymbol{A},\boldsymbol{b})\sim\left(\begin{array}{ccc|c}1&0&2&1\\0&1&1&-1\\0&0&a-1&0\\0&0&0&b\end{array}\right)$，此时 $R(\boldsymbol{A})<R(\boldsymbol{A},\boldsymbol{b})$，方程组无解．当 $a=1$，$b=0$ 时，

增广矩阵 $(\boldsymbol{A},\boldsymbol{b})\sim\left(\begin{array}{ccc|c}1&0&2&1\\0&1&1&-1\\0&0&0&0\\0&0&0&0\end{array}\right)$，此时 $R(\boldsymbol{A})=R(\boldsymbol{A},\boldsymbol{b})=2<3$，方程组有无限多解，其同解方程组为 $\begin{cases}x_1+2x_3=1,\\x_2+x_3=-1,\end{cases}$

即 $\begin{cases}x_1=-2x_3+1,\\x_2=-x_3-1,\end{cases}$ 其中 x_3 为自由未知数，令 $x_3=c$，于是方程组的通解为 $\begin{pmatrix}x_1\\x_2\\x_3\end{pmatrix}=c\begin{pmatrix}-2\\-1\\1\end{pmatrix}+\begin{pmatrix}1\\-1\\0\end{pmatrix}(c\in\mathbb{R})$．

20．**解**：增广矩阵 $(\boldsymbol{A},\boldsymbol{b})=\left(\begin{array}{ccc|c}k&k+3&1&-2\\1&k&1&k\\1&1&k&k^2\end{array}\right)\xrightarrow{r_1\leftrightarrow r_2}\left(\begin{array}{ccc|c}1&k&1&k\\k&k+3&1&-2\\1&1&k&k^2\end{array}\right)\xrightarrow[r_3-r_1]{r_2-kr_1}\left(\begin{array}{ccc|c}1&k&1&k\\0&-k^2+k+3&1-k&-2-k^2\\0&1-k&k-1&k(k-1)\end{array}\right)$．当

$k\neq1$ 时，增广矩阵 $(\boldsymbol{A},\boldsymbol{b})\sim\left(\begin{array}{ccc|c}1&k&1&k\\0&-k^2+k+3&1-k&-2-k^2\\0&1-k&k-1&k(k-1)\end{array}\right)\xrightarrow{\frac{1}{1-k}r_3}\left(\begin{array}{ccc|c}1&k&1&k\\0&-k^2+k+3&1-k&-2-k^2\\0&1&-1&-k\end{array}\right)\xrightarrow{r_2\leftrightarrow r_3}$

$\left(\begin{array}{ccc|c}1&k&1&k\\0&1&-1&-k\\0&-k^2+k+3&1-k&-2-k^2\end{array}\right)\xrightarrow{r_3-(-k^2+k+3)r_2}\left(\begin{array}{ccc|c}1&k&1&k\\0&1&-1&-k\\0&0&4-k^2&-k^3+3k-2\end{array}\right)$．当 $k=2$ 时，增广矩阵

$(\boldsymbol{A},\boldsymbol{b})\sim\left(\begin{array}{ccc|c}1&2&1&2\\0&1&-1&-2\\0&0&0&-4\end{array}\right)$，此时 $R(\boldsymbol{A})=2$，$R(\boldsymbol{A},\boldsymbol{b})=3$，$R(\boldsymbol{A})<R(\boldsymbol{A},\boldsymbol{b})$，方程组无解．当 $k=-2$ 时，增广矩阵

$(\boldsymbol{A},\boldsymbol{b})\sim\left(\begin{array}{ccc|c}1&-2&1&-2\\0&1&-1&2\\0&0&0&0\end{array}\right)\xrightarrow{r_1+2r_2}\left(\begin{array}{ccc|c}1&0&-1&2\\0&1&-1&2\\0&0&0&0\end{array}\right)$，此时 $R(\boldsymbol{A})=R(\boldsymbol{A},\boldsymbol{b})=2<3$，方程组有无限多解，其同解方程

组为 $\begin{cases}x_1-x_3=2,\\x_2-x_3=2,\end{cases}$ 即 $\begin{cases}x_1=x_3+2,\\x_2=x_3+2,\end{cases}$ 其中 x_3 为自由未知数，令 $x_3=c$，于是方程组的通解为

$\begin{pmatrix}x_1\\x_2\\x_3\end{pmatrix}=c\begin{pmatrix}1\\1\\1\end{pmatrix}+\begin{pmatrix}2\\2\\0\end{pmatrix}(c\in\mathbb{R})$．当 $k=1$ 时，增广矩阵 $(\boldsymbol{A},\boldsymbol{b})\sim\left(\begin{array}{ccc|c}1&1&1&1\\0&3&0&-3\\0&0&0&0\end{array}\right)\xrightarrow{\frac{1}{3}r_2,\ r_1-r_2}\left(\begin{array}{ccc|c}1&0&1&2\\0&1&0&-1\\0&0&0&0\end{array}\right)$，此时

$R(\boldsymbol{A})=R(\boldsymbol{A},\boldsymbol{b})=2<3$，方程组有无限多解，其同解方程组为 $\begin{cases}x_1+x_3=2,\\x_2=-1,\end{cases}$ 即 $\begin{cases}x_1=-x_3+2,\\x_2=-1,\end{cases}$ 其中 x_3 为自由未知数，

令 $x_3=c$，于是方程组的通解为 $\begin{pmatrix}x_1\\x_2\\x_3\end{pmatrix}=c\begin{pmatrix}-1\\0\\1\end{pmatrix}+\begin{pmatrix}2\\-1\\0\end{pmatrix}(c\in\mathbb{R})$．

期中测试 A 卷

一、单项选择题

1．C【解析】$\left|\frac{1}{2}\boldsymbol{A}^{\mathrm{T}}\right|=\left|\frac{1}{2}\boldsymbol{A}\right|=\frac{1}{2^3}|\boldsymbol{A}|=-\frac{3}{8}$．故选 C．

2．A【解析】将矩阵 $\boldsymbol{A}$ 代入关于 x 的方程 $ax^2+bx+c=0\ (c\neq0)$，得 $a\boldsymbol{A}^2+b\boldsymbol{A}+c\boldsymbol{E}=\boldsymbol{O}$，则 $(a\boldsymbol{A}+b\boldsymbol{E})\boldsymbol{A}=-c\boldsymbol{E}$，所以 $\boldsymbol{A}^{-1}=-\frac{a\boldsymbol{A}+b\boldsymbol{E}}{c}$．故选 A．

3．A【解析】由行列式的性质，得原式 $\overset{\substack{c_2+2c_1\\c_3-8c_1}}{=\!=\!=}\begin{vmatrix}a_1+b_1&10a_1&-6a_1\\a_2+b_2&10a_2&-6a_2\\a_3+b_3&10a_3&-6a_3\end{vmatrix}=0$．故选 A．

4．C【解析】$\boldsymbol{AC}+\boldsymbol{BC}=(\boldsymbol{A}+\boldsymbol{B})\boldsymbol{C}=\begin{pmatrix}0&2&4\\2&0&1\end{pmatrix}\begin{pmatrix}-1&1&4\\3&-2&1\\0&0&2\end{pmatrix}=\begin{pmatrix}6&-4&10\\-2&2&10\end{pmatrix}$．故选 C．

5．B【解析】（方法一）由对角线法则，得原式 $=3a-8+25+10-2a-30=a-3=0$，解得 $a=3$．故选 B．

（方法二）由行列式的性质，得原式 $\overset{\substack{r_2-r_1\\r_3-2r_1}}{=\!=\!=}\begin{vmatrix}1&2&5\\0&1&-7\\0&1&a-10\end{vmatrix}\overset{r_3-r_2}{=\!=\!=}\begin{vmatrix}1&2&5\\0&1&-7\\0&0&a-3\end{vmatrix}=a-3=0$，解得 $a=3$．故选 B．

6. D【解析】因为 $|\boldsymbol{A}|=\begin{vmatrix}1&-1&2\\0&1&-1\\2&1&0\end{vmatrix}=-1\neq0$，所以矩阵 $\boldsymbol{A}$ 可逆，$(\boldsymbol{A},\boldsymbol{E})=\left(\begin{array}{ccc|ccc}1&-1&2&1&0&0\\0&1&-1&0&1&0\\2&1&0&0&0&1\end{array}\right)\xrightarrow{r_3-2r_1}$

$\left(\begin{array}{ccc|ccc}1&-1&2&1&0&0\\0&1&-1&0&1&0\\0&3&-4&-2&0&1\end{array}\right)\xrightarrow[r_3-3r_2]{r_1+r_2}\left(\begin{array}{ccc|ccc}1&0&1&1&1&0\\0&1&-1&0&1&0\\0&0&-1&-2&-3&1\end{array}\right)\xrightarrow[r_2-r_3]{r_1+r_3}\left(\begin{array}{ccc|ccc}1&0&0&-1&-2&1\\0&1&0&2&4&-1\\0&0&-1&-2&-3&1\end{array}\right)\xrightarrow{-r_3}$

$\left(\begin{array}{ccc|ccc}1&0&0&-1&-2&1\\0&1&0&2&4&-1\\0&0&1&2&3&-1\end{array}\right)=(\boldsymbol{E},\boldsymbol{A}^{-1})$，所以 $\boldsymbol{A}^{-1}=\begin{pmatrix}-1&-2&1\\2&4&-1\\2&3&-1\end{pmatrix}$．故选 D.

思路点拨

本题也可以通过求伴随矩阵求逆矩阵.

7. D【解析】由行列式的性质，得原式 $\xlongequal{r_2+r_1}\begin{vmatrix}1&a&0&0\\0&1&a&0\\0&-1&1-a&a\\0&0&-1&1-a\end{vmatrix}=\begin{vmatrix}1&a&0\\-1&1-a&a\\0&-1&1-a\end{vmatrix}\xlongequal{r_2+r_1}\begin{vmatrix}1&a&0\\0&1&a\\0&-1&1-a\end{vmatrix}=\begin{vmatrix}1&a\\-1&1-a\end{vmatrix}=1$．故选 D.

8. C【解析】增广矩阵 $(\boldsymbol{A},\boldsymbol{b})=\left(\begin{array}{cccc|c}1&2&-1&3&1\\2&1&4&3&5\\0&a&2&-1&6\end{array}\right)\xrightarrow{r_2-2r_1}\left(\begin{array}{cccc|c}1&2&-1&3&1\\0&-3&6&-3&3\\0&a&2&-1&6\end{array}\right)\xrightarrow{-\frac{1}{3}r_2}\left(\begin{array}{cccc|c}1&2&-1&3&1\\0&1&-2&1&-1\\0&a&2&-1&6\end{array}\right)\xrightarrow[r_3-ar_2]{r_1-2r_2}$

$\left(\begin{array}{cccc|c}1&0&3&1&3\\0&1&-2&1&-1\\0&0&2(1+a)&-(1+a)&6+a\end{array}\right)$，因为非齐次线性方程组无解，则 $R(A)<R(\boldsymbol{A},\boldsymbol{b})$，所以 $1+a=0$，解得 $a=-1$．故选 C.

二、填空题

9. $\begin{pmatrix}2&-6\\1&3\end{pmatrix}$【解析】求二阶方阵的伴随矩阵，可简述为“主对调，副换号”，从而 $\boldsymbol{A}^*=\begin{pmatrix}2&-6\\1&3\end{pmatrix}$.

10. 1【解析】因为 $|\boldsymbol{A}|=\begin{vmatrix}1&2\\0&3\end{vmatrix}=3\neq0$，则矩阵 $\boldsymbol{A}$ 可逆，所以 $R(\boldsymbol{AB})=R(\boldsymbol{B})$．又 $\boldsymbol{B}=\boldsymbol{A}-\boldsymbol{E}=\begin{pmatrix}0&2\\0&2\end{pmatrix}\xrightarrow{r_2-r_1}\begin{pmatrix}0&2\\0&0\end{pmatrix}$，则 $R(\boldsymbol{AB})=R(\boldsymbol{B})=1$.

11. $\begin{pmatrix}1&\frac{1}{2}&0\\-\frac{1}{2}&1&0\\0&0&2\end{pmatrix}$【解析】由方程 $\boldsymbol{AB}-\boldsymbol{B}=\boldsymbol{A}$，得 $\boldsymbol{A}(\boldsymbol{B}-\boldsymbol{E})=\boldsymbol{B}$，因为 $|\boldsymbol{B}-\boldsymbol{E}|=\begin{vmatrix}0&-2&0\\2&0&0\\0&0&1\end{vmatrix}=4$，则矩阵 $\boldsymbol{B}-\boldsymbol{E}$ 可逆，

所以 $\boldsymbol{A}=\boldsymbol{B}(\boldsymbol{B}-\boldsymbol{E})^{-1}=\dfrac{\boldsymbol{B}(\boldsymbol{B}-\boldsymbol{E})^*}{|\boldsymbol{B}-\boldsymbol{E}|}=\dfrac{1}{4}\begin{pmatrix}1&-2&0\\2&1&0\\0&0&2\end{pmatrix}\begin{pmatrix}0&2&0\\-2&0&0\\0&0&4\end{pmatrix}=\begin{pmatrix}1&\frac{1}{2}&0\\-\frac{1}{2}&1&0\\0&0&2\end{pmatrix}$.

12. 64【解析】因为 $\boldsymbol{A}$ 与 $\boldsymbol{B}$ 均为三阶方阵，令矩阵 $\boldsymbol{P}=\begin{pmatrix}1&0&0\\0&1&0\\1&0&1\end{pmatrix}$，则 $\boldsymbol{PA}=\boldsymbol{B}$ 相当于将矩阵 $\boldsymbol{A}$ 中第 1 行加到第 3 行得到矩阵 $\boldsymbol{B}$，故 $|\boldsymbol{A}^*\boldsymbol{B}|=|\boldsymbol{A}^*\boldsymbol{PA}|=|\boldsymbol{A}^*||\boldsymbol{P}||\boldsymbol{A}|=|\boldsymbol{A}|^3|\boldsymbol{P}|=4^3\begin{vmatrix}1&0&0\\0&1&0\\1&0&1\end{vmatrix}=64$.

13. $m^3(m-10)$【解析】该行列式每行的和相同，由行列式的性质，得原式 $\xlongequal{c_1+c_2+c_3+c_4}\begin{vmatrix}10-m&2&3&4\\10-m&2-m&3&4\\10-m&2&3-m&4\\10-m&2&3&4-m\end{vmatrix}=$

$(10-m)\begin{vmatrix}1&2&3&4\\1&2-m&3&4\\1&2&3-m&4\\1&2&3&4-m\end{vmatrix}\xlongequal[r_4-r_1]{r_2-r_1,\ r_3-r_1}(10-m)\begin{vmatrix}1&2&3&4\\0&-m&0&0\\0&0&-m&0\\0&0&0&-m\end{vmatrix}=m^3(m-10)$.

14. 19【解析】由伴随矩阵的性质 $\boldsymbol{AA}^*=\boldsymbol{A}^*\boldsymbol{A}=|\boldsymbol{A}|\boldsymbol{E}$，得 $\boldsymbol{A}^*=|\boldsymbol{A}|\boldsymbol{A}^{-1}$，其中 $|\boldsymbol{A}|=\begin{vmatrix}1&0&0\\0&3&0\\0&0&4\end{vmatrix}=12$，$\boldsymbol{A}^{-1}=\begin{pmatrix}1&0&0\\0&\frac{1}{3}&0\\0&0&\frac{1}{4}\end{pmatrix}$，

故 $\boldsymbol{A}^*=|\boldsymbol{A}|\boldsymbol{A}^{-1}=12\begin{pmatrix}1&0&0\\0&\frac{1}{3}&0\\0&0&\frac{1}{4}\end{pmatrix}=\begin{pmatrix}12&0&0\\0&4&0\\0&0&3\end{pmatrix}$，从而行列式 $|\boldsymbol{A}|$ 中所有元素的代数余子式之和为 $12+4+3=19$.

三、解答题

15. 解：矩阵 $\boldsymbol{A}+\boldsymbol{B}=\begin{pmatrix}1&-1&2\\3&2&1\\1&-2&0\end{pmatrix}+\begin{pmatrix}1&-1&2\\0&5&-5\\0&-1&-2\end{pmatrix}=\begin{pmatrix}2&-2&4\\3&7&-4\\1&-3&-2\end{pmatrix}$，则 $|\boldsymbol{A}+\boldsymbol{B}|=\begin{vmatrix}2&-2&4\\3&7&-4\\1&-3&-2\end{vmatrix}=-28+8-36-24-12-28=-120$.

16. 解：矩阵 $\boldsymbol{AB}=\begin{pmatrix}1&0&2&-1\\0&0&1&0\\0&0&0&3\end{pmatrix}\begin{pmatrix}3&1\\2&1\\1&-1\\0&2\end{pmatrix}=\begin{pmatrix}5&-3\\1&-1\\0&6\end{pmatrix}$．因为 $\boldsymbol{AB}=\begin{pmatrix}5&-3\\1&-1\\0&6\end{pmatrix}\xrightarrow[\frac{1}{6}r_3]{r_1\leftrightarrow r_2}\begin{pmatrix}1&-1\\5&-3\\0&1\end{pmatrix}\xrightarrow[r_3-\frac{1}{2}r_2]{r_2-5r_1}\begin{pmatrix}1&-1\\0&2\\0&0\end{pmatrix}$，所以 $R(\boldsymbol{AB})=2$.

17. 解：$\begin{pmatrix}4&1&-2&1&-3\\2&2&1&2&2\\3&1&-1&3&-1\end{pmatrix}\xrightarrow{r_1-r_3}\begin{pmatrix}1&0&-1&-2&-2\\2&2&1&2&2\\3&1&-1&3&-1\end{pmatrix}\xrightarrow[r_3-3r_1]{r_2-2r_1}\begin{pmatrix}1&0&-1&-2&-2\\0&2&3&6&6\\0&1&2&9&5\end{pmatrix}\xrightarrow[r_3-2r_2]{r_2\leftrightarrow r_3}\begin{pmatrix}1&0&-1&-2&-2\\0&1&2&9&5\\0&0&-1&-12&-4\end{pmatrix}$.

18. 解：$\boldsymbol{A}=\begin{pmatrix}2&-1&3&1\\4&2&5&b\\2&0&a&6\end{pmatrix}\xrightarrow[r_3-r_1]{r_2-2r_1}\begin{pmatrix}2&-1&3&1\\0&4&-1&b-2\\0&1&a-3&5\end{pmatrix}$，因为 $R(\boldsymbol{A})=2$，所以 $\dfrac{4}{1}=\dfrac{-1}{a-3}=\dfrac{b-2}{5}$，解得 $a=\dfrac{11}{4}$，$b=22$.

19. 解：增广矩阵 $(\boldsymbol{A},\boldsymbol{b})=\left(\begin{array}{ccc|c}1&2&1&1\\2&3&a+2&3\\1&a&-2&0\end{array}\right)\xrightarrow[r_3-r_1]{r_2-2r_1}\left(\begin{array}{ccc|c}1&2&1&1\\0&-1&a&1\\0&a-2&-3&-1\end{array}\right)\xrightarrow[-r_2]{r_3+(a-2)r_2}\left(\begin{array}{ccc|c}1&2&1&1\\0&1&-a&-1\\0&0&(a-3)(a+1)&a-3\end{array}\right)$．当 $a\neq-1$ 且 $a\neq3$ 时，增广矩阵 $(\boldsymbol{A},\boldsymbol{b})\sim\left(\begin{array}{ccc|c}1&2&1&1\\0&1&-a&-1\\0&0&(a-3)(a+1)&a-3\end{array}\right)$，$R(\boldsymbol{A})=R(\boldsymbol{A},\boldsymbol{b})=3$，方程组有唯一解，其解为 $x_1=\dfrac{a+2}{a+1}$，$x_2=\dfrac{-1}{a+1}$，$x_3=\dfrac{1}{a+1}$．当 $a=-1$ 时，增广矩阵 $(\boldsymbol{A},\boldsymbol{b})\sim\left(\begin{array}{ccc|c}1&2&1&1\\0&1&1&-1\\0&0&0&-4\end{array}\right)$，此时 $R(\boldsymbol{A})=2$，$R(\boldsymbol{A},\boldsymbol{b})=3$，$R(\boldsymbol{A})<R(\boldsymbol{A},\boldsymbol{b})$，方程组无解．当 $a=3$ 时，增广矩阵 $(\boldsymbol{A},\boldsymbol{b})\sim\left(\begin{array}{ccc|c}1&2&1&1\\0&1&-3&-1\\0&0&0&0\end{array}\right)\xrightarrow{r_1-2r_2}\left(\begin{array}{ccc|c}1&0&7&3\\0&1&-3&-1\\0&0&0&0\end{array}\right)$，此时

$R(\boldsymbol{A})=R(\boldsymbol{A},\boldsymbol{b})=2<3$，方程组有无限多解，其同解方程组为$\begin{cases}x_1+7x_3=3,\\x_2-3x_3=-1,\end{cases}$ 即$\begin{cases}x_1=-7x_3+3,\\x_2=3x_3-1,\end{cases}$ 其中 x_3 为自由未知数，令 $x_3=c$，于是方程组的通解为$\begin{pmatrix}x_1\\x_2\\x_3\end{pmatrix}=c\begin{pmatrix}-7\\3\\1\end{pmatrix}+\begin{pmatrix}3\\-1\\0\end{pmatrix}(c\in\mathbb{R})$.

20．**解**：（1）因为初等变换不改变矩阵的秩，所以 $R(\boldsymbol{A})=R(\boldsymbol{B})$．对矩阵 $\boldsymbol{A}$ 作初等变换，$\boldsymbol{A}=\begin{pmatrix}1&2&a\\1&3&0\\2&7&-a\end{pmatrix}\xrightarrow[r_3-2r_1]{r_2-r_1}\begin{pmatrix}1&2&a\\0&1&-a\\0&3&-3a\end{pmatrix}\xrightarrow{r_3-3r_2}\begin{pmatrix}1&2&a\\0&1&-a\\0&0&0\end{pmatrix}$，则 $R(\boldsymbol{A})=2$，所以 $R(\boldsymbol{B})=2$．对矩阵 $\boldsymbol{B}$ 作初等变换，$\boldsymbol{B}=\begin{pmatrix}1&a&2\\0&1&1\\-1&1&1\end{pmatrix}\xrightarrow{r_3+r_1}\begin{pmatrix}1&a&2\\0&1&1\\0&a+1&3\end{pmatrix}\xrightarrow{r_3-(a+1)r_2}\begin{pmatrix}1&a&2\\0&1&1\\0&0&2-a\end{pmatrix}$，所以 $a=2$．

（2）由（1）可知 $a=2$，则方程组的系数矩阵 $\boldsymbol{A}=\begin{pmatrix}1&2&2\\1&3&0\\2&7&-2\end{pmatrix}$，增广矩阵 $(\boldsymbol{A},\boldsymbol{b})=\left(\begin{array}{ccc|c}1&2&2&1\\1&3&0&2\\2&7&-2&5\end{array}\right)\xrightarrow[r_3-2r_1]{r_2-r_1}\left(\begin{array}{ccc|c}1&2&2&1\\0&1&-2&1\\0&3&-6&3\end{array}\right)\xrightarrow[r_3-3r_2]{r_1-2r_2}\left(\begin{array}{ccc|c}1&0&6&-1\\0&1&-2&1\\0&0&0&0\end{array}\right)$，则 $R(\boldsymbol{A})=2<3$，方程组有无限多解，其同解方程组为$\begin{cases}x_1+6x_3=-1,\\x_2-2x_3=1,\end{cases}$ 即 $\begin{cases}x_1=-6x_3-1,\\x_2=2x_3+1,\end{cases}$ 其中 x_3 为自由未知数，令 $x_3=c$，于是方程组的通解为$\begin{pmatrix}x_1\\x_2\\x_3\end{pmatrix}=c\begin{pmatrix}-6\\2\\1\end{pmatrix}+\begin{pmatrix}-1\\1\\0\end{pmatrix}(c\in\mathbb{R})$.

期中测试 B 卷

一、单项选择题

1．C【解析】因为非齐次线性方程组 $\boldsymbol{Ax}=\boldsymbol{b}$ 有唯一解，则 $R(\boldsymbol{A})=R(\boldsymbol{A},\boldsymbol{b})=n$，所以必有 $R(\boldsymbol{A})=n$．故选 C.

2．D【解析】（方法一）用 1，1，1 替换行列式 D 中第 3 行元素，得 $A_{31}+A_{32}+A_{33}=\begin{vmatrix}1&4&5\\1&2&6\\1&1&1\end{vmatrix}\overset{r_1\leftrightarrow r_3}{=\!=}-\begin{vmatrix}1&1&1\\1&2&6\\1&4&5\end{vmatrix}\overset{r_2-r_1,\ r_3-r_1}{=\!=}-\begin{vmatrix}1&1&1\\0&1&5\\0&3&4\end{vmatrix}\overset{r_3-3r_2}{=\!=}-\begin{vmatrix}1&1&1\\0&1&5\\0&0&-11\end{vmatrix}=11$．故选 D.

（方法二）根据余子式和代数余子式的关系可知，$A_{31}+A_{32}+A_{33}=M_{31}-M_{32}+M_{33}=\begin{vmatrix}4&5\\2&6\end{vmatrix}-\begin{vmatrix}1&5\\1&6\end{vmatrix}+\begin{vmatrix}1&4\\1&2\end{vmatrix}=14-1-2=11$．故选 D.

3．C【解析】根据行列式展开法则，将行列式按第 1 行展开，得原式$=\begin{vmatrix}1&0&0\\a&1&0\\0&a&1\end{vmatrix}-a\begin{vmatrix}a&1&0\\0&a&1\\0&0&a\end{vmatrix}=1-a^4$．故选 C.

4．C【解析】由伴随矩阵的性质 $\boldsymbol{AA}^*=|\boldsymbol{A}|\boldsymbol{E}$，得 $\dfrac{\boldsymbol{A}}{|\boldsymbol{A}|}\boldsymbol{A}^*=\boldsymbol{E}$，则 $(\boldsymbol{A}^*)^{-1}=\dfrac{\boldsymbol{A}}{|\boldsymbol{A}|}$，又因为 $(\boldsymbol{A}^*)^{-1}=(\boldsymbol{A}^{-1})^*$，且 $|\boldsymbol{A}|=\begin{vmatrix}1&1&1\\0&2&1\\0&0&3\end{vmatrix}=6$，所以 $(\boldsymbol{A}^{-1})^*=\dfrac{\boldsymbol{A}}{|\boldsymbol{A}|}=\dfrac{\boldsymbol{A}}{6}$．故选 C.

5．C【解析】（方法一）由行列式的性质，得原式 $\overset{c_1-5c_2-9c_3+c_4}{=\!=\!=}\begin{vmatrix}-23&4&2&8\\0&1&0&0\\0&0&1&0\\0&0&0&-1\end{vmatrix}=23$．故选 C.

（方法二）根据行列式展开法则，将行列式按第 4 行展开，得原式$=-\begin{vmatrix}4&2&8\\1&0&0\\0&1&0\end{vmatrix}-\begin{vmatrix}7&4&2\\5&1&0\\9&0&1\end{vmatrix}=-8+31=23$．故选 C.

6．A【解析】令矩阵 $\boldsymbol{P}=\begin{pmatrix}0&1\\1&0\end{pmatrix}$，则 $\boldsymbol{PA}=\boldsymbol{B}$ 相当于将矩阵 $\boldsymbol{A}$ 的第 1 行与第 2 行互换得到矩阵 $\boldsymbol{B}$；令矩阵 $\boldsymbol{Q}=\begin{pmatrix}1&1\\0&1\end{pmatrix}$，则 $\boldsymbol{QB}=\boldsymbol{E}$ 相当于将矩阵 $\boldsymbol{B}$ 的第 2 行加到第 1 行得到单位矩阵 $\boldsymbol{E}$，故 $\boldsymbol{QPA}=\boldsymbol{E}$，从而 $\boldsymbol{A}=\boldsymbol{P}^{-1}\boldsymbol{Q}^{-1}=\begin{pmatrix}0&1\\1&0\end{pmatrix}^{-1}\begin{pmatrix}1&1\\0&1\end{pmatrix}^{-1}=\begin{pmatrix}0&1\\1&0\end{pmatrix}\begin{pmatrix}1&-1\\0&1\end{pmatrix}=\begin{pmatrix}0&1\\1&-1\end{pmatrix}$．故选 A.

7．B【解析】因为 $\boldsymbol{A}$，$\boldsymbol{B}$ 均为四阶非零方阵，则 $1\leqslant R(\boldsymbol{A})\leqslant 4$，$1\leqslant R(\boldsymbol{B})\leqslant 4$，所以 $2\leqslant R(\boldsymbol{A})+R(\boldsymbol{B})\leqslant 8$．又因为 $\boldsymbol{AB}=\boldsymbol{O}$，则 $R(\boldsymbol{A})+R(\boldsymbol{B})\leqslant 4$，所以 $2\leqslant R(\boldsymbol{A})+R(\boldsymbol{B})\leqslant 4$，即 $2\leqslant r\leqslant 4$．故选 B.

思路点拨

本题运用了矩阵秩的性质：若 $\boldsymbol{A}_{m\times n}\boldsymbol{B}_{n\times l}=\boldsymbol{O}$，则 $R(\boldsymbol{A})+R(\boldsymbol{B})\leqslant n$．

8．A【解析】增广矩阵 $(\boldsymbol{A},\boldsymbol{b})=\left(\begin{array}{cccc|c}1&-1&0&0&1\\0&1&1&0&a\\0&0&1&-1&0\\1&0&0&1&b\end{array}\right)\xrightarrow{r_4-r_1}\left(\begin{array}{cccc|c}1&-1&0&0&1\\0&1&1&0&a\\0&0&1&-1&0\\0&1&0&1&b-1\end{array}\right)\xrightarrow{r_4-r_2}\left(\begin{array}{cccc|c}1&-1&0&0&1\\0&1&1&0&a\\0&0&1&-1&0\\0&0&-1&1&b-a-1\end{array}\right)\xrightarrow{r_4+r_3}\left(\begin{array}{cccc|c}1&-1&0&0&1\\0&1&1&0&a\\0&0&1&-1&0\\0&0&0&0&b-a-1\end{array}\right)$，因为方程组有解，则 $R(\boldsymbol{A})=R(\boldsymbol{A},\boldsymbol{b})=3$，所以 $b-a=1$．故选 A.

二、填空题

9．6【解析】由行列式的性质，得原式 $\overset{r_1-r_2-r_3-r_4}{=\!=\!=}\begin{vmatrix}1&0&0&0\\1&3&0&0\\1&0&2&0\\1&0&0&1\end{vmatrix}=6$.

10．-3【解析】$\boldsymbol{B}=\begin{pmatrix}1&2&0\\0&-1&3\\2&0&12\end{pmatrix}\xrightarrow{r_3-2r_1}\begin{pmatrix}1&2&0\\0&-1&3\\0&-4&12\end{pmatrix}\xrightarrow{r_3-4r_2}\begin{pmatrix}1&2&0\\0&-1&3\\0&0&0\end{pmatrix}$，则 $R(\boldsymbol{A})=R(\boldsymbol{B})=2$，对矩阵 $\boldsymbol{A}$ 作初等行变换，$\boldsymbol{A}=\begin{pmatrix}1&1&2\\-1&1&0\\0&-3&t\\3&4&7\end{pmatrix}\xrightarrow[r_4-3r_1]{r_2+r_1}\begin{pmatrix}1&1&2\\0&2&2\\0&-3&t\\0&1&1\end{pmatrix}\xrightarrow{\frac{1}{2}r_2,\ r_3+3r_2,\ r_4-r_2}\begin{pmatrix}1&1&2\\0&1&1\\0&0&t+3\\0&0&0\end{pmatrix}$，所以 $t=-3$.

11．1【解析】$\boldsymbol{A}^2=\begin{pmatrix}0&1&0&0\\0&0&1&0\\0&0&0&1\\0&0&0&0\end{pmatrix}\begin{pmatrix}0&1&0&0\\0&0&1&0\\0&0&0&1\\0&0&0&0\end{pmatrix}=\begin{pmatrix}0&0&1&0\\0&0&0&1\\0&0&0&0\\0&0&0&0\end{pmatrix}$，$\boldsymbol{A}^3=\begin{pmatrix}0&0&1&0\\0&0&0&1\\0&0&0&0\\0&0&0&0\end{pmatrix}\begin{pmatrix}0&1&0&0\\0&0&1&0\\0&0&0&1\\0&0&0&0\end{pmatrix}=\begin{pmatrix}0&0&0&1\\0&0&0&0\\0&0&0&0\\0&0&0&0\end{pmatrix}$，所以 $R(\boldsymbol{A}^3)=1$.

12. 11【解析】根据行列式展开法则，将行列式按第 1 行展开，得 $A_{11}-A_{12}=|\boldsymbol{A}|=\begin{vmatrix}1&-1&0&0\\2&1&2&1\\-3&2&1&-1\\0&0&3&1\end{vmatrix}\overset{c_2+c_1}{=\!=\!=}\begin{vmatrix}1&0&0&0\\2&3&2&1\\-3&-1&1&-1\\0&0&3&1\end{vmatrix}=$

$\begin{vmatrix}3&2&1\\-1&1&-1\\0&3&1\end{vmatrix}\overset{c_1+c_2}{\underset{c_3+c_2}{=\!=\!=}}\begin{vmatrix}5&2&3\\0&1&0\\3&3&4\end{vmatrix}=\begin{vmatrix}5&3\\3&4\end{vmatrix}=11$.

13. $\dfrac{\sqrt{3}}{3}$【解析】由 $\boldsymbol{A}^*=\boldsymbol{A}^{\mathrm{T}}$，得 $a_{ij}=A_{ij}$，i，$j=1$，2，3，结合伴随矩阵的性质 $\boldsymbol{AA}^*=\boldsymbol{A}^*\boldsymbol{A}=|\boldsymbol{A}|\boldsymbol{E}$，得 $|\boldsymbol{AA}^*|=|\boldsymbol{AA}^{\mathrm{T}}|=\big||\boldsymbol{A}|\boldsymbol{E}\big|$，即 $|\boldsymbol{A}|^2=|\boldsymbol{A}|^3$，解得 $|\boldsymbol{A}|=0$ 或 1．又因为 $|\boldsymbol{A}|=a_{11}A_{11}+a_{12}A_{12}+a_{13}A_{13}=a_{11}^2+a_{12}^2+a_{13}^2=3a^2$，所以 $3a^2=1$，解得 $a_1=-\dfrac{\sqrt{3}}{3}$（舍去），$a_2=\dfrac{\sqrt{3}}{3}$．

14. $\begin{pmatrix}15&-15&0&0\\-30&-45&0&0\\0&0&-20&-15\\0&0&-5&15\end{pmatrix}$【解析】分块矩阵 $\begin{pmatrix}\boldsymbol{A}^*&\boldsymbol{O}\\\boldsymbol{O}&\boldsymbol{B}^*\end{pmatrix}$ 的行列式 $\begin{vmatrix}\boldsymbol{A}^*&\boldsymbol{O}\\\boldsymbol{O}&\boldsymbol{B}^*\end{vmatrix}=|\boldsymbol{A}^*||\boldsymbol{B}^*|$，其中 $|\boldsymbol{A}^*|=|\boldsymbol{A}|=\begin{vmatrix}-1&1\\2&3\end{vmatrix}=-5$，$|\boldsymbol{B}^*|=|\boldsymbol{B}|=\begin{vmatrix}4&3\\1&-3\end{vmatrix}=-15$，则分块矩阵可逆，所以 $\begin{pmatrix}\boldsymbol{A}^*&\boldsymbol{O}\\\boldsymbol{O}&\boldsymbol{B}^*\end{pmatrix}^*=\begin{vmatrix}\boldsymbol{A}^*&\boldsymbol{O}\\\boldsymbol{O}&\boldsymbol{B}^*\end{vmatrix}\begin{pmatrix}\boldsymbol{A}^*&\boldsymbol{O}\\\boldsymbol{O}&\boldsymbol{B}^*\end{pmatrix}^{-1}=|\boldsymbol{A}^*||\boldsymbol{B}^*|\begin{pmatrix}(\boldsymbol{A}^*)^{-1}&\boldsymbol{O}\\\boldsymbol{O}&(\boldsymbol{B}^*)^{-1}\end{pmatrix}=$

$\begin{pmatrix}|\boldsymbol{A}^*|(\boldsymbol{A}^*)^{-1}|\boldsymbol{B}^*|&\boldsymbol{O}\\\boldsymbol{O}&|\boldsymbol{B}^*|(\boldsymbol{B}^*)^{-1}|\boldsymbol{A}^*|\end{pmatrix}=\begin{pmatrix}(\boldsymbol{A}^*)^*|\boldsymbol{B}^*|&\boldsymbol{O}\\\boldsymbol{O}&(\boldsymbol{B}^*)^*|\boldsymbol{A}^*|\end{pmatrix}=\begin{pmatrix}\boldsymbol{A}|\boldsymbol{B}^*|&\boldsymbol{O}\\\boldsymbol{O}&\boldsymbol{B}|\boldsymbol{A}^*|\end{pmatrix}=\begin{pmatrix}-15\boldsymbol{A}&\boldsymbol{O}\\\boldsymbol{O}&-5\boldsymbol{B}\end{pmatrix}=$

$\begin{pmatrix}15&-15&0&0\\-30&-45&0&0\\0&0&-20&-15\\0&0&-5&15\end{pmatrix}$.

思路点拨

本题运用了 $(\boldsymbol{A}^*)^*=|\boldsymbol{A}|^{n-2}\boldsymbol{A}$，其推导过程如下．由伴随矩阵的性质 $\boldsymbol{AA}^*=\boldsymbol{A}^*\boldsymbol{A}=|\boldsymbol{A}|\boldsymbol{E}$，得 $\boldsymbol{A}^*=|\boldsymbol{A}|\boldsymbol{A}^{-1}$，所以 $(\boldsymbol{A}^*)^*=|\boldsymbol{A}^*|(\boldsymbol{A}^*)^{-1}=\big||\boldsymbol{A}|\boldsymbol{A}^{-1}\big|(|\boldsymbol{A}|\boldsymbol{A}^{-1})^{-1}=|\boldsymbol{A}|^n|\boldsymbol{A}|^{-1}|\boldsymbol{A}|^{-1}\boldsymbol{A}=|\boldsymbol{A}|^{n-2}\boldsymbol{A}$．

三、解答题

15. 解：$\boldsymbol{A}=\begin{pmatrix}3&-2&0&-1\\0&2&2&1\\1&-2&-3&-2\\0&1&2&1\end{pmatrix}\xrightarrow[r_2\leftrightarrow r_4]{r_1\leftrightarrow r_3}\begin{pmatrix}1&-2&-3&-2\\0&1&2&1\\3&-2&0&-1\\0&2&2&1\end{pmatrix}\xrightarrow{r_3-3r_1}\begin{pmatrix}1&-2&-3&-2\\0&1&2&1\\0&4&9&5\\0&2&2&1\end{pmatrix}\xrightarrow[\substack{r_3-4r_2\\r_4-2r_2}]{r_1+2r_2}\begin{pmatrix}1&0&1&0\\0&1&2&1\\0&0&1&1\\0&0&-2&-1\end{pmatrix}\xrightarrow[\substack{r_2-2r_3\\r_4+2r_3}]{r_1-r_3}$

$\begin{pmatrix}1&0&0&-1\\0&1&0&-1\\0&0&1&1\\0&0&0&1\end{pmatrix}\xrightarrow[\substack{r_2+r_4\\r_3-r_4}]{r_1+r_4}\begin{pmatrix}1&0&0&0\\0&1&0&0\\0&0&1&0\\0&0&0&1\end{pmatrix}$.

16. 解：$\boldsymbol{PA}=\begin{pmatrix}0&1&0\\1&0&0\\0&0&1\end{pmatrix}\begin{pmatrix}2&9&-1\\1&3&4\\0&5&0\end{pmatrix}=\begin{pmatrix}1&3&4\\2&9&-1\\0&5&0\end{pmatrix}$，$\boldsymbol{AP}=\begin{pmatrix}2&9&-1\\1&3&4\\0&5&0\end{pmatrix}\begin{pmatrix}0&1&0\\1&0&0\\0&0&1\end{pmatrix}=\begin{pmatrix}9&2&-1\\3&1&4\\5&0&0\end{pmatrix}$，$\boldsymbol{QA}=\begin{pmatrix}1&0&0\\0&1&0\\0&0&-6\end{pmatrix}$

$\begin{pmatrix}2&9&-1\\1&3&4\\0&5&0\end{pmatrix}=\begin{pmatrix}2&9&-1\\1&3&4\\0&-30&0\end{pmatrix}$，$\boldsymbol{AQ}=\begin{pmatrix}2&9&-1\\1&3&4\\0&5&0\end{pmatrix}\begin{pmatrix}1&0&0\\0&1&0\\0&0&-6\end{pmatrix}=\begin{pmatrix}2&9&6\\1&3&-24\\0&5&0\end{pmatrix}$，$\boldsymbol{RA}=\begin{pmatrix}1&0&0\\0&1&-3\\0&0&1\end{pmatrix}\begin{pmatrix}2&9&-1\\1&3&4\\0&5&0\end{pmatrix}=$

$\begin{pmatrix}2&9&-1\\1&-12&4\\0&5&0\end{pmatrix}$，$\boldsymbol{AR}=\begin{pmatrix}2&9&-1\\1&3&4\\0&5&0\end{pmatrix}\begin{pmatrix}1&0&0\\0&1&-3\\0&0&1\end{pmatrix}=\begin{pmatrix}2&9&-28\\1&3&-5\\0&5&-15\end{pmatrix}$.

17. 解：因为 $|\boldsymbol{A}|=\begin{vmatrix}2&0&0\\0&1&0\\0&3&1\end{vmatrix}=2\neq0$，则矩阵 $\boldsymbol{A}$ 可逆，所以 $\boldsymbol{X}=\boldsymbol{A}^{-1}(\boldsymbol{A}-2\boldsymbol{E})=\begin{pmatrix}\frac{1}{2}&0&0\\0&1&0\\0&-3&1\end{pmatrix}\begin{pmatrix}0&0&0\\0&-1&0\\0&3&-1\end{pmatrix}=\begin{pmatrix}0&0&0\\0&-1&0\\0&6&-1\end{pmatrix}$.

18. 证明：存在 m 阶可逆方阵 $\boldsymbol{P}$ 和 n 阶可逆方阵 $\boldsymbol{Q}$，满足方程 $\boldsymbol{PAQ}=\begin{pmatrix}\boldsymbol{E}_r&\boldsymbol{O}\\\boldsymbol{O}&\boldsymbol{O}\end{pmatrix}$，方程两边同时右乘 $\boldsymbol{Q}^{-1}$，并将 $\boldsymbol{Q}^{-1}$ 分块为 $\boldsymbol{Q}^{-1}=\begin{pmatrix}\boldsymbol{Q}_1\\\boldsymbol{Q}_2\end{pmatrix}$，其中 $\boldsymbol{Q}_1$ 有 r 行的元素，于是 $\boldsymbol{PA}=\begin{pmatrix}\boldsymbol{E}_r&\boldsymbol{O}\\\boldsymbol{O}&\boldsymbol{O}\end{pmatrix}\begin{pmatrix}\boldsymbol{Q}_1\\\boldsymbol{Q}_2\end{pmatrix}=\begin{pmatrix}\boldsymbol{Q}_1\\\boldsymbol{O}\end{pmatrix}$，故存在可逆方阵 $\boldsymbol{P}$，使矩阵 $\boldsymbol{PA}$ 的后 $m-r$ 行全为 0，得证．

19. 解：增广矩阵 $(\boldsymbol{A},\boldsymbol{b})=\left(\begin{array}{cccc|c}1&1&2&3&1\\2&3&5&2&-3\\3&-1&-1&-2&-4\\3&5&2&-2&-10\end{array}\right)\xrightarrow[\substack{r_3-3r_1\\r_4-3r_1}]{r_2-2r_1}\left(\begin{array}{cccc|c}1&1&2&3&1\\0&1&1&-4&-5\\0&-4&-7&-11&-7\\0&2&-4&-11&-13\end{array}\right)\xrightarrow[\substack{r_3+4r_2\\r_4-2r_2}]{r_1-r_2}\left(\begin{array}{cccc|c}1&0&1&7&6\\0&1&1&-4&-5\\0&0&-3&-27&-27\\0&0&-6&-3&-3\end{array}\right)$

$\xrightarrow{-\frac{1}{3}r_3}\left(\begin{array}{cccc|c}1&0&1&7&6\\0&1&1&-4&-5\\0&0&1&9&9\\0&0&-6&-3&-3\end{array}\right)\xrightarrow[\substack{r_2-r_3\\r_4+6r_3}]{r_1-r_3}\left(\begin{array}{cccc|c}1&0&0&-2&-3\\0&1&0&-13&-14\\0&0&1&9&9\\0&0&0&51&51\end{array}\right)\xrightarrow[\substack{r_1+2r_4\\r_2+13r_4\\r_3-9r_4}]{\frac{1}{51}r_4}\left(\begin{array}{cccc|c}1&0&0&0&-1\\0&1&0&0&-1\\0&0&1&0&0\\0&0&0&1&1\end{array}\right)$，$R(\boldsymbol{A})=R(\boldsymbol{A},\boldsymbol{b})=4$，则方程组有唯一解，其解为 $x_1=-1$，$x_2=-1$，$x_3=0$，$x_4=1$．

20. 解：$\boldsymbol{A}$ 为 4 行 3 列的矩阵，且 $\boldsymbol{AB}=\boldsymbol{O}$，则 $R(\boldsymbol{A})+R(\boldsymbol{B})\leqslant3$，由 $\boldsymbol{B}\neq\boldsymbol{O}$，得 $R(\boldsymbol{B})\geqslant1$，故 $R(\boldsymbol{A})\leqslant2$，对 $\boldsymbol{A}$ 作初等行变换，$\boldsymbol{A}=\begin{pmatrix}1&1&a\\1&a&1\\a&1&1\\2&a+1&a+3\end{pmatrix}\xrightarrow[\substack{r_3-ar_1\\r_4-2r_1}]{r_2-r_1}\begin{pmatrix}1&1&a\\0&a-1&1-a\\0&1-a&1-a^2\\0&a-1&-a+3\end{pmatrix}\xrightarrow[r_4-r_2]{r_3+r_2}\begin{pmatrix}1&1&a\\0&a-1&1-a\\0&0&(1-a)(a+2)\\0&0&2\end{pmatrix}$．当 $a=-2$ 时，系数矩阵 $\boldsymbol{A}\sim\begin{pmatrix}1&1&-2\\0&-3&3\\0&0&0\\0&0&2\end{pmatrix}\xrightarrow{r_3\leftrightarrow r_4}\begin{pmatrix}1&1&-2\\0&-3&3\\0&0&2\\0&0&0\end{pmatrix}$，此时 $R(\boldsymbol{A})=3$，不满足 $R(\boldsymbol{A})\leqslant2$．当 $a=1$ 时，系数矩阵 $\boldsymbol{A}\sim\begin{pmatrix}1&1&1\\0&0&0\\0&0&0\\0&0&2\end{pmatrix}\xrightarrow[r_2\leftrightarrow r_4]{\frac{1}{2}r_4}\begin{pmatrix}1&1&1\\0&0&1\\0&0&0\\0&0&0\end{pmatrix}\xrightarrow{r_1-r_2}\begin{pmatrix}1&1&0\\0&0&1\\0&0&0\\0&0&0\end{pmatrix}$，此时 $R(\boldsymbol{A})=2$，满足 $R(\boldsymbol{A})\leqslant2$，方程组有无限多解，其同解方程组为 $\begin{cases}x_1+x_2=0,\\x_3=0,\end{cases}$ 即 $\begin{cases}x_1=-x_2,\\x_3=0,\end{cases}$ 其中 x_2 为自由未知数，令 $x_2=c$，于是方程组的通解为 $\begin{pmatrix}x_1\\x_2\\x_3\end{pmatrix}=c\begin{pmatrix}-1\\1\\0\end{pmatrix}(c\in\mathbb{R})$．

期中测试 C 卷

一、单项选择题

1. D【解析】由方程 $\boldsymbol{A}^2+\boldsymbol{A}-2\boldsymbol{E}=\boldsymbol{O}$，得 $\boldsymbol{A}(\boldsymbol{A}+\boldsymbol{E})=2\boldsymbol{E}$，故矩阵 $\boldsymbol{A}+\boldsymbol{E}$ 可逆，$(\boldsymbol{A}+\boldsymbol{E})^{-1}=\dfrac{\boldsymbol{A}}{2}$．故选 D.

2. D 【解析】 $(\boldsymbol{ABC})^{-1}=\boldsymbol{C}^{-1}\boldsymbol{B}^{-1}\boldsymbol{A}^{-1}=\begin{pmatrix}1&0&0\\0&1&0\\1&0&1\end{pmatrix}^{-1}\begin{pmatrix}3&0&0\\0&2&0\\0&0&1\end{pmatrix}^{-1}\begin{pmatrix}1&0&0\\0&0&1\\0&1&0\end{pmatrix}^{-1}=\begin{pmatrix}1&0&0\\0&1&0\\-1&0&1\end{pmatrix}\begin{pmatrix}\frac{1}{3}&0&0\\0&\frac{1}{2}&0\\0&0&1\end{pmatrix}\begin{pmatrix}1&0&0\\0&0&1\\0&1&0\end{pmatrix}=$

$\begin{pmatrix}\frac{1}{3}&0&0\\0&0&\frac{1}{2}\\-\frac{1}{3}&1&0\end{pmatrix}$. 故选 D.

3. C【解析】根据行列式展开法则，将行列式按第 1 列展开，得原式 $=a\begin{vmatrix}a&1&0\\0&a&1\\x&x^2&x^3\end{vmatrix}-\begin{vmatrix}1&0&0\\a&1&0\\0&a&1\end{vmatrix}=a(a^2x^3+x-ax^2)-1=$

$a^3x^3-a^2x^2+ax-1$. 故选 C.

4. D【解析】由行列式的性质，得 $D=\begin{vmatrix}2&-5&1&2\\-3&7&-1&4\\5&-9&2&7\\4&-6&1&2\end{vmatrix}\xlongequal[r_4-r_1]{r_2+r_1,\ r_3-2r_1}\begin{vmatrix}2&-5&1&2\\-1&2&0&6\\1&1&0&3\\2&-1&0&0\end{vmatrix}=\begin{vmatrix}-1&2&6\\1&1&3\\2&-1&0\end{vmatrix}\xlongequal{r_2+r_1,\ r_3+2r_1}\begin{vmatrix}-1&2&6\\0&3&9\\0&3&12\end{vmatrix}=-\begin{vmatrix}3&9\\3&12\end{vmatrix}=$

-9. 根据余子式和代数余子式的关系可知 $M_{31}+M_{33}+M_{34}=A_{31}+A_{33}-A_{34}$，用 1，0，1，$-1$ 替换行列式 D 中第 3 行

元素，则 $M_{31}+M_{33}+M_{34}=A_{31}+A_{33}-A_{34}=\begin{vmatrix}2&-5&1&2\\-3&7&-1&4\\1&0&1&-1\\4&-6&1&2\end{vmatrix}\xlongequal[r_4-r_1]{r_2+r_1,\ r_3-r_1}\begin{vmatrix}2&-5&1&2\\-1&2&0&6\\-1&5&0&-3\\2&-1&0&0\end{vmatrix}=\begin{vmatrix}-1&2&6\\-1&5&-3\\2&-1&0\end{vmatrix}\xlongequal{r_2-r_1,\ r_3+2r_1}\begin{vmatrix}-1&2&6\\0&3&-9\\0&3&12\end{vmatrix}=$

$-\begin{vmatrix}3&-9\\3&12\end{vmatrix}=-63$. 故选 D.

5. D【解析】系数矩阵 $\boldsymbol{A}=\begin{pmatrix}1&-1&1\\\lambda&2&1\\2&\lambda&0\end{pmatrix}\xrightarrow[r_3-2r_1]{r_2-\lambda r_1}\begin{pmatrix}1&-1&1\\0&\lambda+2&1-\lambda\\0&\lambda+2&-2\end{pmatrix}\xrightarrow{r_3-r_2}\begin{pmatrix}1&-1&1\\0&\lambda+2&1-\lambda\\0&0&\lambda-3\end{pmatrix}$. 当 $\lambda=1$ 时，系数矩阵

$\boldsymbol{A}\sim\begin{pmatrix}1&-1&1\\0&3&0\\0&0&-2\end{pmatrix}$，此时 $R(\boldsymbol{A})=3$，方程组只有零解. 当 $\lambda=3$ 时，系数矩阵 $\boldsymbol{A}\sim\begin{pmatrix}1&-1&1\\0&5&-2\\0&0&0\end{pmatrix}$，此时 $R(\boldsymbol{A})=2<3$，

方程组有无限多解. 当 $\lambda=-2$ 时，系数矩阵 $\boldsymbol{A}\sim\begin{pmatrix}1&-1&1\\0&0&3\\0&0&-5\end{pmatrix}\xrightarrow{r_3+\frac{5}{3}r_2}\begin{pmatrix}1&-1&1\\0&0&3\\0&0&0\end{pmatrix}$，此时 $R(\boldsymbol{A})=2<3$，方程组有无限多解. 综上，当 $\lambda=-2$ 或 3 时，齐次线性方程组有非零解. 故选 D.

6. C【解析】因为方阵 $\boldsymbol{A}$ 的行列式 $\begin{vmatrix}1&2&3&\cdots&n\\2&1&0&\cdots&0\\3&0&1&\cdots&0\\\vdots&\vdots&\vdots&&\vdots\\n&0&0&\cdots&1\end{vmatrix}\xlongequal[c_1-nc_n]{c_1-2c_2,\ c_1-3c_3,\ \cdots}\begin{vmatrix}1-\sum\limits_{i=2}^{n}i^2&2&3&\cdots&n\\0&1&0&\cdots&0\\0&0&1&\cdots&0\\\vdots&\vdots&\vdots&&\vdots\\0&0&0&\cdots&1\end{vmatrix}=1-\sum\limits_{i=2}^{n}i^2\neq0$，则矩阵 $\boldsymbol{A}$ 可逆，所以

$R(\boldsymbol{A}^2-\boldsymbol{A})=R[\boldsymbol{A}(\boldsymbol{A}-\boldsymbol{E})]=R(\boldsymbol{A}-\boldsymbol{E})$. 又因为 $\boldsymbol{A}-\boldsymbol{E}=\begin{pmatrix}0&2&3&\cdots&n\\2&0&0&\cdots&0\\3&0&0&\cdots&0\\\vdots&\vdots&\vdots&&\vdots\\n&0&0&\cdots&0\end{pmatrix}\xrightarrow{r_3-\frac{3}{2}r_2,\ r_4-\frac{4}{2}r_2,\ \cdots,\ r_n-\frac{n}{2}r_2}\begin{pmatrix}0&2&3&\cdots&n\\2&0&0&\cdots&0\\0&0&0&\cdots&0\\\vdots&\vdots&\vdots&&\vdots\\0&0&0&\cdots&0\end{pmatrix}$，所

以 $R(\boldsymbol{A}^2-\boldsymbol{A})=R(\boldsymbol{A}-\boldsymbol{E})=2$. 故选 C.

7. B【解析】由行列式的性质，得原式 $\xlongequal{c_1+c_5,\ c_2+c_5,\ c_3+c_5,\ c_4+c_5}\begin{vmatrix}-4&-4&-4&-4&-2\\0&0&0&0&2\\0&0&0&4&2\\0&0&4&4&2\\0&4&4&4&2\end{vmatrix}=-4\begin{vmatrix}0&0&0&2\\0&0&4&2\\0&4&4&2\\4&4&4&2\end{vmatrix}=-4\times(-1)^{\frac{4\times3}{2}}\times2\times4\times4\times4=-512$.

故选 B.

8. A【解析】由方程 $\boldsymbol{A}^*\boldsymbol{BA}=2\boldsymbol{BA}-8\boldsymbol{E}$，得 $(2\boldsymbol{E}-\boldsymbol{A}^*)\boldsymbol{BA}=8\boldsymbol{E}$. 因为 $|\boldsymbol{A}|=\begin{vmatrix}1&0&0\\0&-2&0\\0&0&1\end{vmatrix}=-2\neq0$，所以矩阵 $\boldsymbol{A}$ 可逆. 又

因为 $2\boldsymbol{E}-\boldsymbol{A}^*=2\boldsymbol{E}-|\boldsymbol{A}|\boldsymbol{A}^{-1}=2\begin{pmatrix}1&0&0\\0&1&0\\0&0&1\end{pmatrix}+2\begin{pmatrix}1&0&0\\0&-\frac{1}{2}&0\\0&0&1\end{pmatrix}=\begin{pmatrix}4&0&0\\0&1&0\\0&0&4\end{pmatrix}$，则 $|2\boldsymbol{E}-\boldsymbol{A}^*|=\begin{vmatrix}4&0&0\\0&1&0\\0&0&4\end{vmatrix}=16\neq0$，所以矩阵

$2\boldsymbol{E}-\boldsymbol{A}^*$ 可逆，从而 $\boldsymbol{B}=8(2\boldsymbol{E}-\boldsymbol{A}^*)^{-1}\boldsymbol{A}^{-1}=8\begin{pmatrix}4&0&0\\0&1&0\\0&0&4\end{pmatrix}^{-1}\begin{pmatrix}1&0&0\\0&-2&0\\0&0&1\end{pmatrix}^{-1}=8\begin{pmatrix}\frac{1}{4}&0&0\\0&1&0\\0&0&\frac{1}{4}\end{pmatrix}\begin{pmatrix}1&0&0\\0&-\frac{1}{2}&0\\0&0&1\end{pmatrix}=\begin{pmatrix}2&0&0\\0&-4&0\\0&0&2\end{pmatrix}$. 故

选 A.

二、填空题

9. -64【解析】$|-2\boldsymbol{A}^{\mathrm{T}}\boldsymbol{A}^*|=(-2)^3|\boldsymbol{A}^{\mathrm{T}}||\boldsymbol{A}^*|=-8|\boldsymbol{A}||\boldsymbol{A}|^2=-8\times2^3=-64$.

10. 2【解析】因为 $|\boldsymbol{A}|=\begin{vmatrix}1&0&4\\0&1&0\\1&0&-2\end{vmatrix}=-6\neq0$，则矩阵 $\boldsymbol{A}$ 可逆，所以 $R(\boldsymbol{AB})=R(\boldsymbol{B})=2$.

11. 37 【解析】由行列式的性质，得原式 $\xlongequal{r_1-r_2}\begin{vmatrix}-1&-1&2&-1\\3&4&0&2\\6&5&3&3\\3&2&5&-1\end{vmatrix}\xlongequal[r_4+3r_1]{r_2+3r_1,\ r_3+6r_1}\begin{vmatrix}-1&-1&2&-1\\0&1&6&-1\\0&-1&15&-3\\0&-1&11&-4\end{vmatrix}\xlongequal{r_3+r_2,\ r_4+r_2}\begin{vmatrix}-1&-1&2&-1\\0&1&6&-1\\0&0&21&-4\\0&0&17&-5\end{vmatrix}=$

$-\begin{vmatrix}1&6&-1\\0&21&-4\\0&17&-5\end{vmatrix}=-\begin{vmatrix}21&-4\\17&-5\end{vmatrix}=37$.

12. $\begin{pmatrix}0&4&0\\4&0&-4\\0&-4&0\end{pmatrix}$ 【解析】 $\boldsymbol{A}^2=\begin{pmatrix}0&1&0\\1&0&-1\\0&-1&0\end{pmatrix}\begin{pmatrix}0&1&0\\1&0&-1\\0&-1&0\end{pmatrix}=\begin{pmatrix}1&0&-1\\0&2&0\\-1&0&1\end{pmatrix}$， $\boldsymbol{A}^3=\begin{pmatrix}1&0&-1\\0&2&0\\-1&0&1\end{pmatrix}\begin{pmatrix}0&1&0\\1&0&-1\\0&-1&0\end{pmatrix}=$

$\begin{pmatrix}0&2&0\\2&0&-2\\0&-2&0\end{pmatrix}=2\boldsymbol{A}$，$\boldsymbol{A}^4=\boldsymbol{A}^3\boldsymbol{A}=2\boldsymbol{AA}=2\boldsymbol{A}^2$，则 $\boldsymbol{A}^5=\boldsymbol{A}^4\boldsymbol{A}=2\boldsymbol{A}^2\boldsymbol{A}=2\boldsymbol{A}^3=4\boldsymbol{A}=\begin{pmatrix}0&4&0\\4&0&-4\\0&-4&0\end{pmatrix}$.

13. 13【解析】因为 $\boldsymbol{A}$ 为三阶方阵，且 $R(\boldsymbol{A}^*)=1$，所以 $R(\boldsymbol{A})=2$. 又 $\boldsymbol{A}=\begin{pmatrix}1&2&3\\1&1&-2\\1&4&k\end{pmatrix}\xrightarrow[r_3-r_1]{r_2-r_1}\begin{pmatrix}1&2&3\\0&-1&-5\\0&2&k-3\end{pmatrix}\xrightarrow{r_3+2r_2}$

$\begin{pmatrix}1&2&3\\0&-1&-5\\0&0&k-13\end{pmatrix}$，故 $k=13$.

14. 24【解析】函数 $f(x)=\begin{vmatrix}1&x&2x^2\\x&2x^2&3x^3\\0&2&6x\end{vmatrix}\xlongequal{r_2-xr_1}\begin{vmatrix}1&x&2x^2\\0&x^2&x^3\\0&2&6x\end{vmatrix}=\begin{vmatrix}x^2&x^3\\2&6x\end{vmatrix}=4x^3$，则 $\lim\limits_{x\to0}\frac{f(x)}{x-\sin x}=\lim\limits_{x\to0}\frac{4x^3}{x-\sin x}=\lim\limits_{x\to0}\frac{4x^3}{\frac{1}{6}x^3}=24$.

三、解答题

15．解：$A^2=\begin{pmatrix}1&0&2\\1&0&-1\\-1&3&1\end{pmatrix}\begin{pmatrix}1&0&2\\1&0&-1\\-1&3&1\end{pmatrix}=\begin{pmatrix}-1&6&4\\2&-3&1\\1&3&-4\end{pmatrix}$，$BA=\begin{pmatrix}2&1&1\\0&0&-1\end{pmatrix}\begin{pmatrix}1&0&2\\1&0&-1\\-1&3&1\end{pmatrix}=\begin{pmatrix}2&3&4\\1&-3&-1\end{pmatrix}$．

16．解：令矩阵 $A=\begin{pmatrix}1&-2\\0&3\end{pmatrix}$，$B=\begin{pmatrix}3&5\\8&4\end{pmatrix}$，则 $XA=B$，因为 $|A|=\begin{vmatrix}1&-2\\0&3\end{vmatrix}=3\neq0$，所以矩阵 A 可逆，$X=BA^{-1}=\dfrac{BA^*}{|A|}=\dfrac{1}{3}\begin{pmatrix}3&5\\8&4\end{pmatrix}\begin{pmatrix}3&2\\0&1\end{pmatrix}=\dfrac{1}{3}\begin{pmatrix}9&11\\24&20\end{pmatrix}=\begin{pmatrix}3&\dfrac{11}{3}\\8&\dfrac{20}{3}\end{pmatrix}$．

17．解：令矩阵 $A_1=\begin{pmatrix}-1&2\\-1&1\end{pmatrix}$，$A_2=\begin{pmatrix}-2&0\\4&1\end{pmatrix}$，则 $A=\begin{pmatrix}O&A_1\\A_2&O\end{pmatrix}$ 为分块对角矩阵．因为 $|A_1|=\begin{vmatrix}-1&2\\-1&1\end{vmatrix}=1\neq0$，$|A_2|=\begin{vmatrix}-2&0\\4&1\end{vmatrix}=-2\neq0$，则矩阵 A_1，A_2 均可逆，$A_1^{-1}=\begin{pmatrix}1&-2\\1&-1\end{pmatrix}$，$A_2^{-1}=\begin{pmatrix}-\dfrac{1}{2}&0\\2&1\end{pmatrix}$，所以 $A^{-1}=\begin{pmatrix}O&A_2^{-1}\\A_1^{-1}&O\end{pmatrix}=\begin{pmatrix}0&0&-\dfrac{1}{2}&0\\0&0&2&1\\1&-2&0&0\\1&-1&0&0\end{pmatrix}$，$|A|=(-1)^{2\times2}|A_1||A_2|=-2$．

18．解：因为 $|A|=\begin{vmatrix}\dfrac{1}{3}&0&0\\0&\dfrac{1}{4}&0\\0&0&\dfrac{1}{5}\end{vmatrix}=\dfrac{1}{60}\neq0$，所以矩阵 A 可逆，方程 $A^{-1}BA=12A+BA$ 两边同时右乘 A^{-1}，得 $A^{-1}B=12E+B$，即 $(A^{-1}-E)B=12E$．因为 $A^{-1}=\begin{pmatrix}3&0&0\\0&4&0\\0&0&5\end{pmatrix}$，则 $A^{-1}-E=\begin{pmatrix}2&0&0\\0&3&0\\0&0&4\end{pmatrix}$，所以 $(A^{-1}-E)^{-1}=\begin{pmatrix}\dfrac{1}{2}&0&0\\0&\dfrac{1}{3}&0\\0&0&\dfrac{1}{4}\end{pmatrix}$，从而

$$B=12(A^{-1}-E)^{-1}=12\begin{pmatrix}\dfrac{1}{2}&0&0\\0&\dfrac{1}{3}&0\\0&0&\dfrac{1}{4}\end{pmatrix}=\begin{pmatrix}6&0&0\\0&4&0\\0&0&3\end{pmatrix}.$$

19．解：系数矩阵 $A=\begin{pmatrix}1&0&1\\2&\lambda-1&\lambda-2\\\lambda&\lambda-1&-3\end{pmatrix}\xrightarrow[r_3-\lambda r_1]{r_2-2r_1}\begin{pmatrix}1&0&1\\0&\lambda-1&\lambda-4\\0&\lambda-1&-3-\lambda\end{pmatrix}\xrightarrow{r_3-r_2}\begin{pmatrix}1&0&1\\0&\lambda-1&\lambda-4\\0&0&-2\lambda+1\end{pmatrix}$．当 $\lambda\neq\dfrac{1}{2}$ 且 $\lambda\neq1$ 时，$R(A)=3$，则方程组只有零解，其解为 $x_1=0$，$x_2=0$，$x_3=0$．当 $\lambda=1$ 时，系数矩阵 $A\sim\begin{pmatrix}1&0&1\\0&0&-3\\0&0&-1\end{pmatrix}\xrightarrow{-\frac{1}{3}r_2}\begin{pmatrix}1&0&1\\0&0&1\\0&0&-1\end{pmatrix}\xrightarrow[r_3+r_2]{r_1-r_2}\begin{pmatrix}1&0&0\\0&0&1\\0&0&0\end{pmatrix}$，此时 $R(A)=2<3$，方程组有无限多解，其同解方程组为 $\begin{cases}x_1=0,\\x_3=0,\end{cases}$ 则 x_2 为自由未知数，令 $x_2=c$，于是方程组的通解为 $\begin{pmatrix}x_1\\x_2\\x_3\end{pmatrix}=c\begin{pmatrix}0\\1\\0\end{pmatrix}(c\in\mathbb{R})$．当 $\lambda=\dfrac{1}{2}$ 时，系数矩阵 $A\sim\begin{pmatrix}1&0&1\\0&-\dfrac{1}{2}&-\dfrac{7}{2}\\0&0&0\end{pmatrix}\xrightarrow{-2r_2}\begin{pmatrix}1&0&1\\0&1&7\\0&0&0\end{pmatrix}$，此时 $R(A)=2<3$，方程组有无限多解，其同解方程组为 $\begin{cases}x_1+x_3=0,\\x_2+7x_3=0,\end{cases}$ 即 $\begin{cases}x_1=-x_3,\\x_2=-7x_3,\end{cases}$ 其中 x_3 为自由未知数，令 $x_3=c$，于是方程组的通解为 $\begin{pmatrix}x_1\\x_2\\x_3\end{pmatrix}=c\begin{pmatrix}-1\\-7\\1\end{pmatrix}(c\in\mathbb{R})$．

20．解：（方法一）方程组 $\begin{cases}x_1+x_2+x_3=0,\\x_1+2x_2+ax_3=0,\\x_1+4x_2+a^2x_3=0\end{cases}$ 与方程 $x_1+2x_2+x_3=a-1$ 的公共解即方程组 $\begin{cases}x_1+x_2+x_3=0,\\x_1+2x_2+ax_3=0,\\x_1+4x_2+a^2x_3=0,\\x_1+2x_2+x_3=a-1\end{cases}$ 的解，增广矩阵 $(A,b)=\left(\begin{array}{ccc|c}1&1&1&0\\1&2&a&0\\1&4&a^2&0\\1&2&1&a-1\end{array}\right)\xrightarrow[\substack{r_3-r_1\\r_4-r_1}]{r_2-r_1}\left(\begin{array}{ccc|c}1&1&1&0\\0&1&a-1&0\\0&3&a^2-1&0\\0&1&0&a-1\end{array}\right)\xrightarrow[r_4-r_2]{r_3-3r_2}\left(\begin{array}{ccc|c}1&1&1&0\\0&1&a-1&0\\0&0&(a-1)(a-2)&0\\0&0&1-a&a-1\end{array}\right)$．当 $a\neq1$ 且 $a\neq2$ 时，增广矩阵 $(A,b)=\left(\begin{array}{ccc|c}1&1&1&0\\0&1&a-1&0\\0&0&(a-1)(a-2)&0\\0&0&1-a&a-1\end{array}\right)\xrightarrow[\frac{r_4}{1-a}]{\frac{r_3}{(a-1)(a-2)}}\left(\begin{array}{ccc|c}1&1&1&0\\0&1&a-1&0\\0&0&1&0\\0&0&1&-1\end{array}\right)\xrightarrow{r_4-r_3}\left(\begin{array}{ccc|c}1&1&1&0\\0&1&a-1&0\\0&0&1&0\\0&0&0&-1\end{array}\right)$，此时 $R(A)=3$，$R(A,b)=4$，$R(A)<R(A,b)$，方程组无解．当 $a=1$ 时，增广矩阵 $(A,b)\sim\left(\begin{array}{ccc|c}1&1&1&0\\0&1&0&0\\0&0&0&0\\0&0&0&0\end{array}\right)\xrightarrow{r_1-r_2}\left(\begin{array}{ccc|c}1&0&1&0\\0&1&0&0\\0&0&0&0\\0&0&0&0\end{array}\right)$，此时 $R(A)=R(A,b)=2<3$，方程组有无限多解，其同解方程组为 $\begin{cases}x_1+x_3=0,\\x_2=0,\end{cases}$ 即 $\begin{cases}x_1=-x_3,\\x_2=0,\end{cases}$ 其中 x_3 为自由未知数，令 $x_3=c$，于是方程组的通解为 $\begin{pmatrix}x_1\\x_2\\x_3\end{pmatrix}=c\begin{pmatrix}-1\\0\\1\end{pmatrix}(c\in\mathbb{R})$．当 $a=2$ 时，增广矩阵 $(A,b)\sim\left(\begin{array}{ccc|c}1&1&1&0\\0&1&1&0\\0&0&0&0\\0&0&-1&1\end{array}\right)\xrightarrow{r_3\leftrightarrow r_4}\left(\begin{array}{ccc|c}1&1&1&0\\0&1&1&0\\0&0&-1&1\\0&0&0&0\end{array}\right)\xrightarrow[r_2+r_3]{r_1+r_3}\left(\begin{array}{ccc|c}1&1&0&1\\0&1&0&1\\0&0&-1&1\\0&0&0&0\end{array}\right)\xrightarrow[-r_3]{r_1-r_2}\left(\begin{array}{ccc|c}1&0&0&0\\0&1&0&1\\0&0&1&-1\\0&0&0&0\end{array}\right)$，此时 $R(A)=R(A,b)=3$，方程组有唯一解，其解为 $x_1=0$，$x_2=1$，$x_3=-1$．

综上，a 的值为 1 或 2，当 $a=1$ 时，公共解为 $\begin{pmatrix}x_1\\x_2\\x_3\end{pmatrix}=c\begin{pmatrix}-1\\0\\1\end{pmatrix}(c\in\mathbb{R})$；当 $a=2$ 时，公共解为 $x_1=0$，$x_2=1$，$x_3=-1$．

（方法二）系数矩阵 $A=\begin{pmatrix}1&1&1\\1&2&a\\1&4&a^2\end{pmatrix}\xrightarrow[r_3-r_1]{r_2-r_1}\begin{pmatrix}1&1&1\\0&1&a-1\\0&3&a^2-1\end{pmatrix}\xrightarrow{r_3-3r_2}\begin{pmatrix}1&1&1\\0&1&a-1\\0&0&(a-1)(a-2)\end{pmatrix}$．当 $a\neq1$ 且 $a\neq2$ 时，$R(A)=3$，则方程组只有零解，此时 $x_1=0$，$x_2=0$，$x_3=0$ 不满足方程 $x_1+2x_2+x_3=a-1$．当 $a=1$ 时，系数矩阵 $A\sim\begin{pmatrix}1&1&1\\0&1&0\\0&0&0\end{pmatrix}\xrightarrow{r_1-r_2}\begin{pmatrix}1&0&1\\0&1&0\\0&0&0\end{pmatrix}$，此时 $R(A)=2<3$，方程组有无限多解，其同解方程组为 $\begin{cases}x_1+x_3=0,\\x_2=0,\end{cases}$ 即

$\begin{cases}x_1=-x_3,\\x_2=0,\end{cases}$ 其中 x_3 为自由未知数，令 $x_3=c$，于是方程组的通解为 $\begin{pmatrix}x_1\\x_2\\x_3\end{pmatrix}=c\begin{pmatrix}-1\\0\\1\end{pmatrix}(c\in\mathbb{R})$，此解满足方程 $x_1+2x_2+x_3=0$．当 $a=2$ 时，系数矩阵 $\boldsymbol{A}\sim\begin{pmatrix}1&1&1\\0&1&1\\0&0&0\end{pmatrix}\xrightarrow{r_1-r_2}\begin{pmatrix}1&0&0\\0&1&1\\0&0&0\end{pmatrix}$，此时 $R(\boldsymbol{A})=2<3$，方程组有无限多解，其同解方程组为 $\begin{cases}x_1=0,\\x_2+x_3=0,\end{cases}$ 即 $\begin{cases}x_1=0,\\x_2=-x_3,\end{cases}$ 其中 x_3 为自由未知数，令 $x_3=c$，于是方程组的通解为 $\begin{pmatrix}x_1\\x_2\\x_3\end{pmatrix}=c\begin{pmatrix}0\\-1\\1\end{pmatrix}(c\in\mathbb{R})$，若此解满足方程 $x_1+2x_2+x_3=1$，则 $-2c+c=1$，解得 $c=-1$，此时 $x_1=0$，$x_2=1$，$x_3=-1$．

综上，a 的值为 1 或 2，当 $a=1$ 时，公共解为 $\begin{pmatrix}x_1\\x_2\\x_3\end{pmatrix}=c\begin{pmatrix}-1\\0\\1\end{pmatrix}(c\in\mathbb{R})$；当 $a=2$ 时，公共解为 $x_1=0$，$x_2=1$，$x_3=-1$．

第四章　向量组的线性相关性测试 A 卷

一、单项选择题

1．D【解析】$\boldsymbol{\alpha}_1$，$\boldsymbol{\alpha}_2$ 的线性组合可表示为 $k_1\boldsymbol{\alpha}_1+k_2\boldsymbol{\alpha}_2=\begin{pmatrix}-k_1\\0\\-k_2\end{pmatrix}$，则由 $\boldsymbol{\alpha}_1$，$\boldsymbol{\alpha}_2$ 生成的向量的第 2 个分量为 0．故选 D．

2．B【解析】向量组 $\boldsymbol{\alpha}_1$，$\boldsymbol{\alpha}_2$，$\boldsymbol{\alpha}_3$ 线性无关 $\Leftrightarrow|\boldsymbol{\alpha}_1,\boldsymbol{\alpha}_2,\boldsymbol{\alpha}_3|\neq0$，即 $\begin{vmatrix}1&0&-1\\1&2&3\\0&4&t\end{vmatrix}=2t-16\neq0$，解得 $t\neq8$．故选 B．

方法总结

对于给定向量组 A：$\boldsymbol{\alpha}_1,\boldsymbol{\alpha}_2,\cdots,\boldsymbol{\alpha}_m$，其线性相关性的判断方法如下表所示．

方　法	内　容	线性相关	线性无关
定义法	根据是否存在不全为零的数 $k_1,k_2,\cdots,k_m$ 使得 $k_1\boldsymbol{\alpha}_1+k_2\boldsymbol{\alpha}_2+\cdots+k_m\boldsymbol{\alpha}_m=\boldsymbol{0}$ 来判断相关性	存在	不存在
方程法	根据方程组 $x_1\boldsymbol{\alpha}_1+x_2\boldsymbol{\alpha}_2+\cdots+x_m\boldsymbol{\alpha}_m=\boldsymbol{0}$ 是否有非零解来判断相关性	有非零解	只有零解
矩阵秩法	根据矩阵 $\boldsymbol{A}=(\boldsymbol{\alpha}_1,\boldsymbol{\alpha}_2,\cdots,\boldsymbol{\alpha}_m)$ 的秩与 m 的大小关系来判断相关性	$R(\boldsymbol{A})<m$	$R(\boldsymbol{A})=m$
行列式法	若向量组所构成的矩阵为方阵，根据方阵的行列式 $\lvert\boldsymbol{A}\rvert=\lvert\boldsymbol{\alpha}_1,\boldsymbol{\alpha}_2,\cdots,\boldsymbol{\alpha}_m\rvert$ 是否为零来判断相关性	$\lvert\boldsymbol{A}\rvert=0$	$\lvert\boldsymbol{A}\rvert\neq0$

3．B【解析】将向量组写成矩阵的形式，$(\boldsymbol{\alpha}_1,\boldsymbol{\alpha}_2)=\begin{pmatrix}a_1&a_2\\b_1&b_2\end{pmatrix}$，$(\boldsymbol{\beta}_1,\boldsymbol{\beta}_2)=\begin{pmatrix}a_1&a_2\\b_1&b_2\\c_1&c_2\end{pmatrix}$，若向量组 $\boldsymbol{\alpha}_1$，$\boldsymbol{\alpha}_2$ 线性无关，则 $R(\boldsymbol{\alpha}_1,\boldsymbol{\alpha}_2)=2$，从而 $R(\boldsymbol{\beta}_1,\boldsymbol{\beta}_2)=2$，$\boldsymbol{\beta}_1$，$\boldsymbol{\beta}_2$ 线性无关．故选 B．

思路点拨

若向量组 $\boldsymbol{\alpha}_1,\boldsymbol{\alpha}_2,\cdots,\boldsymbol{\alpha}_m$ 线性无关，则其延伸组 $\begin{pmatrix}\boldsymbol{\alpha}_1\\\boldsymbol{\beta}_1\end{pmatrix},\begin{pmatrix}\boldsymbol{\alpha}_2\\\boldsymbol{\beta}_2\end{pmatrix},\cdots,\begin{pmatrix}\boldsymbol{\alpha}_m\\\boldsymbol{\beta}_m\end{pmatrix}$ 也线性无关．可以简记为“若低维无关，则高维无关”，反之“若高维相关，则低维相关”．

4．B【解析】由题可知，齐次线性方程组 $\boldsymbol{Ax}=\boldsymbol{0}$ 的基础解系中含有至少 2 个线性无关的解向量，从而 $R(\boldsymbol{A})\leqslant1$，所以系数矩阵 $\boldsymbol{A}$ 可为 $(-2,1,1)$．故选 B．

5．D【解析】由题可知，齐次线性方程组 $\boldsymbol{Ax}=\boldsymbol{0}$ 的基础解系中含有 1 个非零解向量，又 $\boldsymbol{\alpha}_1\neq\boldsymbol{\alpha}_2$，必有 $\boldsymbol{\alpha}_1-\boldsymbol{\alpha}_2\neq\boldsymbol{0}$，且 $\boldsymbol{A}(\boldsymbol{\alpha}_1-\boldsymbol{\alpha}_2)=\boldsymbol{0}$，故 $\boldsymbol{\alpha}_1-\boldsymbol{\alpha}_2$ 一定是方程组 $\boldsymbol{Ax}=\boldsymbol{0}$ 的一个基础解系，于是方程组 $\boldsymbol{Ax}=\boldsymbol{0}$ 的通解一定是 $\boldsymbol{x}=c(\boldsymbol{\alpha}_1-\boldsymbol{\alpha}_2)$ $(c\in\mathbb{R})$，$\boldsymbol{\alpha}_1+\boldsymbol{\alpha}_2$ 或 $c\boldsymbol{\alpha}_1$ 都可能是零向量．故选 D．

6．D【解析】A 选项中，$R(\boldsymbol{\alpha}_2,\boldsymbol{\alpha}_3,\boldsymbol{\alpha}_4)=R(\boldsymbol{\alpha}_1,\boldsymbol{\alpha}_2,\boldsymbol{\alpha}_3,\boldsymbol{\alpha}_4)=3$，所以 $\boldsymbol{\alpha}_1$ 一定可由 $\boldsymbol{\alpha}_2$，$\boldsymbol{\alpha}_3$，$\boldsymbol{\alpha}_4$ 线性表示．B 选项中，$R(\boldsymbol{\alpha}_3,\boldsymbol{\alpha}_4,\boldsymbol{\alpha}_5)=R(\boldsymbol{\alpha}_2,\boldsymbol{\alpha}_3,\boldsymbol{\alpha}_4,\boldsymbol{\alpha}_5)=3$，所以 $\boldsymbol{\alpha}_2$ 一定可由 $\boldsymbol{\alpha}_3$，$\boldsymbol{\alpha}_4$，$\boldsymbol{\alpha}_5$ 线性表示．C 选项中，$R(\boldsymbol{\alpha}_1,\boldsymbol{\alpha}_4,\boldsymbol{\alpha}_5)=R(\boldsymbol{\alpha}_1,\boldsymbol{\alpha}_3,\boldsymbol{\alpha}_4,\boldsymbol{\alpha}_5)=3$，所以 $\boldsymbol{\alpha}_3$ 一定可由 $\boldsymbol{\alpha}_1$，$\boldsymbol{\alpha}_4$，$\boldsymbol{\alpha}_5$ 线性表示．D 选项中，$R(\boldsymbol{\alpha}_1,\boldsymbol{\alpha}_2,\boldsymbol{\alpha}_3)=2$，$R(\boldsymbol{\alpha}_1,\boldsymbol{\alpha}_2,\boldsymbol{\alpha}_3,\boldsymbol{\alpha}_4)=3$，所以 $\boldsymbol{\alpha}_4$ 不可由 $\boldsymbol{\alpha}_1$，$\boldsymbol{\alpha}_2$，$\boldsymbol{\alpha}_3$ 线性表示．故选 D．

7．C【解析】因为 $\boldsymbol{\alpha}_1$，$\boldsymbol{\alpha}_2$，$\boldsymbol{\alpha}_3$ 是四元非齐次线性方程组 $\boldsymbol{Ax}=\boldsymbol{b}$ 的三个解向量，所以其导出组 $\boldsymbol{Ax}=\boldsymbol{0}$ 的解为 $2\boldsymbol{\alpha}_1-(\boldsymbol{\alpha}_2+\boldsymbol{\alpha}_3)=\begin{pmatrix}2\\3\\4\\5\end{pmatrix}$．又 $R(\boldsymbol{A})=3$，则方程组 $\boldsymbol{Ax}=\boldsymbol{0}$ 的基础解系中含有 1 个非零解向量，即向量 $\begin{pmatrix}2\\3\\4\\5\end{pmatrix}$，于是方程组 $\boldsymbol{Ax}=\boldsymbol{b}$ 的通解为 $\begin{pmatrix}x_1\\x_2\\x_3\\x_4\end{pmatrix}=c\begin{pmatrix}2\\3\\4\\5\end{pmatrix}+\begin{pmatrix}1\\2\\3\\4\end{pmatrix}(c\in\mathbb{R})$．故选 C．

8．C【解析】（方法一）A 选项中，设存在一组数 k_1，k_2，k_3 使得 $k_1(-2\boldsymbol{\alpha}_1+\boldsymbol{\alpha}_2)+k_2(2\boldsymbol{\alpha}_2+\boldsymbol{\alpha}_3)+k_3(\boldsymbol{\alpha}_3-\boldsymbol{\alpha}_1)=\boldsymbol{0}$，即 $(-2k_1-k_3)\boldsymbol{\alpha}_1+(k_1+2k_2)\boldsymbol{\alpha}_2+(k_2+k_3)\boldsymbol{\alpha}_3=\boldsymbol{0}$，又向量组 $\boldsymbol{\alpha}_1$，$\boldsymbol{\alpha}_2$，$\boldsymbol{\alpha}_3$ 线性无关，则 $\begin{cases}-2k_1-k_3=0,\\k_1+2k_2=0,\\k_2+k_3=0,\end{cases}$ 该方程组系数矩阵的行列式 $\begin{vmatrix}-2&0&-1\\1&2&0\\0&1&1\end{vmatrix}=-5\neq0$，故方程组只有零解，从而原向量组线性无关．B 选项中，设存在一组数 k_1，k_2，k_3 使得 $k_1(\boldsymbol{\alpha}_1+\boldsymbol{\alpha}_2)+k_2(\boldsymbol{\alpha}_2+\boldsymbol{\alpha}_3)+k_3(\boldsymbol{\alpha}_1-2\boldsymbol{\alpha}_2)=\boldsymbol{0}$，即 $(k_1+k_3)\boldsymbol{\alpha}_1+(k_1+k_2-2k_3)\boldsymbol{\alpha}_2+k_2\boldsymbol{\alpha}_3=\boldsymbol{0}$，又向量组 $\boldsymbol{\alpha}_1$，$\boldsymbol{\alpha}_2$，$\boldsymbol{\alpha}_3$ 线性无关，则 $\begin{cases}k_1+k_3=0,\\k_1+k_2-2k_3=0,\\k_2=0,\end{cases}$ 该方程组系数矩阵的行列式 $\begin{vmatrix}1&0&1\\1&1&-2\\0&1&0\end{vmatrix}=3\neq0$，故方程组只有零解，从而原向量组线性无关．C 选项中，设存在一组数 k_1，k_2，k_3 使得 $k_1(\boldsymbol{\alpha}_1-\boldsymbol{\alpha}_2)+k_2(\boldsymbol{\alpha}_2-\boldsymbol{\alpha}_3)+k_3(\boldsymbol{\alpha}_1-\boldsymbol{\alpha}_3)=\boldsymbol{0}$，即 $(k_1+k_3)\boldsymbol{\alpha}_1+(-k_1+k_2)\boldsymbol{\alpha}_2+(-k_2-k_3)\boldsymbol{\alpha}_3=\boldsymbol{0}$，又向量组 $\boldsymbol{\alpha}_1$，$\boldsymbol{\alpha}_2$，$\boldsymbol{\alpha}_3$ 线性无关，则 $\begin{cases}k_1+k_3=0,\\-k_1+k_2=0,\\-k_2-k_3=0,\end{cases}$ 该方程组系数矩阵的行列式 $\begin{vmatrix}1&0&1\\-1&1&0\\0&-1&-1\end{vmatrix}=0$，故方程组有非零解，从而原向量组线性相关．D 选项中，设存在一组数 k_1，k_2，k_3 使得 $k_1(\boldsymbol{\alpha}_1+\boldsymbol{\alpha}_2)+k_2(\boldsymbol{\alpha}_2+\boldsymbol{\alpha}_3)+k_3(\boldsymbol{\alpha}_3+\boldsymbol{\alpha}_1)=\boldsymbol{0}$，即 $(k_1+k_3)\boldsymbol{\alpha}_1+(k_1+k_2)\boldsymbol{\alpha}_2+(k_2+k_3)\boldsymbol{\alpha}_3=\boldsymbol{0}$，又向量组 $\boldsymbol{\alpha}_1$，$\boldsymbol{\alpha}_2$，$\boldsymbol{\alpha}_3$ 线性无关，则 $\begin{cases}k_1+k_3=0,\\k_1+k_2=0,\\k_2+k_3=0,\end{cases}$ 该方程组系数矩阵的行列式 $\begin{vmatrix}1&0&1\\1&1&0\\0&1&1\end{vmatrix}=2\neq0$，故方程组只有零解，从而原向量组线性无关．故选 C．

思路点拨

根据向量组线性无关的定义列出等式，求解关于系数 k_1，k_2，k_3 的方程组，若方程组只有零解，则向量组线性无关；若方程组有非零解，则向量组线性相关．

（方法二）A 选项中，$(-2\alpha_1+\alpha_2, 2\alpha_2+\alpha_3, \alpha_3-\alpha_1)=(\alpha_1,\alpha_2,\alpha_3)\begin{pmatrix}-2&0&-1\\1&2&0\\0&1&1\end{pmatrix}$，因为 $\begin{vmatrix}-2&0&-1\\1&2&0\\0&1&1\end{vmatrix}=-5\neq 0$，则矩阵 $\begin{pmatrix}-2&0&-1\\1&2&0\\0&1&1\end{pmatrix}$ 可逆，所以 $R(-2\alpha_1+\alpha_2, 2\alpha_2+\alpha_3, \alpha_3-\alpha_1)=R(\alpha_1,\alpha_2,\alpha_3)=3$，因此原向量组线性无关．B 选项中，$(\alpha_1+\alpha_2, \alpha_2+\alpha_3, \alpha_1-2\alpha_2)=(\alpha_1,\alpha_2,\alpha_3)\begin{pmatrix}1&0&1\\1&1&-2\\0&1&0\end{pmatrix}$，因为 $\begin{vmatrix}1&0&1\\1&1&-2\\0&1&0\end{vmatrix}=3\neq 0$，则矩阵 $\begin{pmatrix}1&0&1\\1&1&-2\\0&1&0\end{pmatrix}$ 可逆，故 $R(\alpha_1+\alpha_2, \alpha_2+\alpha_3, \alpha_1-2\alpha_2)=R(\alpha_1,\alpha_2,\alpha_3)=3$，因此原向量组线性无关．C 选项中，$(\alpha_1-\alpha_2, \alpha_2-\alpha_3, \alpha_1-\alpha_3)=(\alpha_1,\alpha_2,\alpha_3)\begin{pmatrix}1&0&1\\-1&1&0\\0&-1&-1\end{pmatrix}$，因为 $\begin{vmatrix}1&0&1\\-1&1&0\\0&-1&-1\end{vmatrix}=0$，则矩阵 $\begin{pmatrix}1&0&1\\-1&1&0\\0&-1&-1\end{pmatrix}$ 不可逆，所以 $R(\alpha_1-\alpha_2, \alpha_2-\alpha_3, \alpha_1-\alpha_3)<R(\alpha_1,\alpha_2,\alpha_3)=3$，因此原向量组线性相关．D 选项中，$(\alpha_1+\alpha_2, \alpha_2+\alpha_3, \alpha_3+\alpha_1)=(\alpha_1,\alpha_2,\alpha_3)\begin{pmatrix}1&0&1\\1&1&0\\0&1&1\end{pmatrix}$，因为 $\begin{vmatrix}1&0&1\\1&1&0\\0&1&1\end{vmatrix}=2\neq 0$，则矩阵 $\begin{pmatrix}1&0&1\\1&1&0\\0&1&1\end{pmatrix}$ 可逆，所以 $R(\alpha_1+\alpha_2, \alpha_2+\alpha_3, \alpha_3+\alpha_1)=R(\alpha_1,\alpha_2,\alpha_3)=3$，因此原向量组线性无关．故选 C．

思路点拨

利用特殊值法也可判定向量组线性相关，如 C 选项中，设 $k\cdot(\alpha_1-\alpha_2)+m\cdot(\alpha_2-\alpha_3)+n\cdot(\alpha_1-\alpha_3)=\mathbf{0}$，令 $k=1$，为了消去 α_1，可得 $n=-1$，为了消去 α_2，可得 $m=1$，此时 α_3 也被消去了，即找到了一组不全为 0 的数 1，1，-1，使得 $1\cdot(\alpha_1-\alpha_2)+1\cdot(\alpha_2-\alpha_3)-1\cdot(\alpha_1-\alpha_3)=\mathbf{0}$ 成立，则向量组 $\alpha_1-\alpha_2$，$\alpha_2-\alpha_3$，$\alpha_1-\alpha_3$ 线性相关．

二、填空题

9. 2【解析】（方法一）若两个向量线性相关，则其对应分量成比例，可得 $\alpha_2=3\alpha_1$，解得 $k=2$．

（方法二）将向量组写成矩阵，$(\alpha_1,\alpha_2)=\begin{pmatrix}1&3\\k&6\\-1&-3\\3&9\end{pmatrix}\xrightarrow[r_4-3r_1]{\substack{r_2-kr_1\\r_3+r_1}}\begin{pmatrix}1&3\\0&6-3k\\0&0\\0&0\end{pmatrix}$．因为向量组 α_1，α_2 线性相关，则 $R(\alpha_1,\alpha_2)<2$，所以 $6-3k=0$，解得 $k=2$．

10. $a\neq 32$【解析】因为方程组 $k_1\alpha_1+k_2\alpha_2+k_3\alpha_3=\mathbf{0}$ 只有零解，则向量组 α_1，α_2，α_3 线性无关，所以 $|\alpha_1,\alpha_2,\alpha_3|\neq 0$，即 $\begin{vmatrix}a&1&2\\2&1&-4\\3&-1&5\end{vmatrix}=a-32\neq 0$，解得 $a\neq 32$．

方法总结

若向量组中向量个数与向量维数相同，可利用行列式来讨论向量组的线性相关性．

（1）n 维列向量组 $\alpha_1,\alpha_2,\cdots,\alpha_n$ 线性相关的充分必要条件是 $|\alpha_1,\alpha_2,\cdots,\alpha_n|=0$．

（2）n 维列向量组 $\alpha_1,\alpha_2,\cdots,\alpha_n$ 线性无关的充分必要条件是 $|\alpha_1,\alpha_2,\cdots,\alpha_n|\neq 0$．

11. 2【解析】将向量组写成矩阵，$(\alpha_1,\alpha_2,\alpha_3)=\begin{pmatrix}1&3&1\\1&0&-1\\0&-9&-6\end{pmatrix}\xrightarrow{r_2-r_1}\begin{pmatrix}1&3&1\\0&-3&-2\\0&-9&-6\end{pmatrix}\xrightarrow{r_3-3r_2}\begin{pmatrix}1&3&1\\0&-3&-2\\0&0&0\end{pmatrix}$，所以向量组的秩为 2．

思路点拨

向量组 $\alpha_1,\alpha_2,\cdots,\alpha_n$ 的秩即为向量组所构成矩阵 $A=(\alpha_1,\alpha_2,\cdots,\alpha_n)$ 的秩．若求向量组的秩，需先确定由向量组构成的矩阵，再利用初等行变换求矩阵的秩．

12. $\xi_1=\begin{pmatrix}1\\0\\1\\0\end{pmatrix}$，$\xi_2=\begin{pmatrix}0\\-1\\0\\1\end{pmatrix}$【解析】系数矩阵 $A=\begin{pmatrix}1&1&-1&1\\0&1&0&1\end{pmatrix}\xrightarrow{r_1-r_2}\begin{pmatrix}1&0&-1&0\\0&1&0&1\end{pmatrix}$，$R(A)=2<4$，则方程组有无限多解，其同解方程组为 $\begin{cases}x_1=x_3,\\x_2=-x_4.\end{cases}$ 取 $\begin{pmatrix}x_3\\x_4\end{pmatrix}=\begin{pmatrix}1\\0\end{pmatrix}$ 和 $\begin{pmatrix}0\\1\end{pmatrix}$，得方程组的基础解系 $\xi_1=\begin{pmatrix}1\\0\\1\\0\end{pmatrix}$，$\xi_2=\begin{pmatrix}0\\-1\\0\\1\end{pmatrix}$．

13. $(-2,-3,11)$【解析】设 $x_1\alpha_1+x_2\alpha_2+x_3\alpha_3=\beta$，则增广矩阵 $(A,\beta)=\left(\begin{array}{ccc|c}0&1&1&8\\1&0&1&9\\1&1&0&-5\end{array}\right)\xrightarrow[r_1\leftrightarrow r_2]{r_3-r_2}\left(\begin{array}{ccc|c}1&0&1&9\\0&1&1&8\\0&1&-1&-14\end{array}\right)\xrightarrow[-\frac{1}{2}r_3]{r_3-r_2}\left(\begin{array}{ccc|c}1&0&1&9\\0&1&1&8\\0&0&1&11\end{array}\right)\xrightarrow[r_2-r_3]{r_1-r_3}\left(\begin{array}{ccc|c}1&0&0&-2\\0&1&0&-3\\0&0&1&11\end{array}\right)$，得向量 $\beta=-2\alpha_1-3\alpha_2+11\alpha_3$，所以 β 在基 α_1，α_2，α_3 下的坐标为 $(-2,-3,11)$．

14. $\begin{pmatrix}x_1\\x_2\\x_3\end{pmatrix}=c\begin{pmatrix}1\\1\\1\end{pmatrix}(c\in\mathbb{R})$【解析】由 $R(A)=2$，得 $A\mathbf{x}=\mathbf{0}$ 的基础解系中含有 1 个非零解向量．又三阶方阵 A 的各行元素之和为 0，得 $\xi=\begin{pmatrix}1\\1\\1\end{pmatrix}$ 是方程组 $A\mathbf{x}=\mathbf{0}$ 的基础解系，于是方程组 $A\mathbf{x}=\mathbf{0}$ 的通解为 $\begin{pmatrix}x_1\\x_2\\x_3\end{pmatrix}=c\xi=c\begin{pmatrix}1\\1\\1\end{pmatrix}(c\in\mathbb{R})$．

三、解答题

15. 解：$\alpha_2-\alpha_1=\begin{pmatrix}5\\1\\0\\-1\end{pmatrix}-\begin{pmatrix}1\\4\\-2\\-3\end{pmatrix}=\begin{pmatrix}4\\-3\\2\\2\end{pmatrix}$，$\alpha_1+\alpha_2-2\alpha_3=\begin{pmatrix}1\\4\\-2\\-3\end{pmatrix}+\begin{pmatrix}5\\1\\0\\-1\end{pmatrix}-2\begin{pmatrix}-1\\0\\1\\0\end{pmatrix}=\begin{pmatrix}8\\5\\-4\\-4\end{pmatrix}$．

16. 证明：若向量 β 可由向量组 α_1，α_2 线性表示，则存在常数 k_1，k_2，使得方程 $k_1\alpha_1+k_2\alpha_2=\beta$ 成立．假设 α_1，α_2 线性相关，则存在不全为零的常数 c_1，c_2，使得方程 $c_1\alpha_1+c_2\alpha_2=\mathbf{0}$ 成立．两方程作差得 $(k_1-c_1)\alpha_1+(k_2-c_2)\alpha_2=\beta$，由 c_1，c_2 不全为零，得 $k_1-c_1\neq k_1$ 或 $k_2-c_2\neq k_2$，从而 β 由向量组 α_1，α_2 线性表示的形式不唯一，与已知条件矛盾，所以原假设不成立，向量组 α_1，α_2 线性无关，得证．

17. 证明：α_3 可由向量组 α_1，α_2，α_4 线性表示，则存在数 k_1，k_2，k_3 使得 $\alpha_3=k_1\alpha_1+k_2\alpha_2+k_3\alpha_4$．又 α_3 不可由向量组 α_1，α_4 线性表示，所以 $k_2\neq 0$，从而 $\alpha_2=\frac{1}{k_2}(\alpha_3-k_1\alpha_1-k_3\alpha_4)$，即 α_2 可由向量组 α_1，α_3，α_4 线性表示，得证．

18. 解：设 $x_1\alpha_1+x_2\alpha_2+x_3\alpha_3+x_4\alpha_4=\beta$，得方程组 $\begin{cases}x_1-2x_3-3x_4=-5,\\x_2+x_3+3x_4=11,\\x_2+2x_3+4x_4=12,\\-3x_2-3x_3-8x_4=-29,\end{cases}$ 增广矩阵 $(A,\beta)=\left(\begin{array}{cccc|c}1&0&-2&-3&-5\\0&1&1&3&11\\0&1&2&4&12\\0&-3&-3&-8&-29\end{array}\right)\xrightarrow[r_4+3r_2]{r_3-r_2}\left(\begin{array}{cccc|c}1&0&-2&-3&-5\\0&1&1&3&11\\0&0&1&1&1\\0&0&0&1&4\end{array}\right)\xrightarrow[r_2-r_3]{r_1+2r_3}\left(\begin{array}{cccc|c}1&0&0&-1&-3\\0&1&0&2&10\\0&0&1&1&1\\0&0&0&1&4\end{array}\right)\xrightarrow[r_3-r_4]{\substack{r_1+r_4\\r_2-2r_4}}\left(\begin{array}{cccc|c}1&0&0&0&1\\0&1&0&0&2\\0&0&1&0&-3\\0&0&0&1&4\end{array}\right)$，解得 $x_1=1$，$x_2=2$，$x_3=-3$，$x_4=4$，所以向量 β 可由向量组 α_1，α_2，α_3，α_4 线性表示，且 $\beta=\alpha_1+2\alpha_2-3\alpha_3+4\alpha_4$．

方法总结

设向量 $\boldsymbol{\alpha}_1=\begin{pmatrix}a_{11}\\a_{12}\\\vdots\\a_{1n}\end{pmatrix},\boldsymbol{\alpha}_2=\begin{pmatrix}a_{21}\\a_{22}\\\vdots\\a_{2n}\end{pmatrix},\cdots,\boldsymbol{\alpha}_m=\begin{pmatrix}a_{m1}\\a_{m2}\\\vdots\\a_{mn}\end{pmatrix},\boldsymbol{\beta}=\begin{pmatrix}b_1\\b_2\\\vdots\\b_n\end{pmatrix}$，其中 $m\leqslant n$，令矩阵 $\boldsymbol{A}=(\boldsymbol{\alpha}_1,\boldsymbol{\alpha}_2,\cdots,\boldsymbol{\alpha}_m)$，则有以下结论．

（1）“向量 $\boldsymbol{\beta}$ 可由向量组 $\boldsymbol{\alpha}_1,\boldsymbol{\alpha}_2,\cdots,\boldsymbol{\alpha}_m$ 线性表示”的充分必要条件是“线性方程组 $x_1\boldsymbol{\alpha}_1+x_2\boldsymbol{\alpha}_2+\cdots+x_m\boldsymbol{\alpha}_m=\boldsymbol{\beta}$ 有解，即方程组 $\begin{cases}a_{11}x_1+a_{21}x_2+\cdots+a_{m1}x_m=b_1,\\a_{12}x_1+a_{22}x_2+\cdots+a_{m2}x_m=b_2,\\\quad\cdots\\a_{1n}x_1+a_{2n}x_2+\cdots+a_{mn}x_m=b_n\end{cases}$ 有解”．

（2）向量 $\boldsymbol{\beta}$ 可由 $\boldsymbol{\alpha}_1,\boldsymbol{\alpha}_2,\cdots,\boldsymbol{\alpha}_m$ 线性表示 $\Leftrightarrow R(\boldsymbol{A})=R(\boldsymbol{A},\boldsymbol{\beta})$．

（3）向量 $\boldsymbol{\beta}$ 可由 $\boldsymbol{\alpha}_1,\boldsymbol{\alpha}_2,\cdots,\boldsymbol{\alpha}_m$ 唯一线性表示 $\Leftrightarrow R(\boldsymbol{A})=R(\boldsymbol{A},\boldsymbol{\beta})=m$．

（4）向量 $\boldsymbol{\beta}$ 不可由 $\boldsymbol{\alpha}_1,\boldsymbol{\alpha}_2,\cdots,\boldsymbol{\alpha}_m$ 线性表示 $\Leftrightarrow R(\boldsymbol{A})<R(\boldsymbol{A},\boldsymbol{\beta})$．

19．**解**：将向量组写成矩阵，$(\boldsymbol{\alpha}_1,\boldsymbol{\alpha}_2,\boldsymbol{\alpha}_3,\boldsymbol{\alpha}_4,\boldsymbol{\alpha}_5)=\begin{pmatrix}1&0&0&0&1\\1&1&0&0&2\\2&2&1&0&4\\-1&-1&0&1&-3\end{pmatrix}\xrightarrow[r_4+r_1]{\substack{r_2-r_1\\r_3-2r_1}}\begin{pmatrix}1&0&0&0&1\\0&1&0&0&1\\0&2&1&0&2\\0&-1&0&1&-2\end{pmatrix}\xrightarrow[r_4+r_2]{r_3-2r_2}$

$\begin{pmatrix}1&0&0&0&1\\0&1&0&0&1\\0&0&1&0&0\\0&0&0&1&-1\end{pmatrix}$，则 $\boldsymbol{\alpha}_1$，$\boldsymbol{\alpha}_2$，$\boldsymbol{\alpha}_3$，$\boldsymbol{\alpha}_4$ 为该向量组的一个最大无关组，且 $\boldsymbol{\alpha}_5=\boldsymbol{\alpha}_1+\boldsymbol{\alpha}_2+0\boldsymbol{\alpha}_3-\boldsymbol{\alpha}_4$．

方法总结

求向量组的最大无关组，并将其余向量用该最大无关组线性表示的一般步骤如下．

（1）**写出矩阵**．将所给向量组写成矩阵 $\boldsymbol{A}$．

（2）**将矩阵化为行阶梯形**．对矩阵 $\boldsymbol{A}$ 施以初等行变换，使其化为行阶梯形，得矩阵的秩 r 即为向量组的秩．

（3）**写出最大无关组**．行阶梯形矩阵的 r 个非零行的首非零元所在的列对应的 r 个列向量，即为向量组的一个最大无关组（最大无关组可能不唯一）．

（4）**用最大无关组表示其余向量**．对矩阵 $\boldsymbol{A}$ 继续施以初等行变换，使其化为行最简形，最后用最大无关组表示其余向量．

20．**解**：系数矩阵 $\boldsymbol{A}=\begin{pmatrix}1&0&1&-2\\2&1&1&-1\\-3&-2&-1&0\\1&3&-2&7\end{pmatrix}\xrightarrow[r_4-r_1]{\substack{r_2-2r_1\\r_3+3r_1}}\begin{pmatrix}1&0&1&-2\\0&1&-1&3\\0&-2&2&-6\\0&3&-3&9\end{pmatrix}\xrightarrow[r_4-3r_2]{r_3+2r_2}\begin{pmatrix}1&0&1&-2\\0&1&-1&3\\0&0&0&0\\0&0&0&0\end{pmatrix}$，其同解方程组为

$\begin{cases}x_1=-x_3+2x_4,\\x_2=x_3-3x_4.\end{cases}$ 取 $\begin{pmatrix}x_3\\x_4\end{pmatrix}=\begin{pmatrix}1\\0\end{pmatrix}$ 和 $\begin{pmatrix}0\\1\end{pmatrix}$，得方程组的基础解系 $\boldsymbol{\xi}_1=\begin{pmatrix}-1\\1\\1\\0\end{pmatrix}$，$\boldsymbol{\xi}_2=\begin{pmatrix}2\\-3\\0\\1\end{pmatrix}$，于是方程组 $\boldsymbol{Ax}=\boldsymbol{0}$ 的通解为

$\begin{pmatrix}x_1\\x_2\\x_3\\x_4\end{pmatrix}=c_1\boldsymbol{\xi}_1+c_2\boldsymbol{\xi}_2=c_1\begin{pmatrix}-1\\1\\1\\0\end{pmatrix}+c_2\begin{pmatrix}2\\-3\\0\\1\end{pmatrix}(c_1,c_2\in\mathbb{R})$．

方法总结

求解齐次线性方程组 $\boldsymbol{A}_{m\times n}\boldsymbol{x}=\boldsymbol{0}$ 的一般步骤如下．

（1）**将系数矩阵化为行最简形**．通过初等行变换，将系数矩阵 $\boldsymbol{A}$ 化为行最简形，得 $\boldsymbol{A}$ 的秩 r 和基础解系所含非零向量的个数 $n-r$．

（2）**写出同解方程组**．根据 $\boldsymbol{A}$ 的行最简形写出原方程组的同解方程组．

（3）**自由未知数取值**．根据同解方程组，从 n 个未知数 $x_1,x_2,\cdots,x_n$ 中取 $n-r$ 个自由未知数，令 $\begin{pmatrix}x_{r+1}\\x_{r+2}\\\vdots\\x_n\end{pmatrix}=\begin{pmatrix}1\\0\\\vdots\\0\end{pmatrix},\begin{pmatrix}0\\1\\\vdots\\0\end{pmatrix},\cdots,\begin{pmatrix}0\\0\\\vdots\\1\end{pmatrix}$．

（4）**写出基础解系**．将自由未知数的取值分别代入同解方程组，求得原方程组的 $n-r$ 个解向量 $\boldsymbol{\xi}_1,\boldsymbol{\xi}_2,\cdots,\boldsymbol{\xi}_{n-r}$，即为方程组的基础解系．

（5）**写出通解**．解向量为 $\boldsymbol{\xi}_1,\boldsymbol{\xi}_2,\cdots,\boldsymbol{\xi}_{n-r}$ 的方程组的通解为 $\boldsymbol{x}=c_1\boldsymbol{\xi}_1+c_2\boldsymbol{\xi}_2+\cdots+c_{n-r}\boldsymbol{\xi}_{n-r}\ (c_1,c_2,\cdots,c_{n-r}\in\mathbb{R})$．

第四章　向量组的线性相关性测试 B 卷

一、单项选择题

1．C【解析】向量组的秩等于向量组最大无关组中含有向量的个数，从而向量组 $\boldsymbol{\alpha}_1,\boldsymbol{\alpha}_2,\cdots,\boldsymbol{\alpha}_s$ 中存在 r 个向量线性无关，且任意 $r+1$ 个向量线性相关．故选 C．

2．B【解析】齐次线性方程组 $\boldsymbol{Ax}=\boldsymbol{0}$ 写成向量形式为 $x_1\boldsymbol{\alpha}_1+x_2\boldsymbol{\alpha}_2+\cdots+x_n\boldsymbol{\alpha}_n=\boldsymbol{0}$，其系数矩阵 $\boldsymbol{A}=(\boldsymbol{\alpha}_1,\boldsymbol{\alpha}_2,\cdots,\boldsymbol{\alpha}_n)$，方程组 $\boldsymbol{Ax}=\boldsymbol{0}$ 只有零解等价于 $x_1=x_2=\cdots=x_n=0$，所以系数矩阵 $\boldsymbol{A}$ 的列向量组 $\boldsymbol{\alpha}_1,\boldsymbol{\alpha}_2,\cdots,\boldsymbol{\alpha}_n$ 线性无关．故选 B．

3．D【解析】若向量组 $\boldsymbol{\beta}_1$，$\boldsymbol{\beta}_2$ 线性相关，则存在数 k 使得 $\boldsymbol{\beta}_1=k\boldsymbol{\beta}_2$，即 $\begin{pmatrix}a_{11}\\a_{21}\\a_{31}\end{pmatrix}=k\begin{pmatrix}a_{12}\\a_{22}\\a_{32}\end{pmatrix}$，从而 $\begin{pmatrix}a_{11}\\a_{21}\end{pmatrix}=k\begin{pmatrix}a_{12}\\a_{22}\end{pmatrix}$，即 $\boldsymbol{\alpha}_1=k\boldsymbol{\alpha}_2$，向量组 $\boldsymbol{\alpha}_1$，$\boldsymbol{\alpha}_2$ 线性相关．故选 D．

4．A【解析】若向量组 $\boldsymbol{\beta}_1$，$\boldsymbol{\beta}_2$ 可由 $\boldsymbol{\alpha}_1$，$\boldsymbol{\alpha}_2$ 线性表示，则 $R(\boldsymbol{\alpha}_1,\boldsymbol{\alpha}_2)=R(\boldsymbol{\alpha}_1,\boldsymbol{\alpha}_2,\boldsymbol{\beta}_1,\boldsymbol{\beta}_2)$，将向量组写成矩阵，

$(\boldsymbol{\alpha}_1,\boldsymbol{\alpha}_2,\boldsymbol{\beta}_1,\boldsymbol{\beta}_2)=\left(\begin{array}{cc|cc}1&1&-1&-1\\2&t&-2&0\\t&2&1&t\end{array}\right)\xrightarrow[r_3-tr_1]{r_2-2r_1}\left(\begin{array}{cc|cc}1&1&-1&-1\\0&t-2&0&2\\0&2-t&t+1&2t\end{array}\right)\xrightarrow{r_3+r_2}\left(\begin{array}{cc|cc}1&1&-1&-1\\0&t-2&0&2\\0&0&t+1&2(t+1)\end{array}\right)$，所以 $t+1=0$，解得 $t=-1$．故选 A．

5．C【解析】将向量组写成矩阵，$(\boldsymbol{\alpha}_1,\boldsymbol{\alpha}_2,\boldsymbol{\alpha}_3,\boldsymbol{\alpha}_4)=\begin{pmatrix}1&-2&3&-4\\0&1&-1&1\\1&2&0&-3\end{pmatrix}\xrightarrow{r_3-r_1}\begin{pmatrix}1&-2&3&-4\\0&1&-1&1\\0&4&-3&1\end{pmatrix}\xrightarrow[r_3-4r_2]{r_1+2r_2}\begin{pmatrix}1&0&1&-2\\0&1&-1&1\\0&0&1&-3\end{pmatrix}$

$\xrightarrow[r_2+r_3]{r_1-r_3}\begin{pmatrix}1&0&0&1\\0&1&0&-2\\0&0&1&-3\end{pmatrix}$，则 $\boldsymbol{\alpha}_4=\boldsymbol{\alpha}_1-2\boldsymbol{\alpha}_2-3\boldsymbol{\alpha}_3$．故选 C．

6．B【解析】由题可知，非齐次线性方程组 $\begin{cases}a_1x+a_2y=-a_3,\\b_1x+b_2y=-b_3,\\c_1x+c_2y=-c_3\end{cases}$ 有唯一解，则 $R(\boldsymbol{\alpha}_1,\boldsymbol{\alpha}_2)=R(\boldsymbol{\alpha}_1,\boldsymbol{\alpha}_2,\boldsymbol{\alpha}_3)=2$，所以向量组 $\boldsymbol{\alpha}_1$，$\boldsymbol{\alpha}_2$，$\boldsymbol{\alpha}_3$ 线性相关，$\boldsymbol{\alpha}_1$，$\boldsymbol{\alpha}_2$ 线性无关．故选 B．

7．A【解析】A 选项中，$(\boldsymbol{\alpha}_1,\boldsymbol{\alpha}_2,\boldsymbol{\beta})=\begin{pmatrix}1&0&1\\1&2&3\\0&-1&-1\end{pmatrix}\xrightarrow{r_2-r_1}\begin{pmatrix}1&0&1\\0&2&2\\0&-1&-1\end{pmatrix}\xrightarrow[r_3+r_2]{\frac{1}{2}r_2}\begin{pmatrix}1&0&1\\0&1&1\\0&0&0\end{pmatrix}$，$R(\boldsymbol{\alpha}_1,\boldsymbol{\alpha}_2)=R(\boldsymbol{\alpha}_1,\boldsymbol{\alpha}_2,\boldsymbol{\beta})=2$，

则向量 $\boldsymbol{\beta}$ 为 $\boldsymbol{\alpha}_1$，$\boldsymbol{\alpha}_2$ 的线性组合，且 $\boldsymbol{\beta}=\boldsymbol{\alpha}_1+\boldsymbol{\alpha}_2$．B 选项中，$(\boldsymbol{\alpha}_1,\boldsymbol{\alpha}_2,\boldsymbol{\beta})=\begin{pmatrix}1&0&2\\1&2&3\\0&-1&-5\end{pmatrix}\xrightarrow{r_2-r_1}\begin{pmatrix}1&0&2\\0&2&1\\0&-1&-5\end{pmatrix}\xrightarrow[r_2\leftrightarrow r_3]{r_2+2r_3}$ $\begin{pmatrix}1&0&2\\0&-1&-5\\0&0&-9\end{pmatrix}$，$R(\boldsymbol{\alpha}_1,\boldsymbol{\alpha}_2)=2$，$R(\boldsymbol{\alpha}_1,\boldsymbol{\alpha}_2,\boldsymbol{\beta})=3$，则向量 $\boldsymbol{\beta}$ 不可由向量组 $\boldsymbol{\alpha}_1$，$\boldsymbol{\alpha}_2$ 线性表示．C 选项中，$(\boldsymbol{\alpha}_1,\boldsymbol{\alpha}_2,\boldsymbol{\beta})=$ $\begin{pmatrix}1&0&2\\1&2&9\\0&-1&3\end{pmatrix}\xrightarrow{r_2-r_1}\begin{pmatrix}1&0&2\\0&2&7\\0&-1&3\end{pmatrix}\xrightarrow[r_2\leftrightarrow r_3]{r_2+2r_3}\begin{pmatrix}1&0&2\\0&-1&3\\0&0&13\end{pmatrix}$，$R(\boldsymbol{\alpha}_1,\boldsymbol{\alpha}_2)=2$，$R(\boldsymbol{\alpha}_1,\boldsymbol{\alpha}_2,\boldsymbol{\beta})=3$，则向量 $\boldsymbol{\beta}$ 不可由向量组 $\boldsymbol{\alpha}_1$，$\boldsymbol{\alpha}_2$ 线性表示．D 选项中，$(\boldsymbol{\alpha}_1,\boldsymbol{\alpha}_2,\boldsymbol{\beta})=\begin{pmatrix}1&0&2\\1&2&8\\0&-1&1\end{pmatrix}\xrightarrow{r_2-r_1}\begin{pmatrix}1&0&2\\0&2&6\\0&-1&1\end{pmatrix}\xrightarrow[r_2\leftrightarrow r_3]{r_2+2r_3}\begin{pmatrix}1&0&2\\0&-1&1\\0&0&8\end{pmatrix}$，$R(\boldsymbol{\alpha}_1,\boldsymbol{\alpha}_2)=2$，$R(\boldsymbol{\alpha}_1,\boldsymbol{\alpha}_2,\boldsymbol{\beta})=3$，则向量 $\boldsymbol{\beta}$ 不可由向量组 $\boldsymbol{\alpha}_1$，$\boldsymbol{\alpha}_2$ 线性表示．故选 A．

8．A【解析】由 $R(\boldsymbol{A})=R(\boldsymbol{A},\boldsymbol{b})=2$ 可知，非齐次线性方程组 $\boldsymbol{Ax}=\boldsymbol{b}$ 的导出组 $\boldsymbol{Ax}=\boldsymbol{0}$ 的基础解系中含有 1 个非零解向量，因为方程组 $\boldsymbol{Ax}=\boldsymbol{b}$ 两个解的差 $\boldsymbol{\xi}_1-\boldsymbol{\xi}_2=\begin{pmatrix}-3\\2\\-1\end{pmatrix}$ 为 $\boldsymbol{Ax}=\boldsymbol{0}$ 的解，所以 $\begin{pmatrix}-3\\2\\-1\end{pmatrix}$ 为 $\boldsymbol{Ax}=\boldsymbol{0}$ 的基础解系．又因为 $\boldsymbol{A\xi}_1=\boldsymbol{b}$，$\boldsymbol{A\xi}_2=\boldsymbol{b}$，则 $\boldsymbol{A}\left(\frac{1}{2}\boldsymbol{\xi}_1+\frac{1}{2}\boldsymbol{\xi}_2\right)=\boldsymbol{b}$，所以 $\frac{1}{2}(\boldsymbol{\xi}_1+\boldsymbol{\xi}_2)=\frac{1}{2}\begin{pmatrix}-1\\0\\1\end{pmatrix}$ 为方程组 $\boldsymbol{Ax}=\boldsymbol{b}$ 的特解，于是方程组 $\boldsymbol{Ax}=\boldsymbol{b}$ 的通解为 $\begin{pmatrix}x_1\\x_2\\x_3\end{pmatrix}=c\begin{pmatrix}-3\\2\\-1\end{pmatrix}+\frac{1}{2}\begin{pmatrix}-1\\0\\1\end{pmatrix}(c\in\mathbb{R})$．故选 A．

二、填空题

9．1【解析】系数矩阵 $\boldsymbol{A}=\begin{pmatrix}1&1&0\\0&1&-1\end{pmatrix}$，因为 $R(\boldsymbol{A})=2$，所以三元齐次线性方程组的基础解系中含有 1 个非零解向量．

10．$-\frac{1}{3}$【解析】因为方程组 $k_1\boldsymbol{\alpha}_1+k_2\boldsymbol{\alpha}_2+k_3\boldsymbol{\alpha}_3=\boldsymbol{0}$ 有非零解，则向量组 $\boldsymbol{\alpha}_1$，$\boldsymbol{\alpha}_2$，$\boldsymbol{\alpha}_3$ 线性相关，$|\boldsymbol{\alpha}_1,\boldsymbol{\alpha}_2,\boldsymbol{\alpha}_3|=0$，即 $\begin{vmatrix}a&1&0\\2&-1&1\\3&1&2\end{vmatrix}=-3a-1=0$，解得 $a=-\frac{1}{3}$．

11．2【解析】将向量组写成矩阵，$(\boldsymbol{\alpha}_1,\boldsymbol{\alpha}_2,\boldsymbol{\alpha}_3)=\begin{pmatrix}1&2&0\\2&3&-1\\-1&0&a\\1&1&-1\end{pmatrix}\xrightarrow[\substack{r_3+r_1\\r_4-r_1}]{r_2-2r_1}\begin{pmatrix}1&2&0\\0&-1&-1\\0&2&a\\0&-1&-1\end{pmatrix}\xrightarrow[r_4-r_2]{r_3+2r_2}\begin{pmatrix}1&2&0\\0&-1&-1\\0&0&a-2\\0&0&0\end{pmatrix}$，因为 $R(\boldsymbol{\alpha}_1,\boldsymbol{\alpha}_2,\boldsymbol{\alpha}_3)=2$，所以 $a-2=0$，$a=2$．

12．$\begin{pmatrix}x_1\\x_2\\x_3\end{pmatrix}=c\begin{pmatrix}-2\\-1\\-1\end{pmatrix}(c\in\mathbb{R})$【解析】由 $R(\boldsymbol{A})=2$ 可知，非齐次线性方程组 $\boldsymbol{Ax}=\boldsymbol{b}$ 的导出组 $\boldsymbol{Ax}=\boldsymbol{0}$ 的基础解系中含有 1 个非零解向量．因为方程组 $\boldsymbol{Ax}=\boldsymbol{b}$ 两个解的差 $\boldsymbol{\xi}_1-\boldsymbol{\xi}_2=\begin{pmatrix}-2\\-1\\-1\end{pmatrix}$ 为 $\boldsymbol{Ax}=\boldsymbol{0}$ 的解，所以 $\begin{pmatrix}-2\\-1\\-1\end{pmatrix}$ 为 $\boldsymbol{Ax}=\boldsymbol{0}$ 的基础解系，于是方程组 $\boldsymbol{Ax}=\boldsymbol{0}$ 的通解为 $\begin{pmatrix}x_1\\x_2\\x_3\end{pmatrix}=c\begin{pmatrix}-2\\-1\\-1\end{pmatrix}(c\in\mathbb{R})$．

13．$\begin{pmatrix}1&0&-4\\-1&1&2\\1&2&1\end{pmatrix}$【解析】$(\boldsymbol{\alpha}_1-\boldsymbol{\alpha}_2+\boldsymbol{\alpha}_3,\boldsymbol{\alpha}_2+2\boldsymbol{\alpha}_3,\boldsymbol{\alpha}_3-4\boldsymbol{\alpha}_1+2\boldsymbol{\alpha}_2)=(\boldsymbol{\alpha}_1,\boldsymbol{\alpha}_2,\boldsymbol{\alpha}_3)\begin{pmatrix}1&0&-4\\-1&1&2\\1&2&1\end{pmatrix}$，故所求过渡矩阵为 $\begin{pmatrix}1&0&-4\\-1&1&2\\1&2&1\end{pmatrix}$．

14．$\begin{pmatrix}x_1\\x_2\\x_3\end{pmatrix}=c\begin{pmatrix}1\\-3\\-1\end{pmatrix}(c\in\mathbb{R})$【解析】由向量组 $\boldsymbol{\alpha}_1$，$\boldsymbol{\alpha}_2$ 线性无关，$\boldsymbol{\alpha}_3=\boldsymbol{\alpha}_1-3\boldsymbol{\alpha}_2$，得 $R(\boldsymbol{A})=2$，从而齐次线性方程组 $\boldsymbol{Ax}=\boldsymbol{0}$ 的基础解系中含有 1 个非零解向量．又 $(\boldsymbol{\alpha}_1,\boldsymbol{\alpha}_2,\boldsymbol{\alpha}_3)\begin{pmatrix}1\\-3\\-1\end{pmatrix}=\boldsymbol{0}$，所以 $\begin{pmatrix}1\\-3\\-1\end{pmatrix}$ 为 $\boldsymbol{Ax}=\boldsymbol{0}$ 的基础解系，于是方程组 $\boldsymbol{Ax}=\boldsymbol{0}$ 的通解为 $\begin{pmatrix}x_1\\x_2\\x_3\end{pmatrix}=c\begin{pmatrix}1\\-3\\-1\end{pmatrix}(c\in\mathbb{R})$．

三、解答题

15．解：由 $\boldsymbol{\alpha}_1-\frac{1}{2}\boldsymbol{\alpha}_3=2\boldsymbol{\alpha}_2$，得 $\boldsymbol{\alpha}_3=2\boldsymbol{\alpha}_1-4\boldsymbol{\alpha}_2=2\begin{pmatrix}7\\3\\10\end{pmatrix}-4\begin{pmatrix}13\\4\\5\end{pmatrix}=\begin{pmatrix}-38\\-10\\0\end{pmatrix}$．

16．证明：（方法一）设存在一组数 k_1，k_2，k_3 使得 $k_1(\boldsymbol{\alpha}_1+2\boldsymbol{\alpha}_2)+k_2(\boldsymbol{\alpha}_2+2\boldsymbol{\alpha}_3)+k_3(\boldsymbol{\alpha}_3+\boldsymbol{\alpha}_1)=\boldsymbol{0}$，即 $(k_1+k_3)\boldsymbol{\alpha}_1+(2k_1+k_2)\boldsymbol{\alpha}_2+(2k_2+k_3)\boldsymbol{\alpha}_3=\boldsymbol{0}$，又向量组 $\boldsymbol{\alpha}_1$，$\boldsymbol{\alpha}_2$，$\boldsymbol{\alpha}_3$ 线性无关，则 $\begin{cases}k_1+k_3=0,\\2k_1+k_2=0,\\2k_2+k_3=0,\end{cases}$ 该方程组系数矩阵的行列式 $\begin{vmatrix}1&0&1\\2&1&0\\0&2&1\end{vmatrix}=5\neq0$，故方程组只有零解，从而向量组 $\boldsymbol{\alpha}_1+2\boldsymbol{\alpha}_2$，$\boldsymbol{\alpha}_2+2\boldsymbol{\alpha}_3$，$\boldsymbol{\alpha}_3+\boldsymbol{\alpha}_1$ 线性无关，得证．

（方法二）$(\boldsymbol{\alpha}_1+2\boldsymbol{\alpha}_2,\boldsymbol{\alpha}_2+2\boldsymbol{\alpha}_3,\boldsymbol{\alpha}_3+\boldsymbol{\alpha}_1)=(\boldsymbol{\alpha}_1,\boldsymbol{\alpha}_2,\boldsymbol{\alpha}_3)\begin{pmatrix}1&0&1\\2&1&0\\0&2&1\end{pmatrix}$，因为 $\begin{vmatrix}1&0&1\\2&1&0\\0&2&1\end{vmatrix}=5\neq0$，则矩阵 $\begin{pmatrix}1&0&1\\2&1&0\\0&2&1\end{pmatrix}$ 可逆，所以 $R(\boldsymbol{\alpha}_1+2\boldsymbol{\alpha}_2,\boldsymbol{\alpha}_2+2\boldsymbol{\alpha}_3,\boldsymbol{\alpha}_3+\boldsymbol{\alpha}_1)=R(\boldsymbol{\alpha}_1,\boldsymbol{\alpha}_2,\boldsymbol{\alpha}_3)=3$，从而向量组 $\boldsymbol{\alpha}_1+2\boldsymbol{\alpha}_2$，$\boldsymbol{\alpha}_2+2\boldsymbol{\alpha}_3$，$\boldsymbol{\alpha}_3+\boldsymbol{\alpha}_1$ 线性无关，得证．

17．解：设 $x_1\boldsymbol{\alpha}_1+x_2\boldsymbol{\alpha}_2+x_3\boldsymbol{\alpha}_3=\boldsymbol{\beta}$，得方程组 $\begin{cases}x_1+x_2+tx_3=4,\\-x_1+tx_2+x_3=t^2,\\x_1-x_2+2x_3=-4,\end{cases}$ 增广矩阵 $(\boldsymbol{A},\boldsymbol{\beta})=\left(\begin{array}{ccc|c}1&1&t&4\\-1&t&1&t^2\\1&-1&2&-4\end{array}\right)\xrightarrow[r_2\leftrightarrow r_3]{r_1\leftrightarrow r_3}$ $\left(\begin{array}{ccc|c}1&-1&2&-4\\1&1&t&4\\-1&t&1&t^2\end{array}\right)\xrightarrow[r_3+r_1]{r_2-r_1}\left(\begin{array}{ccc|c}1&-1&2&-4\\0&2&t-2&8\\0&t-1&3&t^2-4\end{array}\right)\xrightarrow{r_3-\frac{(t-1)r_2}{2}}\left(\begin{array}{ccc|c}1&-1&2&-4\\0&2&t-2&8\\0&0&(t+1)(4-t)&2t(t-4)\end{array}\right)$．若向量 $\boldsymbol{\beta}$ 可由向量组 $\boldsymbol{\alpha}_1$，$\boldsymbol{\alpha}_2$，$\boldsymbol{\alpha}_3$ 线性表示，且表示形式不唯一，则 $R(\boldsymbol{A})=R(\boldsymbol{A},\boldsymbol{\beta})<3$，可得 $t=-4$，此时增广矩阵 $(\boldsymbol{A},\boldsymbol{\beta})\sim$ $\left(\begin{array}{ccc|c}1&-1&2&-4\\0&2&-6&8\\0&0&0&0\end{array}\right)\xrightarrow[r_1+r_2]{\frac{1}{2}r_2}\left(\begin{array}{ccc|c}1&0&-1&0\\0&1&-3&4\\0&0&0&0\end{array}\right)$，得同解方程组为 $\begin{cases}x_1=x_3,\\x_2=3x_3+4.\end{cases}$ 取 $x_3=1$，得对应齐次线性方程组的基础解系 $\boldsymbol{\xi}=\begin{pmatrix}1\\3\\1\end{pmatrix}$；取 $x_3=0$，得原方程组的一个特解为 $\boldsymbol{\eta}=\begin{pmatrix}0\\4\\0\end{pmatrix}$，于是方程组的通解为 $\begin{pmatrix}x_1\\x_2\\x_3\end{pmatrix}=c\boldsymbol{\xi}+\boldsymbol{\eta}=c\begin{pmatrix}1\\3\\1\end{pmatrix}+$

$\begin{pmatrix}0\\4\\0\end{pmatrix}(c\in\mathbb{R})$，所以 $\boldsymbol{\beta}=c\boldsymbol{\alpha}_1+(4+3c)\boldsymbol{\alpha}_2+c\boldsymbol{\alpha}_3$．

18．**解**：因为行列式 $|\boldsymbol{\alpha}_1,\boldsymbol{\alpha}_2,\boldsymbol{\alpha}_3|=\begin{vmatrix}1&1&0\\2&3&3\\1&0&0\end{vmatrix}=\begin{vmatrix}1&0\\3&3\end{vmatrix}=3\neq0$，则向量组 $\boldsymbol{\alpha}_1$，$\boldsymbol{\alpha}_2$，$\boldsymbol{\alpha}_3$ 线性无关，所以向量组 $\boldsymbol{\alpha}_1$，$\boldsymbol{\alpha}_2$，$\boldsymbol{\alpha}_3$ 是 $\mathbb{R}^3$ 的一个基．设 $x_1\boldsymbol{\alpha}_1+x_2\boldsymbol{\alpha}_2+x_3\boldsymbol{\alpha}_3=\boldsymbol{\beta}$，则增广矩阵 $(\boldsymbol{A},\boldsymbol{\beta})=\left(\begin{array}{ccc|c}1&1&0&-1\\2&3&3&-8\\1&0&0&2\end{array}\right)\xrightarrow[r_3-r_1]{r_2-2r_1}\left(\begin{array}{ccc|c}1&1&0&-1\\0&1&3&-6\\0&-1&0&3\end{array}\right)\xrightarrow[r_3+r_2]{r_1-r_2}$

$\left(\begin{array}{ccc|c}1&0&-3&5\\0&1&3&-6\\0&0&3&-3\end{array}\right)\xrightarrow[\frac{1}{3}r_3]{r_1+r_3,\ r_2-r_3}\left(\begin{array}{ccc|c}1&0&0&2\\0&1&0&-3\\0&0&1&-1\end{array}\right)$，得 $\boldsymbol{\beta}=2\boldsymbol{\alpha}_1-3\boldsymbol{\alpha}_2-\boldsymbol{\alpha}_3$，所以 $\boldsymbol{\beta}$ 在基 $\boldsymbol{\alpha}_1$，$\boldsymbol{\alpha}_2$，$\boldsymbol{\alpha}_3$ 下的坐标为 $(2,-3,-1)$．

19．**解**：将向量组写成矩阵，$(\boldsymbol{\alpha}_1,\boldsymbol{\alpha}_2,\boldsymbol{\alpha}_3,\boldsymbol{\alpha}_4)=\begin{pmatrix}1&2&-1&6\\2&5&-1&17\\-1&-3&1&-9\\-2&-3&2&-9\end{pmatrix}\xrightarrow[r_4+2r_1]{r_2-2r_1,\ r_3+r_1}\begin{pmatrix}1&2&-1&6\\0&1&1&5\\0&-1&0&-3\\0&1&0&3\end{pmatrix}\xrightarrow[r_4-r_2]{r_1-2r_2,\ r_3+r_2}\begin{pmatrix}1&0&-3&-4\\0&1&0&3\\0&0&1&2\\0&0&-1&-2\end{pmatrix}$

$\xrightarrow[r_4+r_3]{r_1+3r_3}\begin{pmatrix}1&0&0&2\\0&1&0&3\\0&0&1&2\\0&0&0&0\end{pmatrix}$，则 $\boldsymbol{\alpha}_1$，$\boldsymbol{\alpha}_2$，$\boldsymbol{\alpha}_3$ 为该向量组的一个最大无关组，且 $\boldsymbol{\alpha}_4=2\boldsymbol{\alpha}_1+3\boldsymbol{\alpha}_2+2\boldsymbol{\alpha}_3$．

思路点拨

向量组的最大无关组可能不唯一．本题中，向量组 $\boldsymbol{\alpha}_1$，$\boldsymbol{\alpha}_2$，$\boldsymbol{\alpha}_4$ 也是原向量组的一个最大无关组．

20．**解**：增广矩阵 $(\boldsymbol{A},\boldsymbol{b})=\left(\begin{array}{cccc|c}1&-1&-1&-1&-2\\1&0&0&1&1\\-1&2&2&4&5\end{array}\right)\xrightarrow[r_3+r_1]{r_2-r_1}\left(\begin{array}{cccc|c}1&-1&-1&-1&-2\\0&1&1&2&3\\0&1&1&3&3\end{array}\right)\xrightarrow[r_3-r_2]{r_1+r_2}\left(\begin{array}{cccc|c}1&0&0&1&1\\0&1&1&2&3\\0&0&0&1&0\end{array}\right)\xrightarrow[r_2-2r_3]{r_1-r_3}$

$\left(\begin{array}{cccc|c}1&0&0&0&1\\0&1&1&0&3\\0&0&0&1&0\end{array}\right)$，得同解方程组为 $\begin{cases}x_1=1,\\x_2=-x_3+3,\\x_4=0.\end{cases}$ 取 $x_3=1$，得对应齐次线性方程组的基础解系 $\boldsymbol{\xi}=\begin{pmatrix}0\\-1\\1\\0\end{pmatrix}$；取 $x_3=0$，得原方程组的一个特解为 $\boldsymbol{\eta}=\begin{pmatrix}1\\3\\0\\0\end{pmatrix}$，于是方程组的通解为 $\begin{pmatrix}x_1\\x_2\\x_3\\x_4\end{pmatrix}=c\boldsymbol{\xi}+\boldsymbol{\eta}=c\begin{pmatrix}0\\-1\\1\\0\end{pmatrix}+\begin{pmatrix}1\\3\\0\\0\end{pmatrix}(c\in\mathbb{R})$．

方法总结

求解非齐次线性方程组 $\boldsymbol{A}_{m\times n}\boldsymbol{x}=\boldsymbol{b}$ 的一般步骤如下．

（1）**将增广矩阵化为行最简形**．通过初等行变换，将增广矩阵 $(\boldsymbol{A},\boldsymbol{b})$ 化为行最简形，得出 $\boldsymbol{A}$ 和 $(\boldsymbol{A},\boldsymbol{b})$ 的秩，确定方程组解的情况．

（2）**写出同解方程组**．根据 $(\boldsymbol{A},\boldsymbol{b})$ 的行最简形写出原方程组的同解方程组．

（3）**求导出组的基础解系**．根据同解方程组，从 n 个未知数 $x_1,x_2,\cdots,x_n$ 中取 $n-R(\boldsymbol{A})$ 个自由未知数，令 $\begin{pmatrix}x_{r+1}\\x_{r+2}\\\vdots\\x_n\end{pmatrix}=\begin{pmatrix}1\\0\\\vdots\\0\end{pmatrix},\begin{pmatrix}0\\1\\\vdots\\0\end{pmatrix},\cdots,\begin{pmatrix}0\\0\\\vdots\\1\end{pmatrix}$，将自由未知数的取值分别代入同解方程组，求得 $n-r$ 个解向量 $\boldsymbol{\xi}_1,\boldsymbol{\xi}_2,\cdots,\boldsymbol{\xi}_{n-r}$，即为导出组 $\boldsymbol{Ax}=\boldsymbol{0}$ 的基础解系．

（4）**求原方程组的特解**．将自由未知数全部取零，求得原方程组的一个特解 $\boldsymbol{\eta}$．

（5）**写出原方程组的通解**．根据导出组的基础解系 $\boldsymbol{\xi}_1,\boldsymbol{\xi}_2,\cdots,\boldsymbol{\xi}_{n-r}$ 和原方程组的特解 $\boldsymbol{\eta}$，得原方程组的通解为 $\boldsymbol{x}=c_1\boldsymbol{\xi}_1+c_2\boldsymbol{\xi}_2+\cdots+c_{n-r}\boldsymbol{\xi}_{n-r}+\boldsymbol{\eta}\ (c_1,c_2,\cdots,c_{n-r}\in\mathbb{R})$．

第四章　向量组的线性相关性测试 C 卷

一、单项选择题

1．D【解析】向量组 $\boldsymbol{\alpha}_1$，$\boldsymbol{\alpha}_2$，$\boldsymbol{\alpha}_3$ 线性相关 $\Leftrightarrow|\boldsymbol{\alpha}_1,\boldsymbol{\alpha}_2,\boldsymbol{\alpha}_3|=0$，即 $\begin{vmatrix}1&a&1\\1&1&b\\1&0&0\end{vmatrix}=\begin{vmatrix}a&1\\1&b\end{vmatrix}=ab-1=0$．经验证，只有 D 选项 $a=1$，$b=1$ 满足 $ab-1=0$．故选 D．

2．C【解析】含有零向量的向量组一定线性相关，所以 A 选项线性相关．4 个三维向量一定线性相关，所以 B 选项线性相关．C 选项中，分别选择第 2，4，5 个分量作为向量，得向量组 $\begin{pmatrix}1\\0\\0\end{pmatrix},\begin{pmatrix}0\\1\\0\end{pmatrix},\begin{pmatrix}0\\0\\1\end{pmatrix}$ 线性无关，则向量组 $\begin{pmatrix}a\\1\\d\\0\\0\end{pmatrix},\begin{pmatrix}b\\0\\e\\1\\0\end{pmatrix},\begin{pmatrix}c\\0\\f\\0\\1\end{pmatrix}$ 也线性无关．D 选项中，因为 $\begin{pmatrix}1\\2\\1\\6\end{pmatrix}-\begin{pmatrix}1\\2\\1\\5\end{pmatrix}=\begin{pmatrix}0\\0\\0\\1\end{pmatrix}$，所以向量组 $\begin{pmatrix}1\\2\\1\\5\end{pmatrix},\begin{pmatrix}1\\2\\1\\6\end{pmatrix},\begin{pmatrix}1\\2\\3\\7\end{pmatrix},\begin{pmatrix}0\\0\\0\\1\end{pmatrix}$ 线性相关．故选 C．

3．A【解析】向量 $\boldsymbol{\beta}$ 可由向量组 $\boldsymbol{\alpha}_1,\boldsymbol{\alpha}_2,\cdots,\boldsymbol{\alpha}_s$ 线性表示，设 $k_1\boldsymbol{\alpha}_1+k_2\boldsymbol{\alpha}_2+\cdots+k_s\boldsymbol{\alpha}_s=\boldsymbol{\beta}$，又 $\boldsymbol{\beta}$ 不可由 $\boldsymbol{\alpha}_1,\boldsymbol{\alpha}_2,\cdots,\boldsymbol{\alpha}_{s-1}$ 线性表示，则 $k_s\neq0$，从而 $\boldsymbol{\alpha}_s=\frac{1}{k_s}(\boldsymbol{\beta}-k_1\boldsymbol{\alpha}_1-k_2\boldsymbol{\alpha}_2-\cdots-k_{s-1}\boldsymbol{\alpha}_{s-1})$，$\boldsymbol{\alpha}_s$ 可由（II）线性表示．若 $\boldsymbol{\alpha}_s$ 可由（I）线性表示，设 $l_1\boldsymbol{\alpha}_1+l_2\boldsymbol{\alpha}_2+\cdots+l_{s-1}\boldsymbol{\alpha}_{s-1}=\boldsymbol{\alpha}_s$，此时 $\boldsymbol{\beta}=k_1\boldsymbol{\alpha}_1+k_2\boldsymbol{\alpha}_2+\cdots+k_s(l_1\boldsymbol{\alpha}_1+l_2\boldsymbol{\alpha}_2+\cdots+l_{s-1}\boldsymbol{\alpha}_{s-1})=(k_1+k_sl_1)\boldsymbol{\alpha}_1+(k_2+k_sl_2)\boldsymbol{\alpha}_2+\cdots+(k_{s-1}+k_sl_{s-1})\boldsymbol{\alpha}_{s-1}$ 与 $\boldsymbol{\beta}$ 不可由 $\boldsymbol{\alpha}_1,\boldsymbol{\alpha}_2,\cdots,\boldsymbol{\alpha}_{s-1}$ 线性表示矛盾，则假设不成立，所以 $\boldsymbol{\alpha}_s$ 不可由（I）线性表示．故选 A．

4．D【解析】由 $R(\boldsymbol{A})=n-3$，得齐次线性方程组 $\boldsymbol{A}_{m\times n}\boldsymbol{x}=\boldsymbol{0}$ 的基础解系中含有 3 个线性无关的解向量．因为 $\boldsymbol{\xi}_1$，$\boldsymbol{\xi}_2$，$\boldsymbol{\xi}_3$ 线性无关，则 $|\boldsymbol{\xi}_1,\boldsymbol{\xi}_2,\boldsymbol{\xi}_3|\neq0$，所以 $|2\boldsymbol{\xi}_1,-\boldsymbol{\xi}_2,\boldsymbol{\xi}_3|=-2|\boldsymbol{\xi}_1,\boldsymbol{\xi}_2,\boldsymbol{\xi}_3|\neq0$，A 选项线性无关．$(\boldsymbol{\xi}_1+\boldsymbol{\xi}_2,2\boldsymbol{\xi}_2+3\boldsymbol{\xi}_3,\boldsymbol{\xi}_3+\boldsymbol{\xi}_1)=(\boldsymbol{\xi}_1,\boldsymbol{\xi}_2,\boldsymbol{\xi}_3)\begin{pmatrix}1&0&1\\1&2&0\\0&3&1\end{pmatrix}$，$(\boldsymbol{\xi}_1,2\boldsymbol{\xi}_2,\boldsymbol{\xi}_1+\boldsymbol{\xi}_2+\boldsymbol{\xi}_3)=(\boldsymbol{\xi}_1,\boldsymbol{\xi}_2,\boldsymbol{\xi}_3)\begin{pmatrix}1&0&1\\0&2&1\\0&0&1\end{pmatrix}$，因为 $\begin{vmatrix}1&0&1\\1&2&0\\0&3&1\end{vmatrix}\neq0$，$\begin{vmatrix}1&0&1\\0&2&1\\0&0&1\end{vmatrix}\neq0$，则矩阵 $\begin{pmatrix}1&0&1\\1&2&0\\0&3&1\end{pmatrix}$ 和 $\begin{pmatrix}1&0&1\\0&2&1\\0&0&1\end{pmatrix}$ 均可逆，所以 $R(\boldsymbol{\xi}_1+\boldsymbol{\xi}_2,2\boldsymbol{\xi}_2+3\boldsymbol{\xi}_3,\boldsymbol{\xi}_3+\boldsymbol{\xi}_1)=R(\boldsymbol{\xi}_1,\boldsymbol{\xi}_2,\boldsymbol{\xi}_3)=3$，$R(\boldsymbol{\xi}_1,2\boldsymbol{\xi}_2,\boldsymbol{\xi}_1+\boldsymbol{\xi}_2+\boldsymbol{\xi}_3)=R(\boldsymbol{\xi}_1,\boldsymbol{\xi}_2,\boldsymbol{\xi}_3)=3$，B 和 C 选项线性无关．D 选项中，存在不全为 0 的数 1，1，-2 使得方程组 $1\cdot(\boldsymbol{\xi}_3-\boldsymbol{\xi}_2-\boldsymbol{\xi}_1)+1\cdot(\boldsymbol{\xi}_3+\boldsymbol{\xi}_2+\boldsymbol{\xi}_1)-2\cdot\boldsymbol{\xi}_3=\boldsymbol{0}$ 成立，所以向量组 $\boldsymbol{\xi}_3-\boldsymbol{\xi}_2-\boldsymbol{\xi}_1$，$\boldsymbol{\xi}_3+\boldsymbol{\xi}_2+\boldsymbol{\xi}_1$，$-2\boldsymbol{\xi}_3$ 线性相关．故选 D．

5．A【解析】根据线性相关的定义，存在一组不全为 0 的数 $k_1,k_2,\cdots,k_m$ 使得方程 $k_1\boldsymbol{\alpha}_1+k_2\boldsymbol{\alpha}_2+\cdots+k_m\boldsymbol{\alpha}_m=\boldsymbol{0}$ 成立，则向量组 $\boldsymbol{\alpha}_1,\boldsymbol{\alpha}_2,\cdots,\boldsymbol{\alpha}_m$ 线性相关，所以 A 选项错误．B，C 和 D 选项都满足线性无关的定义．故选 A．

6．D【解析】将向量组写成矩阵，$(\boldsymbol{\alpha}_1,\boldsymbol{\alpha}_2,\boldsymbol{\alpha}_3,\boldsymbol{\alpha}_4)=\begin{pmatrix}1&2&-1&0\\1&3&-3&-1\\1&1&1&1\\2&6&-6&-2\end{pmatrix}\xrightarrow[r_4-2r_1]{r_2-r_1,\ r_3-r_1}\begin{pmatrix}1&2&-1&0\\0&1&-2&-1\\0&-1&2&1\\0&2&-4&-2\end{pmatrix}\xrightarrow[r_4-2r_2]{r_1-2r_2,\ r_3+r_2}$

$\begin{pmatrix}1&0&3&2\\0&1&-2&-1\\0&0&0&0\\0&0&0&0\end{pmatrix}$，则 $\boldsymbol{\alpha}_3=3\boldsymbol{\alpha}_1-2\boldsymbol{\alpha}_2$，$\boldsymbol{\alpha}_4=2\boldsymbol{\alpha}_1-\boldsymbol{\alpha}_2$．故选 D．

7. C【解析】由 $\boldsymbol{A\alpha}_1=\boldsymbol{b}$，$\boldsymbol{A\alpha}_2=\boldsymbol{b}$，得 $\boldsymbol{A}(\boldsymbol{\alpha}_1+\boldsymbol{\alpha}_2)=\boldsymbol{A\alpha}_1+\boldsymbol{A\alpha}_2=\boldsymbol{b}+\boldsymbol{b}=2\boldsymbol{b}$，$\boldsymbol{A}\left(3\boldsymbol{\alpha}_1+\frac{1}{3}\boldsymbol{\alpha}_2\right)=3\boldsymbol{A\alpha}_1+\frac{1}{3}\boldsymbol{A\alpha}_2=3\boldsymbol{b}+\frac{1}{3}\boldsymbol{b}=\frac{10}{3}\boldsymbol{b}$，所以 $\boldsymbol{\alpha}_1+\boldsymbol{\alpha}_2$ 和 $3\boldsymbol{\alpha}_1+\frac{1}{3}\boldsymbol{\alpha}_2$ 不是方程组 $\boldsymbol{Ax}=\boldsymbol{b}$ 的解．$\boldsymbol{A}\left(\frac{1}{4}\boldsymbol{\alpha}_1+\frac{3}{4}\boldsymbol{\alpha}_2\right)=\frac{1}{4}\boldsymbol{A\alpha}_1+\frac{3}{4}\boldsymbol{A\alpha}_2=\frac{1}{4}\boldsymbol{b}+\frac{3}{4}\boldsymbol{b}=\boldsymbol{b}$，$\boldsymbol{A}\left(\frac{2}{3}\boldsymbol{\alpha}_1+\frac{1}{3}\boldsymbol{\alpha}_2\right)=\frac{2}{3}\boldsymbol{A\alpha}_1+\frac{1}{3}\boldsymbol{A\alpha}_2=\frac{2}{3}\boldsymbol{b}+\frac{1}{3}\boldsymbol{b}=\boldsymbol{b}$，所以 $\frac{1}{4}\boldsymbol{\alpha}_1+\frac{3}{4}\boldsymbol{\alpha}_2$ 和 $\frac{2}{3}\boldsymbol{\alpha}_1+\frac{1}{3}\boldsymbol{\alpha}_2$ 是方程组 $\boldsymbol{Ax}=\boldsymbol{b}$ 的特解．故选 C．

8. D【解析】由齐次线性方程组 $\boldsymbol{Ax}=\boldsymbol{0}$ 的基础解系含有 1 个非零解向量，得 $R(\boldsymbol{A})=3$，所以 $R(\boldsymbol{A}^*)=1$，从而方程组 $\boldsymbol{A}^*\boldsymbol{x}=\boldsymbol{0}$ 的基础解系中含有 3 个线性无关的解向量，可排除 A 和 B 选项．由 $\boldsymbol{A}^*\boldsymbol{A}=|\boldsymbol{A}|\boldsymbol{E}=\boldsymbol{O}$ 可知，矩阵 $\boldsymbol{A}$ 的列向量 $\boldsymbol{\alpha}_1$，$\boldsymbol{\alpha}_2$，$\boldsymbol{\alpha}_3$，$\boldsymbol{\alpha}_4$ 都是 $\boldsymbol{A}^*\boldsymbol{x}=\boldsymbol{0}$ 的解．又 $\boldsymbol{A}\begin{pmatrix}1\\0\\1\\0\end{pmatrix}=(\boldsymbol{\alpha}_1,\boldsymbol{\alpha}_2,\boldsymbol{\alpha}_3,\boldsymbol{\alpha}_4)\begin{pmatrix}1\\0\\1\\0\end{pmatrix}=\boldsymbol{\alpha}_1+\boldsymbol{\alpha}_3=\boldsymbol{0}$，则 $\boldsymbol{\alpha}_1$，$\boldsymbol{\alpha}_3$ 线性相关，可排除 C 选项，$\boldsymbol{\alpha}_2$，$\boldsymbol{\alpha}_3$，$\boldsymbol{\alpha}_4$ 可为方程组 $\boldsymbol{A}^*\boldsymbol{x}=\boldsymbol{0}$ 的一个基础解系．故选 D．

二、填空题

9. 2【解析】由题可知，齐次线性方程组 $\boldsymbol{Ax}=\boldsymbol{0}$ 的基础解系中含有 2 个线性无关的解向量，则 $R(\boldsymbol{A})=4-2=2$，从而 $R(\boldsymbol{A}^{\mathrm{T}})=R(\boldsymbol{A})=2$．

10. $t\neq1$【解析】由题可知，向量组 $\boldsymbol{\alpha}_1$，$\boldsymbol{\alpha}_2$，$\boldsymbol{\alpha}_3$ 是三维向量空间 $\mathbb{R}^3$ 的一个基，则 $\boldsymbol{\alpha}_1$，$\boldsymbol{\alpha}_2$，$\boldsymbol{\alpha}_3$ 线性无关，$|\boldsymbol{\alpha}_1,\boldsymbol{\alpha}_2,\boldsymbol{\alpha}_3|\neq0$，即 $\begin{vmatrix}1&2&0\\4&7&1\\2&3&t\end{vmatrix}=1-t\neq0$，解得 $t\neq1$．

11. 1；2【解析】由题可知，$R(\boldsymbol{A})=4-2=2$，所以 $a=1$，$b=2$．

12. $t\neq5$【解析】若向量组 $\boldsymbol{\beta}$ 可由向量组 $\boldsymbol{\alpha}_1$，$\boldsymbol{\alpha}_2$，$\boldsymbol{\alpha}_3$ 线性表示，且表示式唯一，则 $R(\boldsymbol{\alpha}_1,\boldsymbol{\alpha}_2,\boldsymbol{\alpha}_3)=R(\boldsymbol{\alpha}_1,\boldsymbol{\alpha}_2,\boldsymbol{\alpha}_3,\boldsymbol{\beta})=3$ 将向量组写成矩阵，$(\boldsymbol{\alpha}_1,\boldsymbol{\alpha}_2,\boldsymbol{\alpha}_3,\boldsymbol{\beta})=\begin{pmatrix}1&0&1&-1\\-1&1&3&4\\1&1&t&4\end{pmatrix}\xrightarrow[r_3-r_1]{r_2+r_1}\begin{pmatrix}1&0&1&-1\\0&1&4&3\\0&1&t-1&5\end{pmatrix}\xrightarrow{r_3-r_2}\begin{pmatrix}1&0&1&-1\\0&1&4&3\\0&0&t-5&2\end{pmatrix}$，所以 $t-5\neq0$，解得 $t\neq5$．

13. $\left(-\frac{15}{2},-\frac{29}{2}\right)$【解析】设由基 $\boldsymbol{\beta}_1$，$\boldsymbol{\beta}_2$ 到 $\boldsymbol{\alpha}_1$，$\boldsymbol{\alpha}_2$ 的过渡矩阵为 $\boldsymbol{P}$，即 $(\boldsymbol{\beta}_1,\boldsymbol{\beta}_2)\boldsymbol{P}=(\boldsymbol{\alpha}_1,\boldsymbol{\alpha}_2)$．将向量组写成矩阵，$(\boldsymbol{\beta}_1,\boldsymbol{\beta}_2,\boldsymbol{\alpha}_1,\boldsymbol{\alpha}_2)=\left(\begin{array}{cc|cc}2&0&0&-3\\1&-1&2&1\end{array}\right)\xrightarrow{r_2-\frac{1}{2}r_1}\left(\begin{array}{cc|cc}2&0&0&-3\\0&-1&2&\frac{5}{2}\end{array}\right)\xrightarrow[-r_2]{\frac{1}{2}r_1}\left(\begin{array}{cc|cc}1&0&0&-\frac{3}{2}\\0&1&-2&-\frac{5}{2}\end{array}\right)$，则 $\boldsymbol{P}=\begin{pmatrix}0&-\frac{3}{2}\\-2&-\frac{5}{2}\end{pmatrix}$，向量 $\boldsymbol{\gamma}=\boldsymbol{\alpha}_1+5\boldsymbol{\alpha}_2=(\boldsymbol{\alpha}_1,\boldsymbol{\alpha}_2)\begin{pmatrix}1\\5\end{pmatrix}=(\boldsymbol{\beta}_1,\boldsymbol{\beta}_2)\begin{pmatrix}0&-\frac{3}{2}\\-2&-\frac{5}{2}\end{pmatrix}\begin{pmatrix}1\\5\end{pmatrix}=(\boldsymbol{\beta}_1,\boldsymbol{\beta}_2)\begin{pmatrix}-\frac{15}{2}\\-\frac{29}{2}\end{pmatrix}$，所以向量 $\boldsymbol{\gamma}$ 在基 $\boldsymbol{\beta}_1$，$\boldsymbol{\beta}_2$ 下的坐标为 $\left(-\frac{15}{2},-\frac{29}{2}\right)$．

14. $\begin{pmatrix}x_1\\x_2\\x_3\\x_4\end{pmatrix}=c_1\begin{pmatrix}1\\2\\-1\\0\end{pmatrix}+c_2\begin{pmatrix}1\\-1\\0\\-1\end{pmatrix}$ $(c_1,c_2\in\mathbb{R})$【解析】由向量组 $\boldsymbol{\alpha}_1$，$\boldsymbol{\alpha}_2$ 线性无关，且 $\boldsymbol{\alpha}_3=\boldsymbol{\alpha}_1+2\boldsymbol{\alpha}_2$，$\boldsymbol{\alpha}_4=\boldsymbol{\alpha}_1-\boldsymbol{\alpha}_2$，得 $R(\boldsymbol{A})=2$，从而齐次线性方程组 $\boldsymbol{Ax}=\boldsymbol{0}$ 的基础解系中含 2 个线性无关的解向量．又 $(\boldsymbol{\alpha}_1,\boldsymbol{\alpha}_2,\boldsymbol{\alpha}_3,\boldsymbol{\alpha}_4)\begin{pmatrix}1\\2\\-1\\0\end{pmatrix}=\boldsymbol{0}$，$(\boldsymbol{\alpha}_1,\boldsymbol{\alpha}_2,\boldsymbol{\alpha}_3,\boldsymbol{\alpha}_4)\begin{pmatrix}1\\-1\\0\\-1\end{pmatrix}=\boldsymbol{0}$，所以 $\boldsymbol{\xi}_1=\begin{pmatrix}1\\2\\-1\\0\end{pmatrix}$，$\boldsymbol{\xi}_2=\begin{pmatrix}1\\-1\\0\\-1\end{pmatrix}$ 为方程组 $\boldsymbol{Ax}=\boldsymbol{0}$ 的基础解系，于是方程组 $\boldsymbol{Ax}=\boldsymbol{0}$ 的通解为 $\begin{pmatrix}x_1\\x_2\\x_3\\x_4\end{pmatrix}=c_1\begin{pmatrix}1\\2\\-1\\0\end{pmatrix}+c_2\begin{pmatrix}1\\-1\\0\\-1\end{pmatrix}$ $(c_1,c_2\in\mathbb{R})$．

三、解答题

15. **证明**：设存在一组数 k_1，k_2，k_3 使得 $k_1(\boldsymbol{\alpha}_1+c_1\boldsymbol{\alpha}_4)+k_2(\boldsymbol{\alpha}_2+c_2\boldsymbol{\alpha}_4)+k_3(\boldsymbol{\alpha}_3+c_3\boldsymbol{\alpha}_4)=\boldsymbol{0}$，即 $k_1\boldsymbol{\alpha}_1+k_2\boldsymbol{\alpha}_2+k_3\boldsymbol{\alpha}_3+(k_1c_1+k_2c_2+k_3c_3)\boldsymbol{\alpha}_4=\boldsymbol{0}$，因为向量组 $\boldsymbol{\alpha}_1$，$\boldsymbol{\alpha}_2$，$\boldsymbol{\alpha}_3$，$\boldsymbol{\alpha}_4$ 线性无关，则 $\begin{cases}k_1=0,\\k_2=0,\\k_3=0,\\k_1c_1+k_2c_2+k_3c_3=0,\end{cases}$ 解得 $k_1=k_2=k_3=0$，所以向量组 $\boldsymbol{\alpha}_1+c_1\boldsymbol{\alpha}_4$，$\boldsymbol{\alpha}_2+c_2\boldsymbol{\alpha}_4$，$\boldsymbol{\alpha}_3+c_3\boldsymbol{\alpha}_4$ 线性无关，得证．

16. **证明**：(1) 因为向量组 $\boldsymbol{\alpha}_2$，$\boldsymbol{\alpha}_3$，$\boldsymbol{\alpha}_4$ 线性无关，所以向量组 $\boldsymbol{\alpha}_2$，$\boldsymbol{\alpha}_3$ 线性无关．又因为向量组 $\boldsymbol{\alpha}_1$，$\boldsymbol{\alpha}_2$，$\boldsymbol{\alpha}_3$ 线性相关，所以 $\boldsymbol{\alpha}_1$ 可由 $\boldsymbol{\alpha}_2$，$\boldsymbol{\alpha}_3$ 线性表示，得证．

思路点拨

若向量组 $\boldsymbol{\alpha}_1,\boldsymbol{\alpha}_2,\cdots,\boldsymbol{\alpha}_m$ 线性相关，则 $\boldsymbol{\alpha}_1,\boldsymbol{\alpha}_2,\cdots,\boldsymbol{\alpha}_m,\boldsymbol{\alpha}_{m+1}$ 也线性相关，简记为"**若部分相关，则整体相关**"．
若向量组 $\boldsymbol{\alpha}_1,\boldsymbol{\alpha}_2,\cdots,\boldsymbol{\alpha}_m,\boldsymbol{\alpha}_{m+1}$ 线性无关，则 $\boldsymbol{\alpha}_1,\boldsymbol{\alpha}_2,\cdots,\boldsymbol{\alpha}_m$ 也线性无关，简记为"**若整体无关，则部分无关**"．

(2) 假设 $\boldsymbol{\alpha}_4$ 可由向量组 $\boldsymbol{\alpha}_1$，$\boldsymbol{\alpha}_2$，$\boldsymbol{\alpha}_3$ 线性表示，由 (1) 可知，$\boldsymbol{\alpha}_1$ 可由 $\boldsymbol{\alpha}_2$，$\boldsymbol{\alpha}_3$ 线性表示，则 $\boldsymbol{\alpha}_4$ 可由 $\boldsymbol{\alpha}_2$，$\boldsymbol{\alpha}_3$ 线性表示，从而 $\boldsymbol{\alpha}_2$，$\boldsymbol{\alpha}_3$，$\boldsymbol{\alpha}_4$ 线性相关，与题干矛盾，因此假设不成立，即 $\boldsymbol{\alpha}_4$ 不可由 $\boldsymbol{\alpha}_1$，$\boldsymbol{\alpha}_2$，$\boldsymbol{\alpha}_3$ 线性表示，得证．

17. **解**：将向量组写成矩阵，$(\boldsymbol{\alpha}_1,\boldsymbol{\alpha}_2,\boldsymbol{\alpha}_3)=\begin{pmatrix}1&1&k\\1&k&1\\k&1&1\end{pmatrix}\xrightarrow[r_3-kr_1]{r_2-r_1}\begin{pmatrix}1&1&k\\0&k-1&1-k\\0&1-k&1-k^2\end{pmatrix}\xrightarrow{r_3+r_2}\begin{pmatrix}1&1&k\\0&k-1&1-k\\0&0&-(k-1)(k+2)\end{pmatrix}$．

(1) 因为向量组 $\boldsymbol{\alpha}_1$，$\boldsymbol{\alpha}_2$，$\boldsymbol{\alpha}_3$ 线性相关，则 $R(\boldsymbol{\alpha}_1,\boldsymbol{\alpha}_2,\boldsymbol{\alpha}_3)<3$，所以 $k=-2$ 或 1．

(2) 当 $k=-2$ 时，$(\boldsymbol{\alpha}_1,\boldsymbol{\alpha}_2,\boldsymbol{\alpha}_3)\sim\begin{pmatrix}1&1&-2\\0&-3&3\\0&0&0\end{pmatrix}\xrightarrow[r_1-r_2]{-\frac{1}{3}r_2}\begin{pmatrix}1&0&-1\\0&1&-1\\0&0&0\end{pmatrix}$，$R(\boldsymbol{\alpha}_1,\boldsymbol{\alpha}_2,\boldsymbol{\alpha}_3)=2$，此时 $\boldsymbol{\alpha}_1$，$\boldsymbol{\alpha}_2$ 为该向量组的一个最大无关组，且 $\boldsymbol{\alpha}_3=-\boldsymbol{\alpha}_1-\boldsymbol{\alpha}_2$．当 $k=1$ 时，$(\boldsymbol{\alpha}_1,\boldsymbol{\alpha}_2,\boldsymbol{\alpha}_3)\sim\begin{pmatrix}1&1&1\\0&0&0\\0&0&0\end{pmatrix}$，$R(\boldsymbol{\alpha}_1,\boldsymbol{\alpha}_2,\boldsymbol{\alpha}_3)=1$，此时 $\boldsymbol{\alpha}_1$ 为该向量组的一个最大无关组，且 $\boldsymbol{\alpha}_2=\boldsymbol{\alpha}_1$，$\boldsymbol{\alpha}_3=\boldsymbol{\alpha}_1$．

18. **解**：设 $x_1\boldsymbol{\alpha}_1+x_2\boldsymbol{\alpha}_2+x_3\boldsymbol{\alpha}_3=\boldsymbol{\beta}$，得方程组 $\begin{cases}x_1-3ax_3=-3b-8,\\x_1+x_2-2ax_3=-2b-9,\\x_2+2ax_3=2b+1,\end{cases}$ 其增广矩阵 $(\boldsymbol{A},\boldsymbol{\beta})=\left(\begin{array}{ccc|c}1&0&-3a&-3b-8\\1&1&-2a&-2b-9\\0&1&2a&2b+1\end{array}\right)$

$\xrightarrow[r_3-r_2]{r_2-r_1}\left(\begin{array}{ccc|c}1&0&-3a&-3b-8\\0&1&a&b-1\\0&0&a&b+2\end{array}\right)\xrightarrow[r_2-r_3]{r_1+3r_3}\left(\begin{array}{ccc|c}1&0&0&-2\\0&1&0&-3\\0&0&a&b+2\end{array}\right)$．

(1) 若向量 $\boldsymbol{\beta}$ 可由向量组 $\boldsymbol{\alpha}_1$，$\boldsymbol{\alpha}_2$，$\boldsymbol{\alpha}_3$ 线性表示，且表示式唯一，则 $R(\boldsymbol{A})=R(\boldsymbol{A},\boldsymbol{\beta})=3$，可得 $a\neq0$，b 为任意

常数.

（2）若向量 $\boldsymbol{\beta}$ 可由向量组 $\boldsymbol{\alpha}_1$，$\boldsymbol{\alpha}_2$，$\boldsymbol{\alpha}_3$ 线性表示，但表示式不唯一，则 $R(\boldsymbol{A})=R(\boldsymbol{A},\boldsymbol{\beta})=2<3$，可得 $a=0$ 且 $b=-2$，此时增广矩阵 $(\boldsymbol{A},\boldsymbol{\beta})\sim\left(\begin{array}{ccc|c}1&0&0&-2\\0&1&0&-3\\0&0&0&0\end{array}\right)$，其同解方程组为 $\begin{cases}x_1=-2,\\x_2=-3.\end{cases}$ 取 $x_3=1$，得对应齐次线性方程组的基础解系 $\boldsymbol{\xi}=\begin{pmatrix}0\\0\\1\end{pmatrix}$；取 $x_3=0$，得原方程组的一个特解为 $\boldsymbol{\eta}=\begin{pmatrix}-2\\-3\\0\end{pmatrix}$，于是方程组的通解为 $\begin{pmatrix}x_1\\x_2\\x_3\end{pmatrix}=c\boldsymbol{\xi}+\boldsymbol{\eta}=c\begin{pmatrix}0\\0\\1\end{pmatrix}+\begin{pmatrix}-2\\-3\\0\end{pmatrix}(c\in\mathbb{R})$，所以 $\boldsymbol{\beta}=-2\boldsymbol{\alpha}_1-3\boldsymbol{\alpha}_2+c\boldsymbol{\alpha}_3$，$c\in\mathbb{R}$.

（3）若向量 $\boldsymbol{\beta}$ 不可由向量组 $\boldsymbol{\alpha}_1$，$\boldsymbol{\alpha}_2$，$\boldsymbol{\alpha}_3$ 线性表示，则 $R(\boldsymbol{A})<R(\boldsymbol{A},\boldsymbol{\beta})$，可得 $a=0$ 且 $b\neq-2$.

19.（1）**证明**：向量之间的关系可表示为 $(\boldsymbol{\beta}_1,\boldsymbol{\beta}_2,\boldsymbol{\beta}_3)\begin{pmatrix}1&-1&0\\0&1&1\\-1&0&2\end{pmatrix}=(\boldsymbol{\alpha}_1,\boldsymbol{\alpha}_2,\boldsymbol{\alpha}_3)\begin{pmatrix}1&0&1\\-1&1&0\\-2&3&-1\end{pmatrix}$，于是 $(\boldsymbol{\beta}_1,\boldsymbol{\beta}_2,\boldsymbol{\beta}_3)=$

$$(\boldsymbol{\alpha}_1,\boldsymbol{\alpha}_2,\boldsymbol{\alpha}_3)\begin{pmatrix}1&0&1\\-1&1&0\\-2&3&-1\end{pmatrix}\begin{pmatrix}1&-1&0\\0&1&1\\-1&0&2\end{pmatrix}^{-1}=(\boldsymbol{\alpha}_1,\boldsymbol{\alpha}_2,\boldsymbol{\alpha}_3)\begin{pmatrix}1&0&1\\-1&1&0\\-2&3&-1\end{pmatrix}\begin{pmatrix}\frac{2}{3}&\frac{2}{3}&-\frac{1}{3}\\-\frac{1}{3}&\frac{2}{3}&-\frac{1}{3}\\\frac{1}{3}&\frac{1}{3}&\frac{1}{3}\end{pmatrix}=(\boldsymbol{\alpha}_1,\boldsymbol{\alpha}_2,\boldsymbol{\alpha}_3)\begin{pmatrix}1&1&0\\-1&0&0\\-\frac{8}{3}&\frac{1}{3}&-\frac{2}{3}\end{pmatrix}.$$

因为 $\boldsymbol{\alpha}_1$，$\boldsymbol{\alpha}_2$，$\boldsymbol{\alpha}_3$ 是三维向量空间 $\mathbb{R}^3$ 的一个基，$|\boldsymbol{\alpha}_1,\boldsymbol{\alpha}_2,\boldsymbol{\alpha}_3|\neq0$，且 $\begin{vmatrix}1&1&0\\-1&0&0\\-\frac{8}{3}&\frac{1}{3}&-\frac{2}{3}\end{vmatrix}=-\frac{2}{3}\neq0$，所以 $|\boldsymbol{\beta}_1,\boldsymbol{\beta}_2,\boldsymbol{\beta}_3|=|\boldsymbol{\alpha}_1,\boldsymbol{\alpha}_2,\boldsymbol{\alpha}_3|\begin{vmatrix}1&1&0\\-1&0&0\\-\frac{8}{3}&\frac{1}{3}&-\frac{2}{3}\end{vmatrix}\neq0$，向量组 $\boldsymbol{\beta}_1$，$\boldsymbol{\beta}_2$，$\boldsymbol{\beta}_3$ 线性无关，因此 $\boldsymbol{\beta}_1$，$\boldsymbol{\beta}_2$，$\boldsymbol{\beta}_3$ 是 $\mathbb{R}^3$ 的一个基，得证.

（2）**解**：由 $(\boldsymbol{\beta}_1,\boldsymbol{\beta}_2,\boldsymbol{\beta}_3)=(\boldsymbol{\alpha}_1,\boldsymbol{\alpha}_2,\boldsymbol{\alpha}_3)\begin{pmatrix}1&1&0\\-1&0&0\\-\frac{8}{3}&\frac{1}{3}&-\frac{2}{3}\end{pmatrix}$，得 $(\boldsymbol{\alpha}_1,\boldsymbol{\alpha}_2,\boldsymbol{\alpha}_3)=(\boldsymbol{\beta}_1,\boldsymbol{\beta}_2,\boldsymbol{\beta}_3)\begin{pmatrix}1&1&0\\-1&0&0\\-\frac{8}{3}&\frac{1}{3}&-\frac{2}{3}\end{pmatrix}^{-1}=(\boldsymbol{\beta}_1,\boldsymbol{\beta}_2,\boldsymbol{\beta}_3)\begin{pmatrix}0&-1&0\\1&1&0\\\frac{1}{2}&\frac{9}{2}&-\frac{3}{2}\end{pmatrix}$，所以基 $\boldsymbol{\beta}_1$，$\boldsymbol{\beta}_2$，$\boldsymbol{\beta}_3$ 到基 $\boldsymbol{\alpha}_1$，$\boldsymbol{\alpha}_2$，$\boldsymbol{\alpha}_3$ 的过渡矩阵为 $\begin{pmatrix}0&-1&0\\1&1&0\\\frac{1}{2}&\frac{9}{2}&-\frac{3}{2}\end{pmatrix}$.

（3）**解**：向量 $\boldsymbol{\gamma}=(\boldsymbol{\alpha}_1,\boldsymbol{\alpha}_2,\boldsymbol{\alpha}_3)\begin{pmatrix}-1\\-2\\4\end{pmatrix}=(\boldsymbol{\beta}_1,\boldsymbol{\beta}_2,\boldsymbol{\beta}_3)\begin{pmatrix}0&-1&0\\1&1&0\\\frac{1}{2}&\frac{9}{2}&-\frac{3}{2}\end{pmatrix}\begin{pmatrix}-1\\-2\\4\end{pmatrix}=(\boldsymbol{\beta}_1,\boldsymbol{\beta}_2,\boldsymbol{\beta}_3)\begin{pmatrix}2\\-3\\-\frac{31}{2}\end{pmatrix}$，所以向量 $\boldsymbol{\gamma}$ 在基 $\boldsymbol{\beta}_1$，$\boldsymbol{\beta}_2$，$\boldsymbol{\beta}_3$ 下的坐标为 $\left(2,-3,-\frac{31}{2}\right)$.

20. **解**：由题可知，方程组 $\boldsymbol{Ax}=\boldsymbol{0}$ 的通解为 $\boldsymbol{x}=x_1\boldsymbol{\xi}_1+x_2\boldsymbol{\xi}_2$，方程组 $\boldsymbol{Bx}=\boldsymbol{0}$ 的通解为 $\boldsymbol{x}=x_3\boldsymbol{\xi}_3+x_4\boldsymbol{\xi}_4$，则方程组 $\begin{cases}\boldsymbol{Ax}=\boldsymbol{0},\\\boldsymbol{Bx}=\boldsymbol{0}\end{cases}$ 的解满足 $x_1\boldsymbol{\xi}_1+x_2\boldsymbol{\xi}_2=x_3\boldsymbol{\xi}_3+x_4\boldsymbol{\xi}_4$，移项得 $x_1\boldsymbol{\xi}_1+x_2\boldsymbol{\xi}_2-x_3\boldsymbol{\xi}_3-x_4\boldsymbol{\xi}_4=\boldsymbol{0}$，对系数矩阵 $(\boldsymbol{\xi}_1,\boldsymbol{\xi}_2,-\boldsymbol{\xi}_3,-\boldsymbol{\xi}_4)$ 作初等行变换，$\begin{pmatrix}1&1&1&-3\\2&1&3&-5\\1&-1&4&-1\\3&1&5&-7\end{pmatrix}\xrightarrow[r_3-3r_1]{\substack{r_2-2r_1\\r_3-r_1}}\begin{pmatrix}1&1&1&-3\\0&-1&1&1\\0&-2&3&2\\0&-2&2&2\end{pmatrix}\xrightarrow[-r_2]{\substack{r_1+r_2\\r_3-2r_2\\r_4-2r_2}}\begin{pmatrix}1&0&2&-2\\0&1&-1&-1\\0&0&1&0\\0&0&0&0\end{pmatrix}\xrightarrow[r_2+r_3]{r_1-2r_3}\begin{pmatrix}1&0&0&-2\\0&1&0&-1\\0&0&1&0\\0&0&0&0\end{pmatrix}$，其同解方程组为 $\begin{cases}x_1=2x_4,\\x_2=x_4,\\x_3=0.\end{cases}$ 取 $x_4=1$，得方程组 $x_1\boldsymbol{\xi}_1+x_2\boldsymbol{\xi}_2-x_3\boldsymbol{\xi}_3-x_4\boldsymbol{\xi}_4=\boldsymbol{0}$ 的基础解系为 $\begin{pmatrix}2\\1\\0\\1\end{pmatrix}$，则方程组 $\begin{cases}\boldsymbol{Ax}=\boldsymbol{0},\\\boldsymbol{Bx}=\boldsymbol{0}\end{cases}$ 的基础解系为 $\boldsymbol{\xi}=2\boldsymbol{\alpha}_1+\boldsymbol{\alpha}_2=0\boldsymbol{\beta}_1+\boldsymbol{\beta}_2=\begin{pmatrix}3\\5\\1\\7\end{pmatrix}$，于是方程组 $\begin{cases}\boldsymbol{Ax}=\boldsymbol{0},\\\boldsymbol{Bx}=\boldsymbol{0}\end{cases}$ 的通解为 $\boldsymbol{x}=c\boldsymbol{\xi}=c\begin{pmatrix}3\\5\\1\\7\end{pmatrix}(c\in\mathbb{R})$.

第五章　相似矩阵及二次型测试 A 卷

一、单项选择题

1. C【**解析**】由向量 $\boldsymbol{\alpha}=\begin{pmatrix}-1\\0\\3\\5\end{pmatrix}$，$\boldsymbol{\beta}=\begin{pmatrix}2\\8\\-1\\1\end{pmatrix}$，得 $(\boldsymbol{\alpha},\boldsymbol{\beta})=(-1)\times2+0\times8+3\times(-1)+5\times1=0$. 故选 C.

2. D【**解析**】A 选项中，矩阵的列向量不是单位向量. B 选项中，矩阵第 1 列和第 3 列的两个列向量不正交. C 选项中，矩阵第 2 列的向量不是单位向量，故 A，B 和 C 选项都不是正交矩阵. 故选 D.

方法总结

正交性的相关概念及性质如下表所示.

名　称	概　念	性　质
正交向量	若向量 $\boldsymbol{\alpha}=\begin{pmatrix}x_1\\x_2\\\vdots\\x_n\end{pmatrix}$，$\boldsymbol{\beta}=\begin{pmatrix}y_1\\y_2\\\vdots\\y_n\end{pmatrix}$ 的内积 $(\boldsymbol{\alpha},\boldsymbol{\beta})=x_1y_1+x_2y_2+\cdots+x_ny_n=0$，则称 $\boldsymbol{\alpha}$ 与 $\boldsymbol{\beta}$ **正交**	零向量与任何向量都正交
正交向量组	若一组非零向量中任意两个向量都正交，则称该向量组为**正交向量组**	若 n 维向量组 $\boldsymbol{\alpha}_1,\boldsymbol{\alpha}_2,\cdots,\boldsymbol{\alpha}_r$ 两两正交，则向量组 $\boldsymbol{\alpha}_1,\boldsymbol{\alpha}_2,\cdots,\boldsymbol{\alpha}_r$ 线性无关
标准正交基	设 n 维向量 $\boldsymbol{\xi}_1,\boldsymbol{\xi}_2,\cdots,\boldsymbol{\xi}_r$ 是向量空间 $V(V\subseteq\mathbb{R}^n)$ 的一个基，若 $\boldsymbol{\xi}_1,\boldsymbol{\xi}_2,\cdots,\boldsymbol{\xi}_r$ 两两正交，且都是单位向量，则称 $\boldsymbol{\xi}_1,\boldsymbol{\xi}_2,\cdots,\boldsymbol{\xi}_r$ 是 V 的一个**标准正交基**	V 中任一向量 $\boldsymbol{a}$ 均可由 V 的标准正交基 $\boldsymbol{\xi}_1,\boldsymbol{\xi}_2,\cdots,\boldsymbol{\xi}_r$ 线性表示，即 $\boldsymbol{a}=\lambda_1\boldsymbol{\xi}_1+\lambda_2\boldsymbol{\xi}_2+\cdots+\lambda_r\boldsymbol{\xi}_r$
正交矩阵	若 n 阶方阵 $\boldsymbol{A}$ 满足 $\boldsymbol{A}^{\mathrm{T}}\boldsymbol{A}=\boldsymbol{E}$（即 $\boldsymbol{A}^{-1}=\boldsymbol{A}^{\mathrm{T}}$），则称 $\boldsymbol{A}$ 为**正交矩阵**	① 方阵 $\boldsymbol{A}$ 为正交矩阵 $\Leftrightarrow$ $\boldsymbol{A}$ 的列（行）向量都是单位向量，且两两正交 $\Leftrightarrow$ $\boldsymbol{A}$ 的列（行）向量组是 $\mathbb{R}^n$ 的标准正交基； ② 若 $\boldsymbol{A}$ 为正交矩阵，则 $\boldsymbol{A}^{-1}$ 和 $\boldsymbol{A}^{\mathrm{T}}$ 也是正交矩阵，且 $\lvert\boldsymbol{A}\rvert=1$ 或 -1； ③ 若 $\boldsymbol{A}$ 和 $\boldsymbol{B}$ 都是正交矩阵，则 $\boldsymbol{AB}$ 也是正交矩阵

3. B【解析】因为方阵 $\boldsymbol{A}$ 与 $\boldsymbol{B}$ 相似，则 $\boldsymbol{A}$ 与 $\boldsymbol{B}$ 有相同的特征值，即 -2，3，所以 $\boldsymbol{A}-\boldsymbol{E}$ 的特征值为 -3，2，从而 $\mathrm{tr}(\boldsymbol{A}-\boldsymbol{E})=-3+2=-1$．故选 B.

方法总结

设方阵 $\boldsymbol{A}$ 的特征值是 λ，λ 对应的特征向量是 $\boldsymbol{\alpha}$，则与 $\boldsymbol{A}$ 相关的矩阵的特征值、特征向量如下表所示.

矩阵	$k\boldsymbol{A}$	$\boldsymbol{A}^n$	$\boldsymbol{A}^{-1}$	$\boldsymbol{A}^*$	$\boldsymbol{A}^{\mathrm{T}}$	$f(\boldsymbol{A})$	$f(\boldsymbol{A}^{-1})$	$\boldsymbol{P}^{-1}\boldsymbol{A}\boldsymbol{P}$
特征值	$k\lambda$	λ^n	λ^{-1}	$\|\boldsymbol{A}\|\lambda^{-1}$	λ	$f(\lambda)$	$f(\lambda^{-1})$	λ
特征向量	$\boldsymbol{\alpha}$	$\boldsymbol{\alpha}$	$\boldsymbol{\alpha}$	$\boldsymbol{\alpha}$	—	$\boldsymbol{\alpha}$	$\boldsymbol{\alpha}$	$\boldsymbol{P}^{-1}\boldsymbol{\alpha}$

注意：$f(\boldsymbol{A})=a_0\boldsymbol{E}+a_1\boldsymbol{A}+\cdots+a_n\boldsymbol{A}^n$ 为关于 $\boldsymbol{A}$ 的多项式，其中 n 为正整数.

4. B【解析】实对称矩阵的秩为 2，则经初等变换化成的对角矩阵的秩仍为 2，所以特征值 $\lambda=0$ 的重数为 1．故选 B.

5. D【解析】（方法一）方阵 $\boldsymbol{A}$ 的特征多项式 $|\boldsymbol{A}-\lambda\boldsymbol{E}|=\begin{vmatrix}1-\lambda & 2\\ a & b-\lambda\end{vmatrix}=(1-\lambda)(b-\lambda)-2a$，分别代入 $\lambda=1$ 和 2，得 $\begin{cases}-2a=0,\\ 2-b-2a=0,\end{cases}$ 解得 $\begin{cases}a=0,\\ b=2.\end{cases}$ 故选 D.

（方法二）由题可知，$\begin{cases}\mathrm{tr}(\boldsymbol{A})=1+b=3,\\ |\boldsymbol{A}|=b-2a=2,\end{cases}$ 解得 $\begin{cases}a=0,\\ b=2.\end{cases}$ 故选 D.

6. A【解析】方阵 $\boldsymbol{A}$ 的特征多项式 $|\boldsymbol{A}-\lambda\boldsymbol{E}|=\begin{vmatrix}1-\lambda & 1\\ 1 & 1-\lambda\end{vmatrix}=\lambda(\lambda-2)$，则 $\boldsymbol{A}$ 的特征值为 $\lambda_1=0$，$\lambda_2=2$．$\boldsymbol{A}$ 的特征值与 $\boldsymbol{B}$ 的特征值相同，所以 $\boldsymbol{A}$ 与 $\boldsymbol{B}$ 相似且合同．故选 A.

方法总结

矩阵 $\boldsymbol{A}$ 与 $\boldsymbol{B}$ 等价、相似、合同的概念和性质如下表所示.

名 称	等 价	相 似	合 同
概 念	设 $\boldsymbol{A}$ 与 $\boldsymbol{B}$ 是同型矩阵，如果矩阵 $\boldsymbol{A}$ 经有限次初等变换变成矩阵 $\boldsymbol{B}$，就称矩阵 $\boldsymbol{A}$ 与 $\boldsymbol{B}$ 等价	设 $\boldsymbol{A}$，$\boldsymbol{B}$ 都是 n 阶方阵，若有可逆矩阵 $\boldsymbol{P}$，使 $\boldsymbol{P}^{-1}\boldsymbol{A}\boldsymbol{P}=\boldsymbol{B}$，则称矩阵 $\boldsymbol{A}$ 与 $\boldsymbol{B}$ 相似	设 $\boldsymbol{A}$，$\boldsymbol{B}$ 都是 n 阶方阵，若有可逆矩阵 $\boldsymbol{C}$，使 $\boldsymbol{B}=\boldsymbol{C}^{\mathrm{T}}\boldsymbol{A}\boldsymbol{C}$，则称矩阵 $\boldsymbol{A}$ 与 $\boldsymbol{B}$ 合同
性 质	$R(\boldsymbol{A})=R(\boldsymbol{B})$	① 若 $\boldsymbol{A}$ 与 $\boldsymbol{B}$ 相似，则 $R(\boldsymbol{A})=R(\boldsymbol{B})$，$\mathrm{tr}(\boldsymbol{A})=\mathrm{tr}(\boldsymbol{B})$，$\|\boldsymbol{A}\|=\|\boldsymbol{B}\|$，$\boldsymbol{A}^k$ 与 $\boldsymbol{B}^k$ 相似，$\boldsymbol{A}^{-1}$ 与 $\boldsymbol{B}^{-1}$ 相似；② 若 n 阶方阵 $\boldsymbol{A}$ 与对角矩阵 $\boldsymbol{\Lambda}=\mathrm{diag}(\lambda_1,\lambda_2,\cdots,\lambda_n)$ 相似，则 λ_1，λ_2，$\cdots$，λ_n 即为 $\boldsymbol{A}$ 的 n 个特征值	① 矩阵 $\boldsymbol{A}$ 与 $\boldsymbol{B}$ 合同，若 $\boldsymbol{A}$ 为对称矩阵，则 $\boldsymbol{B}$ 也为对称矩阵；若 $\boldsymbol{A}$ 为非对称矩阵，则 $\boldsymbol{B}$ 也为非对称矩阵；② 若矩阵 $\boldsymbol{A}$ 与 $\boldsymbol{B}$ 合同，则对矩阵 $\boldsymbol{A}$ 的行、列施以相同的初等变换可得到矩阵 $\boldsymbol{B}$；③ 若实对称矩阵 $\boldsymbol{A}$ 与 $\boldsymbol{B}$ 的特征值相同，则 $\boldsymbol{A}$ 与 $\boldsymbol{B}$ 相似且合同

7. D【解析】因为 -2，2，3 是三阶方阵 $\boldsymbol{A}$ 的特征值，则 $|2\boldsymbol{E}+\boldsymbol{A}|=|\boldsymbol{A}-2\boldsymbol{E}|=|\boldsymbol{A}-3\boldsymbol{E}|=0$，所以矩阵 $2\boldsymbol{E}+\boldsymbol{A}$，$\boldsymbol{A}-2\boldsymbol{E}$，$\boldsymbol{A}-3\boldsymbol{E}$ 不可逆．由矩阵 $\boldsymbol{A}$ 的特征值为 -2，2，3，得 $\boldsymbol{E}+\boldsymbol{A}$ 的特征值为 -1，3，4，则 $|\boldsymbol{E}+\boldsymbol{A}|=-1\times3\times4=-12\neq0$，矩阵 $\boldsymbol{E}+\boldsymbol{A}$ 可逆．故选 D.

8. D【解析】方阵 $\boldsymbol{A}$ 的特征多项式 $|\boldsymbol{A}-\lambda\boldsymbol{E}|=\begin{vmatrix}-1-\lambda & 0 & 0\\ 0 & 2-\lambda & 2\\ 0 & 2 & 2-\lambda\end{vmatrix}=(-1-\lambda)\begin{vmatrix}2-\lambda & 2\\ 2 & 2-\lambda\end{vmatrix}=(-1-\lambda)\lambda(\lambda-4)$，所以 $\boldsymbol{A}$ 的特征值为 $\lambda_1=-1$，$\lambda_2=0$，$\lambda_3=4$，从而二次型的正惯性指数为 1，负惯性指数为 1，可得规范形是 $z_1^2-z_2^2$．故选 D.

二、填空题

9. 1【解析】若 λ 是方阵 $\boldsymbol{A}$ 的特征向量 $\boldsymbol{\alpha}$ 对应的特征值，则 $\boldsymbol{A}\boldsymbol{\alpha}=\lambda\boldsymbol{\alpha}$，即 $\begin{pmatrix}4 & 1 & -2\\ 1 & 2 & -1\\ 3 & 1 & -1\end{pmatrix}\begin{pmatrix}1\\1\\2\end{pmatrix}=\lambda\begin{pmatrix}1\\1\\2\end{pmatrix}$，解得 $\lambda=1$.

方法总结

特征值与特征向量的相关概念及说明如下表所示.

名 称	相关概念	说 明
特征值	设 $\boldsymbol{A}$ 是 n 阶方阵，如果数 λ 和 n 维非零列向量 $\boldsymbol{x}$ 使关系式 $\boldsymbol{A}\boldsymbol{x}=\lambda\boldsymbol{x}$ 成立，那么这样的数 λ 称为矩阵 $\boldsymbol{A}$ 的特征值	① 方阵 $\boldsymbol{A}$ 的特征值 λ 是方程 $\|\boldsymbol{A}-\lambda\boldsymbol{E}\|=0$ 的解；② 特征向量 $\boldsymbol{x}$ 是方程组 $(\boldsymbol{A}-\lambda\boldsymbol{E})\boldsymbol{x}=\boldsymbol{0}$ 的非零解，即 $\boldsymbol{x}\neq\boldsymbol{0}$；③ n 次方程 $\|\boldsymbol{A}-\lambda\boldsymbol{E}\|=0$ 在复数范围内有 n 个解，即 n 阶方阵 $\boldsymbol{A}$ 有 n 个特征值
特征向量	使 $\boldsymbol{A}\boldsymbol{x}=\lambda\boldsymbol{x}$ 成立的非零列向量 $\boldsymbol{x}$ 称为 $\boldsymbol{A}$ 的对应于特征值 λ 的特征向量	
特征方程	关系式 $\boldsymbol{A}\boldsymbol{x}=\lambda\boldsymbol{x}$ 也可写成齐次线性方程组 $(\boldsymbol{A}-\lambda\boldsymbol{E})\boldsymbol{x}=\boldsymbol{0}$，该式称为矩阵 $\boldsymbol{A}$ 的特征方程	
特征多项式	$\|\boldsymbol{A}-\lambda\boldsymbol{E}\|$ 是 λ 的 n 次多项式，称为矩阵 $\boldsymbol{A}$ 的特征多项式，记作 $f(\lambda)$	

10. 3【解析】因为矩阵 $\boldsymbol{A}$ 与 $\boldsymbol{B}$ 相似，所以 $\mathrm{tr}(\boldsymbol{A})=\mathrm{tr}(\boldsymbol{B})$，即 $a+2=5$，解得 $a=3$.

11. $-\dfrac{1}{2}$【解析】由 $|\boldsymbol{E}+2\boldsymbol{A}|=0$，得特征值 λ 满足方程 $1+2\lambda=0$，解得 $\lambda=-\dfrac{1}{2}$，所以 $\boldsymbol{A}$ 必有一个特征值是 $-\dfrac{1}{2}$.

12. 54【解析】令 $f(\boldsymbol{A})=\boldsymbol{A}^2+2\boldsymbol{E}$，则 $f(\boldsymbol{A})$ 的特征值为 $f(1)=3$，$f(-1)=3$，$f(2)=6$，所以 $|\boldsymbol{A}^2+2\boldsymbol{E}|=3\times3\times6=54$.

13. $\begin{pmatrix}1 & -1 & 0\\ -1 & 0 & -1\\ 0 & -1 & -1\end{pmatrix}$【解析】由 $f=(x_1-x_2)^2-(x_2+x_3)^2=x_1^2-2x_1x_2-2x_2x_3-x_3^2=(x_1,x_2,x_3)\begin{pmatrix}1 & -1 & 0\\ -1 & 0 & -1\\ 0 & -1 & -1\end{pmatrix}\begin{pmatrix}x_1\\x_2\\x_3\end{pmatrix}$，得 f 的矩阵为 $\begin{pmatrix}1 & -1 & 0\\ -1 & 0 & -1\\ 0 & -1 & -1\end{pmatrix}$.

14. 3【解析】由 $f=2x_1^2+x_2^2+4x_3^2+2x_1x_2=x_1^2+(x_1+x_2)^2+4x_3^2$，得 f 的正惯性指数为 3.

思路点拨

要确定一个二次型的正、负惯性指数，可利用配方法将二次型化为标准形或规范形，也可通过求二次型的矩阵的特征值，进而确定其正、负惯性指数.

三、解答题

15. 证明：设存在一组数 k_1，k_2，使得 $k_1\boldsymbol{\alpha}_1+k_2\boldsymbol{\alpha}_2=\boldsymbol{0}$ 成立，方程两边同时左乘矩阵 $\boldsymbol{A}$，$k_1\boldsymbol{A}\boldsymbol{\alpha}_1+k_2\boldsymbol{A}\boldsymbol{\alpha}_2=\boldsymbol{0}$，得①式 $k_1\lambda_1\boldsymbol{\alpha}_1+k_2\lambda_2\boldsymbol{\alpha}_2=\boldsymbol{0}$．方程 $k_1\boldsymbol{\alpha}_1+k_2\boldsymbol{\alpha}_2=\boldsymbol{0}$ 两边同时左乘 λ_1，得②式 $\lambda_1k_1\boldsymbol{\alpha}_1+\lambda_1k_2\boldsymbol{\alpha}_2=\boldsymbol{0}$，联立①②得 $(\lambda_1-\lambda_2)k_2\boldsymbol{\alpha}_2=\boldsymbol{0}$，因为 $\lambda_1\neq\lambda_2$，$\boldsymbol{\alpha}_2\neq\boldsymbol{0}$，所以 $k_2=0$．方程 $k_1\boldsymbol{\alpha}_1+k_2\boldsymbol{\alpha}_2=\boldsymbol{0}$ 两边同时左乘 λ_2，得③式 $\lambda_2k_1\boldsymbol{\alpha}_1+\lambda_2k_2\boldsymbol{\alpha}_2=\boldsymbol{0}$，联立①③得 $(\lambda_1-\lambda_2)k_1\boldsymbol{\alpha}_1=\boldsymbol{0}$，因为 $\lambda_1\neq\lambda_2$，$\boldsymbol{\alpha}_1\neq\boldsymbol{0}$，所以 $k_1=0$．综上，当且仅当 $k_1=k_2=0$ 时，方程 $k_1\boldsymbol{\alpha}_1+k_2\boldsymbol{\alpha}_2=\boldsymbol{0}$ 成立，故向量组 $\boldsymbol{\alpha}_1$，$\boldsymbol{\alpha}_2$ 线性无关，得证.

16. 解：取 $\boldsymbol{\beta}_1=\boldsymbol{\alpha}_1=\begin{pmatrix}1\\0\\1\end{pmatrix}$，则 $\boldsymbol{\beta}_2=\boldsymbol{\alpha}_2-\dfrac{(\boldsymbol{\alpha}_2,\boldsymbol{\beta}_1)}{(\boldsymbol{\beta}_1,\boldsymbol{\beta}_1)}\boldsymbol{\beta}_1=\begin{pmatrix}0\\1\\1\end{pmatrix}-\dfrac{1}{2}\begin{pmatrix}1\\0\\1\end{pmatrix}=\begin{pmatrix}-\frac{1}{2}\\1\\\frac{1}{2}\end{pmatrix}$，$\boldsymbol{\beta}_3=\boldsymbol{\alpha}_3-\dfrac{(\boldsymbol{\alpha}_3,\boldsymbol{\beta}_1)}{(\boldsymbol{\beta}_1,\boldsymbol{\beta}_1)}\boldsymbol{\beta}_1-\dfrac{(\boldsymbol{\alpha}_3,\boldsymbol{\beta}_2)}{(\boldsymbol{\beta}_2,\boldsymbol{\beta}_2)}\boldsymbol{\beta}_2=\begin{pmatrix}1\\1\\0\end{pmatrix}-$

$$\frac{1}{2}\begin{pmatrix}1\\0\\1\end{pmatrix}-\frac{1}{3}\begin{pmatrix}-\frac{1}{2}\\1\\\frac{1}{2}\end{pmatrix}=\begin{pmatrix}\frac{2}{3}\\\frac{2}{3}\\-\frac{2}{3}\end{pmatrix}$$，单位化得 $\boldsymbol{\xi}_1=\frac{\boldsymbol{\beta}_1}{\|\boldsymbol{\beta}_1\|}=\frac{\sqrt{2}}{2}\begin{pmatrix}1\\0\\1\end{pmatrix}$，$\boldsymbol{\xi}_2=\frac{\boldsymbol{\beta}_2}{\|\boldsymbol{\beta}_2\|}=\frac{\sqrt{6}}{6}\begin{pmatrix}-1\\2\\1\end{pmatrix}$，$\boldsymbol{\xi}_3=\frac{\boldsymbol{\beta}_3}{\|\boldsymbol{\beta}_3\|}=\frac{\sqrt{3}}{3}\begin{pmatrix}1\\1\\-1\end{pmatrix}$.

方法总结

设 $\boldsymbol{\alpha}_1,\boldsymbol{\alpha}_2,\cdots,\boldsymbol{\alpha}_r$ 是一组线性无关的向量，将该向量组施密特标准正交化的一般步骤如下.

（1）**正交化**．取 $\boldsymbol{\beta}_1=\boldsymbol{\alpha}_1$，$\boldsymbol{\beta}_2=\boldsymbol{\alpha}_2-\frac{(\boldsymbol{\alpha}_2,\boldsymbol{\beta}_1)}{(\boldsymbol{\beta}_1,\boldsymbol{\beta}_1)}\boldsymbol{\beta}_1$，$\boldsymbol{\beta}_3=\boldsymbol{\alpha}_3-\frac{(\boldsymbol{\alpha}_3,\boldsymbol{\beta}_1)}{(\boldsymbol{\beta}_1,\boldsymbol{\beta}_1)}\boldsymbol{\beta}_1-\frac{(\boldsymbol{\alpha}_3,\boldsymbol{\beta}_2)}{(\boldsymbol{\beta}_2,\boldsymbol{\beta}_2)}\boldsymbol{\beta}_2$，$\cdots$，$\boldsymbol{\beta}_r=\boldsymbol{\alpha}_r-\frac{(\boldsymbol{\alpha}_r,\boldsymbol{\beta}_1)}{(\boldsymbol{\beta}_1,\boldsymbol{\beta}_1)}\boldsymbol{\beta}_1-\frac{(\boldsymbol{\alpha}_r,\boldsymbol{\beta}_2)}{(\boldsymbol{\beta}_2,\boldsymbol{\beta}_2)}\boldsymbol{\beta}_2-\cdots-\frac{(\boldsymbol{\alpha}_r,\boldsymbol{\beta}_{r-1})}{(\boldsymbol{\beta}_{r-1},\boldsymbol{\beta}_{r-1})}\boldsymbol{\beta}_{r-1}$，则 $\boldsymbol{\beta}_1,\boldsymbol{\beta}_2,\cdots,\boldsymbol{\beta}_r$ 两两正交.

（2）**单位化**．取 $\boldsymbol{\xi}_1=\frac{\boldsymbol{\beta}_1}{\|\boldsymbol{\beta}_1\|}$，$\boldsymbol{\xi}_2=\frac{\boldsymbol{\beta}_2}{\|\boldsymbol{\beta}_2\|}$，$\cdots$，$\boldsymbol{\xi}_r=\frac{\boldsymbol{\beta}_r}{\|\boldsymbol{\beta}_r\|}$，则 $\boldsymbol{\xi}_1,\boldsymbol{\xi}_2,\cdots,\boldsymbol{\xi}_r$ 两两标准正交.

17．**解**：方阵 $\boldsymbol{A}$ 的特征多项式 $|\boldsymbol{A}-\lambda\boldsymbol{E}|=\begin{vmatrix}-2-\lambda&1&-2\\-5&3-\lambda&-3\\1&0&2-\lambda\end{vmatrix}=\begin{vmatrix}1&-2\\3-\lambda&-3\end{vmatrix}+(2-\lambda)\begin{vmatrix}-2-\lambda&1\\-5&3-\lambda\end{vmatrix}=-\lambda^3+3\lambda^2-3\lambda+1=-(\lambda-1)^3$，所以 $\boldsymbol{A}$ 的特征值为 $\lambda_1=\lambda_2=\lambda_3=1$．当 $\lambda_1=\lambda_2=\lambda_3=1$时，由 $\boldsymbol{A}-\boldsymbol{E}=\begin{pmatrix}-3&1&-2\\-5&2&-3\\1&0&1\end{pmatrix}\xrightarrow[-r_3]{r_1+3r_3,\ r_2+5r_3}\begin{pmatrix}0&1&1\\0&2&2\\1&0&1\end{pmatrix}\xrightarrow[r_1\leftrightarrow r_3]{\frac{1}{2}r_2,\ r_1-r_2}\begin{pmatrix}1&0&1\\0&1&1\\0&0&0\end{pmatrix}$，得特征向量 $\boldsymbol{p}=\begin{pmatrix}-1\\-1\\1\end{pmatrix}$，此时特征值的重数大于其对应特征向量的个数，所以方阵 $\boldsymbol{A}$ 不可对角化.

18．**解**：（1）矩阵的迹 $\operatorname{tr}(\boldsymbol{A})=\sum_{i=1}^{3}\lambda_i=2a+1=3$，解得 $a=1$.

（2）方阵 $\boldsymbol{A}=\begin{pmatrix}1&-2&-2\\-2&1&-2\\-2&-2&1\end{pmatrix}$ 的特征多项式 $|\boldsymbol{A}-\lambda\boldsymbol{E}|=\begin{vmatrix}1-\lambda&-2&-2\\-2&1-\lambda&-2\\-2&-2&1-\lambda\end{vmatrix}\overset{c_1+c_2+c_3}{=\!=\!=}\begin{vmatrix}-3-\lambda&-2&-2\\-3-\lambda&1-\lambda&-2\\-3-\lambda&-2&1-\lambda\end{vmatrix}=(-3-\lambda)\cdot\begin{vmatrix}1&-2&-2\\1&1-\lambda&-2\\1&-2&1-\lambda\end{vmatrix}\overset{r_2-r_1,\ r_3-r_1}{=\!=\!=}(-3-\lambda)\begin{vmatrix}1&-2&-2\\0&3-\lambda&0\\0&0&3-\lambda\end{vmatrix}=(-3-\lambda)(3-\lambda)^2$，所以 $\boldsymbol{A}$ 的特征值是 $\lambda_1=-3$，$\lambda_2=\lambda_3=3$．当 $\lambda_1=-3$ 时，由 $\boldsymbol{A}+3\boldsymbol{E}=\begin{pmatrix}4&-2&-2\\-2&4&-2\\-2&-2&4\end{pmatrix}\xrightarrow{r_1\leftrightarrow r_3}\begin{pmatrix}-2&-2&4\\-2&4&-2\\4&-2&-2\end{pmatrix}\xrightarrow{r_2-r_1,\ r_3+2r_1}\begin{pmatrix}-2&-2&4\\0&6&-6\\0&-6&6\end{pmatrix}\xrightarrow{r_3+r_2,\ -\frac{1}{2}r_1,\ \frac{1}{6}r_2,\ r_1-r_2}\begin{pmatrix}1&0&-1\\0&1&-1\\0&0&0\end{pmatrix}$，得同解方程组 $\begin{cases}x_1=x_3,\\x_2=x_3,\end{cases}$ 取 $x_3=1$，得特征向量 $\boldsymbol{p}_1=\begin{pmatrix}1\\1\\1\end{pmatrix}$．当 $\lambda_2=\lambda_3=3$，由 $\boldsymbol{A}-3\boldsymbol{E}=\begin{pmatrix}-2&-2&-2\\-2&-2&-2\\-2&-2&-2\end{pmatrix}\xrightarrow{r_2-r_1,\ r_3-r_1,\ -\frac{1}{2}r_1}\begin{pmatrix}1&1&1\\0&0&0\\0&0&0\end{pmatrix}$，得同解方程 $x_1=-x_2-x_3$，取 $x_2=\begin{pmatrix}1\\0\end{pmatrix}$，$x_3=\begin{pmatrix}0\\1\end{pmatrix}$，得特征向量 $\boldsymbol{p}_2=\begin{pmatrix}-1\\1\\0\end{pmatrix}$，$\boldsymbol{p}_3=\begin{pmatrix}-1\\0\\1\end{pmatrix}$.

19．**解**：由 $\boldsymbol{A}\boldsymbol{\alpha}_i=i\boldsymbol{\alpha}_i\ (i=1,2,3)$，得矩阵 $\boldsymbol{A}$ 的特征值为1，2，3，所以 $\boldsymbol{A}$ 可相似对角化，且 $\boldsymbol{P}^{-1}\boldsymbol{A}\boldsymbol{P}=\boldsymbol{\Lambda}=\begin{pmatrix}1&0&0\\0&2&0\\0&0&3\end{pmatrix}$．令 $\boldsymbol{P}=(\boldsymbol{\alpha}_1,\boldsymbol{\alpha}_2,\boldsymbol{\alpha}_3)=\begin{pmatrix}2&2&3\\1&-1&0\\-1&2&1\end{pmatrix}$，则 $\boldsymbol{P}^{-1}=\begin{pmatrix}1&-4&-3\\1&-5&-3\\-1&6&4\end{pmatrix}$，所以 $\boldsymbol{A}=\boldsymbol{P}\boldsymbol{\Lambda}\boldsymbol{P}^{-1}=\begin{pmatrix}2&2&3\\1&-1&0\\-1&2&1\end{pmatrix}\begin{pmatrix}1&0&0\\0&2&0\\0&0&3\end{pmatrix}\begin{pmatrix}1&-4&-3\\1&-5&-3\\-1&6&4\end{pmatrix}=\begin{pmatrix}-3&26&18\\-1&6&3\\0&2&3\end{pmatrix}$.

20．**解**：二次型 f 的矩阵为 $\boldsymbol{A}=\begin{pmatrix}1&0&0\\0&3&-2\\0&-2&3\end{pmatrix}$，$\boldsymbol{A}$ 的特征多项式 $|\boldsymbol{A}-\lambda\boldsymbol{E}|=\begin{vmatrix}1-\lambda&0&0\\0&3-\lambda&-2\\0&-2&3-\lambda\end{vmatrix}=(1-\lambda)\begin{vmatrix}3-\lambda&-2\\-2&3-\lambda\end{vmatrix}=-(\lambda-1)^2(\lambda-5)$，所以 $\boldsymbol{A}$ 的特征值为 $\lambda_1=\lambda_2=1$，$\lambda_3=5$．当 $\lambda_1=\lambda_2=1$ 时，由 $\boldsymbol{A}-\boldsymbol{E}=\begin{pmatrix}0&0&0\\0&2&-2\\0&-2&2\end{pmatrix}\xrightarrow{r_3+r_2,\ \frac{1}{2}r_2,\ r_1\leftrightarrow r_2}\begin{pmatrix}0&1&-1\\0&0&0\\0&0&0\end{pmatrix}$，得单位特征向量 $\boldsymbol{p}_1=\begin{pmatrix}1\\0\\0\end{pmatrix}$，$\boldsymbol{p}_2=\frac{1}{\sqrt{2}}\begin{pmatrix}0\\1\\1\end{pmatrix}$．当 $\lambda_3=5$ 时，由 $\boldsymbol{A}-5\boldsymbol{E}=\begin{pmatrix}-4&0&0\\0&-2&-2\\0&-2&-2\end{pmatrix}\xrightarrow{-\frac{1}{4}r_1,\ r_3-r_2,\ -\frac{1}{2}r_2}\begin{pmatrix}1&0&0\\0&1&1\\0&0&0\end{pmatrix}$，得单位特征向量 $\boldsymbol{p}_3=\frac{1}{\sqrt{2}}\begin{pmatrix}0\\-1\\1\end{pmatrix}$．令 $\boldsymbol{P}=(\boldsymbol{p}_1,\boldsymbol{p}_2,\boldsymbol{p}_3)=\frac{1}{\sqrt{2}}\begin{pmatrix}\sqrt{2}&0&0\\0&1&-1\\0&1&1\end{pmatrix}$，则 $\boldsymbol{P}$ 为正交矩阵，有正交变换 $\boldsymbol{x}=\boldsymbol{P}\boldsymbol{y}$，即 $\begin{pmatrix}x_1\\x_2\\x_3\end{pmatrix}=\frac{1}{\sqrt{2}}\begin{pmatrix}\sqrt{2}&0&0\\0&1&-1\\0&1&1\end{pmatrix}\begin{pmatrix}y_1\\y_2\\y_3\end{pmatrix}$，可化 f 成标准形 $f=y_1^2+y_2^2+5y_3^2$.

方法总结

化二次型成标准形的两种方法及其一般步骤如下表所示.

方　法	步　骤
正交变换法	① 写出二次型的矩阵 $\boldsymbol{A}$； ② 求矩阵 $\boldsymbol{A}$ 的特征值； ③ 求特征值对应的特征向量，并将其正交化、单位化； ④ 以正交向量组为列向量构造正交矩阵 $\boldsymbol{P}$； ⑤ 作正交变换 $\boldsymbol{x}=\boldsymbol{P}\boldsymbol{y}$，可化二次型成标准形
配方法	① 若二次型中含有 x_1 的平方项，则先将二次型中所有含 x_1 的项归并起来进行配方； ② 若已经将二次型中含有 x_1 的平方项配方，或二次型中不含 x_1 的平方项，则将二次型中所有含 x_2 的项归并起来进行配方； ③ 依次类推，每次只对一个变量配方，使余下的项不再含有这个变量，直到所有的项都化为完全平方项； ④ 根据配方后的式子写出二次型的标准形和变换矩阵 （**注意**：若二次型不含平方项，则可运用平方差公式通过线性变换将其化为含有平方项的二次型）

第五章　相似矩阵及二次型测试 B 卷

一、单项选择题

1．B【**解析**】由向量 $\boldsymbol{\alpha}=\begin{pmatrix}3\\1\\2\end{pmatrix}$，得 $\|-3\boldsymbol{\alpha}\|=3\|\boldsymbol{\alpha}\|=3\sqrt{3^2+1^2+2^2}=3\sqrt{14}$．故选 B.

思路点拨

n 维向量的长度的计算公式为 $\|\boldsymbol{x}\|=\sqrt{(\boldsymbol{x},\boldsymbol{x})}=\sqrt{x_1^2+x_2^2+\cdots+x_n^2}$.

2. C【解析】由 $|2\boldsymbol{E}+3\boldsymbol{A}|=0$ ，$|\boldsymbol{E}-\boldsymbol{A}|=0$ ，得方阵 $\boldsymbol{A}$ 的特征值 λ 分别满足方程 $2+3\lambda=0$ ，$1-\lambda=0$ ，解得 $\lambda_1=-\dfrac{2}{3}$ ，$\lambda_2=1$ ，所以 $\boldsymbol{A}+\boldsymbol{E}$ 的特征值为 $\dfrac{1}{3}$ ，2 ，$|\boldsymbol{A}+\boldsymbol{E}|=\dfrac{2}{3}$. 故选 C.

3. B【解析】若两个矩阵合同，则两矩阵正特征值的个数相同，负特征值的个数相同，特征值为 0 的个数也相同. 矩阵 $\begin{pmatrix}3&0&0\\0&-2&0\\0&0&-1\end{pmatrix}$ 与 $\boldsymbol{A}$ 都有 1 个正特征值，2 个负特征值，所以 $\begin{pmatrix}3&0&0\\0&-2&0\\0&0&-1\end{pmatrix}$ 与 $\boldsymbol{A}$ 合同. 故选 B.

4. D【解析】若 $\boldsymbol{\alpha}$ 是方阵 $\boldsymbol{A}$ 的特征值 λ 对应的特征向量，则 $\boldsymbol{A\alpha}=\lambda\boldsymbol{\alpha}$ ，即 $\begin{pmatrix}3&2&-1\\-2&a&1\\3&1&b\end{pmatrix}\begin{pmatrix}1\\-2\\3\end{pmatrix}=\begin{pmatrix}-4\\1-2a\\1+3b\end{pmatrix}=\lambda\begin{pmatrix}1\\-2\\3\end{pmatrix}$ ，所以 $\lambda=-4$ ，$1-2a=8$ ，$1+3b=-12$ ，解得 $a=-\dfrac{7}{2}$ ，$b=-\dfrac{13}{3}$. 故选 D.

5. B【解析】令 $\begin{cases}x_1=y_1-y_3,\\x_2=y_2,\\x_3=y_1+y_3,\end{cases}$ 则 $f=y_2^2+2(y_1-y_3)(y_1+y_3)=y_2^2+2y_1^2-2y_3^2$ ，再令 $\begin{cases}z_1=\dfrac{\sqrt{2}}{2}y_1,\\z_2=y_2,\\z_3=\dfrac{\sqrt{2}}{2}y_3,\end{cases}$ 可得 f 的规范形为 $z_2^2+z_1^2-z_3^2$. 故选 B.

6. D【解析】$f=\boldsymbol{x}^{\mathrm{T}}\boldsymbol{Ax}$ 正定的充分必要条件是正惯性指数为 n . 若负惯性指数为 0，不能保证正惯性指数为 n ，A 选项错误. 存在正交矩阵 $\boldsymbol{Q}$ ，使 $\boldsymbol{Q}^{\mathrm{T}}\boldsymbol{AQ}=\boldsymbol{E}$ ，可知矩阵 $\boldsymbol{A}$ 的特征值全是 1，可推出 f 为正定二次型，但是 f 为正定二次型，其特征值虽全部大于 0，但未必全是 1，B 选项错误. f 的秩为 n ，只能保证 $\boldsymbol{A}$ 的特征值中不含 0，但仍可能有负数，C 选项错误. “实对称矩阵 $\boldsymbol{A}$ 正定”的充分必要条件是“ $\boldsymbol{A}$ 合同于 $\boldsymbol{E}$ ，即存在可逆矩阵 $\boldsymbol{C}$ ，有 $\boldsymbol{A}=\boldsymbol{C}^{\mathrm{T}}\boldsymbol{EC}=\boldsymbol{C}^{\mathrm{T}}\boldsymbol{C}$ ”. 故选 D.

方法总结

n 元二次型 $f=\boldsymbol{x}^{\mathrm{T}}\boldsymbol{Ax}$ 正定或负定的充分必要条件如下表所示.

二次型	正　定	负　定
充分必要条件	① 正惯性指数为 n ; ② 矩阵 $\boldsymbol{A}$ 的特征值都为正; ③ 矩阵 $\boldsymbol{A}$ 的各阶顺序主子式都为正; ④ 矩阵 $\boldsymbol{A}$ 与 $\boldsymbol{E}$ 合同; ⑤ 存在可逆矩阵 $\boldsymbol{C}$ ，使得 $\boldsymbol{A}=\boldsymbol{C}^{\mathrm{T}}\boldsymbol{C}$; ⑥ 对于任意 n 维非零列向量 $\boldsymbol{\alpha}$ ，均有 $\boldsymbol{\alpha}^{\mathrm{T}}\boldsymbol{A\alpha}>0$	① 负惯性指数为 n ; ② 矩阵 $\boldsymbol{A}$ 的特征值都为负; ③ 矩阵 $\boldsymbol{A}$ 的奇数阶顺序主子式都为负，偶数阶顺序主子式都为正; ④ 矩阵 $\boldsymbol{A}$ 与 $-\boldsymbol{E}$ 合同; ⑤ 存在可逆矩阵 $\boldsymbol{C}$ ，使得 $\boldsymbol{A}=-\boldsymbol{C}^{\mathrm{T}}\boldsymbol{C}$; ⑥ 对于任意 n 维非零列向量 $\boldsymbol{\alpha}$ ，均有 $\boldsymbol{\alpha}^{\mathrm{T}}\boldsymbol{A\alpha}<0$

7. A【解析】由题可知，矩阵 $\boldsymbol{A}$ 可对角化，因而其相似变换矩阵 $\boldsymbol{P}$ 的列向量 $\boldsymbol{\alpha}_1$ ，$\boldsymbol{\alpha}_2$ ，$\boldsymbol{\alpha}_3$ 是 $\boldsymbol{A}$ 的特征值 $\lambda_1=1$ ，$\lambda_2=-2$ ，$\lambda_3=-2$ 分别对应的特征向量. 由于 -2 是 $\boldsymbol{A}$ 的二重特征值，所以 $\boldsymbol{\alpha}_2+\boldsymbol{\alpha}_3$ 仍是 $\boldsymbol{A}$ 的特征值 -2 对应的特征向量，即 $\boldsymbol{A}(\boldsymbol{\alpha}_2+\boldsymbol{\alpha}_3)=-2(\boldsymbol{\alpha}_2+\boldsymbol{\alpha}_3)$ ，从而 $\boldsymbol{Q}^{-1}\boldsymbol{AQ}=\begin{pmatrix}1&0&0\\0&-2&0\\0&0&-2\end{pmatrix}$. 故选 A.

8. A【解析】由题可知，$\boldsymbol{A}(\boldsymbol{\alpha}_1,\boldsymbol{\alpha}_2,\boldsymbol{\alpha}_3)=(\boldsymbol{\alpha}_1,\boldsymbol{\alpha}_2,\boldsymbol{\alpha}_3)\begin{pmatrix}1&1&0\\-t&1&t\\2&1&-1\end{pmatrix}$. 令 $\boldsymbol{P}=(\boldsymbol{\alpha}_1,\boldsymbol{\alpha}_2,\boldsymbol{\alpha}_3)$ ，$\boldsymbol{B}=\begin{pmatrix}1&1&0\\-t&1&t\\2&1&-1\end{pmatrix}$ ，则 $\boldsymbol{AP}=\boldsymbol{PB}$ ，因为向量组 $\boldsymbol{\alpha}_1$ ，$\boldsymbol{\alpha}_2$ ，$\boldsymbol{\alpha}_3$ 线性无关，则 $\boldsymbol{P}$ 可逆，所以 $\boldsymbol{P}^{-1}\boldsymbol{AP}=\boldsymbol{B}$ ，矩阵 $\boldsymbol{A}$ 与 $\boldsymbol{B}$ 相似. $\boldsymbol{B}$ 的特征多项式 $|\boldsymbol{B}-\lambda\boldsymbol{E}|=\begin{vmatrix}1-\lambda&1&0\\-t&1-\lambda&t\\2&1&-1-\lambda\end{vmatrix}\overset{c_1+c_3}{=\!=}\begin{vmatrix}1-\lambda&1&0\\0&1-\lambda&t\\1-\lambda&1&-1-\lambda\end{vmatrix}\overset{r_3-r_1}{=\!=}\begin{vmatrix}1-\lambda&1&0\\0&1-\lambda&t\\0&0&-1-\lambda\end{vmatrix}=(1-\lambda)^2(-1-\lambda)$ ，所以 $\boldsymbol{B}$ 的特征值 $\lambda_1=-1$ ，$\lambda_2=\lambda_3=1$. 当 $\lambda_2=\lambda_3=1$ 时，由 $\boldsymbol{B}-\boldsymbol{E}=\begin{pmatrix}0&1&0\\-t&0&t\\2&1&-2\end{pmatrix}\xrightarrow[r_3-2r_2-r_1]{-\frac{1}{t}r_2}\begin{pmatrix}0&1&0\\1&0&-1\\0&0&0\end{pmatrix}$ ，可知 $R(\boldsymbol{B}-\boldsymbol{E})=2$ ，则特征向量的个数为 1，此时特征值的重数大于其对应特征向量的个数，所以 $\boldsymbol{B}$ 不可对角化，从而 $\boldsymbol{A}$ 也不可对角化. 故选 A.

二、填空题

9. 4【解析】令 $f(\boldsymbol{A})=\boldsymbol{A}^2-2\boldsymbol{A}+\boldsymbol{E}$ ，则 $f(\boldsymbol{A})$ 的特征值为 $f(3)=4$ ，则 $\boldsymbol{B}$ 必有一个特征值是 4.

10. 100【解析】令 $f(\boldsymbol{A})=\boldsymbol{A}^2+\boldsymbol{E}$ ，则 $f(\boldsymbol{A})$ 的特征值为 $f(1)=2$ ，$f(-2)=5$ ，$f(3)=10$ ，所以 $|\boldsymbol{A}^2+\boldsymbol{E}|=2\times5\times10=100$.

11. 3【解析】由 $f=x_1x_2+x_1x_3+x_2x_3=(x_1,x_2,x_3)\begin{pmatrix}0&\frac{1}{2}&\frac{1}{2}\\\frac{1}{2}&0&\frac{1}{2}\\\frac{1}{2}&\frac{1}{2}&0\end{pmatrix}\begin{pmatrix}x_1\\x_2\\x_3\end{pmatrix}$ ，得 f 的矩阵为 $\begin{pmatrix}0&\frac{1}{2}&\frac{1}{2}\\\frac{1}{2}&0&\frac{1}{2}\\\frac{1}{2}&\frac{1}{2}&0\end{pmatrix}$ ，对该矩阵作初等行变换 $\begin{pmatrix}0&\frac{1}{2}&\frac{1}{2}\\\frac{1}{2}&0&\frac{1}{2}\\\frac{1}{2}&\frac{1}{2}&0\end{pmatrix}\xrightarrow{\substack{r_2-r_3\\2r_1\\2r_2\\2r_3\\r_1\leftrightarrow r_3}}\begin{pmatrix}1&1&0\\0&-1&1\\0&1&1\end{pmatrix}\xrightarrow{r_3+r_2}\begin{pmatrix}1&1&0\\0&-1&1\\0&0&2\end{pmatrix}$ ，所以 f 的秩是 3.

12. $a>2$【解析】由 $f=5x_1^2+x_2^2+ax_3^2+4x_1x_2-2x_1x_3-2x_2x_3=(x_1,x_2,x_3)\begin{pmatrix}5&2&-1\\2&1&-1\\-1&-1&a\end{pmatrix}\begin{pmatrix}x_1\\x_2\\x_3\end{pmatrix}$ ，得 f 的矩阵为 $\boldsymbol{A}=\begin{pmatrix}5&2&-1\\2&1&-1\\-1&-1&a\end{pmatrix}$. 若二次型正定，则 $\boldsymbol{A}$ 的各阶顺序主子式都为正，即 $\begin{vmatrix}5&2&-1\\2&1&-1\\-1&-1&a\end{vmatrix}=a-2>0$ ，解得 $a>2$.

13. $5y_1^2-20y_2^2$【解析】将 $\begin{cases}x_1=y_1-2y_2,\\x_2=2y_1+y_2\end{cases}$ 代入二次型 $f=-3x_1^2+4x_1x_2$ ，得 $f=-3(y_1-2y_2)^2+4(y_1-2y_2)(2y_1+y_2)=-3y_1^2+12y_1y_2-12y_2^2+8y_1^2-12y_1y_2-8y_2^2=5y_1^2-20y_2^2$.

14. $\begin{pmatrix}(-1)^{n+1}&4(-1)^{n+1}&2(-1)^n\\0&(-1)^n&0\\(-1)^{n+1}&2(-1)^{n+1}&2(-1)^n\end{pmatrix}$【解析】矩阵 $\boldsymbol{A}$ 的特征多项式 $|\boldsymbol{A}-\lambda\boldsymbol{E}|=\begin{vmatrix}1-\lambda&4&-2\\0&-1-\lambda&0\\1&2&-2-\lambda\end{vmatrix}=(-1-\lambda)\begin{vmatrix}1-\lambda&-2\\1&-2-\lambda\end{vmatrix}=-\lambda(\lambda+1)^2$ ，所以 $\boldsymbol{A}$ 的特征值为 $\lambda_1=\lambda_2=-1$ ，$\lambda_3=0$. 当 $\lambda_1=\lambda_2=-1$ 时，由 $\boldsymbol{A}+\boldsymbol{E}=\begin{pmatrix}2&4&-2\\0&0&0\\1&2&-1\end{pmatrix}\xrightarrow{\substack{r_1-2r_3\\r_1\leftrightarrow r_3}}\begin{pmatrix}1&2&-1\\0&0&0\\0&0&0\end{pmatrix}$ ，得特征向量 $\boldsymbol{p}_1=\begin{pmatrix}-2\\1\\0\end{pmatrix}$ ，$\boldsymbol{p}_2=\begin{pmatrix}1\\0\\1\end{pmatrix}$. 当 $\lambda_3=0$ 时，由 $\boldsymbol{A}=\begin{pmatrix}1&4&-2\\0&-1&0\\1&2&-2\end{pmatrix}\xrightarrow{\substack{r_3-r_1-2r_2\\r_1+4r_2\\-r_2}}\begin{pmatrix}1&0&-2\\0&1&0\\0&0&0\end{pmatrix}$ ，得特征向量 $\boldsymbol{p}_3=\begin{pmatrix}2\\0\\1\end{pmatrix}$. 令 $\boldsymbol{P}=(\boldsymbol{p}_1,\boldsymbol{p}_2,\boldsymbol{p}_3)=\begin{pmatrix}-2&1&2\\1&0&0\\0&1&1\end{pmatrix}$ ，则 $\boldsymbol{P}^{-1}=\begin{pmatrix}0&1&0\\-1&-2&2\\1&2&-1\end{pmatrix}$ ，$\boldsymbol{P}^{-1}\boldsymbol{AP}=\boldsymbol{\Lambda}=\begin{pmatrix}-1&0&0\\0&-1&0\\0&0&0\end{pmatrix}$ ，即 $\boldsymbol{A}=\boldsymbol{P\Lambda P}^{-1}$ ，所以 $\boldsymbol{A}^n=$

$$(PAP^{-1})^n = PA^nP^{-1} = \begin{pmatrix}-2&1&2\\1&0&0\\0&1&1\end{pmatrix}\begin{pmatrix}(-1)^n&0&0\\0&(-1)^n&0\\0&0&0\end{pmatrix}\begin{pmatrix}0&1&0\\-1&-2&2\\1&2&-1\end{pmatrix} = \begin{pmatrix}(-1)^{n+1}&4(-1)^{n+1}&2(-1)^n\\0&(-1)^n&0\\(-1)^{n+1}&2(-1)^{n+1}&2(-1)^n\end{pmatrix}.$$

三、解答题

15. **证明**：设存在一组数 k_1，k_2，使得①式 $k_1A\boldsymbol{\alpha}_1 + k_2A\boldsymbol{\alpha}_2 = \mathbf{0}$ 成立．由题可知，$A\boldsymbol{\alpha}_1 = \lambda_1\boldsymbol{\alpha}_1$，$A\boldsymbol{\alpha}_2 = \lambda_2\boldsymbol{\alpha}_2$，代入①式得 $k_1\lambda_1\boldsymbol{\alpha}_1 + k_2\lambda_2\boldsymbol{\alpha}_2 = \mathbf{0}$．因为 $\lambda_1 \neq \lambda_2$，且 $\boldsymbol{\alpha}_1$，$\boldsymbol{\alpha}_2$ 线性无关，所以 $k_1\lambda_1 = 0$，$k_2\lambda_2 = 0$．当 λ_1，λ_2 均不为零时，可得 $k_1 = k_2 = 0$，故向量组 $A\boldsymbol{\alpha}_1$，$A\boldsymbol{\alpha}_2$ 线性无关，得证．

16. **解**：方阵 A 的特征多项式 $|A-\lambda E| = \begin{vmatrix}1-\lambda&-1&-1\\-3&-\lambda&2\\-3&1&1-\lambda\end{vmatrix} \xlongequal{c_1+c_2+c_3} \begin{vmatrix}-1-\lambda&-1&-1\\-1-\lambda&-\lambda&2\\-1-\lambda&1&1-\lambda\end{vmatrix} = (-1-\lambda)\begin{vmatrix}1&-1&-1\\1&-\lambda&2\\1&1&1-\lambda\end{vmatrix} \xlongequal[c_3+c_1]{c_2+c_1}$ $(-1-\lambda)\begin{vmatrix}1&0&0\\1&-\lambda+1&3\\1&2&2-\lambda\end{vmatrix} = (-1-\lambda)\begin{vmatrix}-\lambda+1&3\\2&2-\lambda\end{vmatrix} = -(\lambda+1)^2(\lambda-4)$，所以 A 的特征值为 $\lambda_1=\lambda_2=-1$，$\lambda_3=4$．当 $\lambda_1=\lambda_2=-1$ 时，由 $A+E = \begin{pmatrix}2&-1&-1\\-3&1&2\\-3&1&2\end{pmatrix} \xrightarrow[r_3-r_2]{r_1+r_2} \begin{pmatrix}-1&0&1\\-3&1&2\\0&0&0\end{pmatrix} \xrightarrow[r_2+3r_1]{-r_1} \begin{pmatrix}1&0&-1\\0&1&-1\\0&0&0\end{pmatrix}$，得特征向量 $\boldsymbol{p} = \begin{pmatrix}1\\1\\1\end{pmatrix}$，此时特征值的重数大于其对应特征向量的个数，所以方阵 A 不可对角化．

17. **解**：设特征值 3 对应的特征向量为 $\begin{pmatrix}x_1\\x_2\\x_3\end{pmatrix}$，则由实对称矩阵中不同特征值对应的特征向量正交，得 $x_1+x_2+x_3=0$，取 $x_2=\begin{pmatrix}1\\0\end{pmatrix}$，$x_3=\begin{pmatrix}0\\1\end{pmatrix}$，得特征向量 $\boldsymbol{p}_2=\begin{pmatrix}-1\\1\\0\end{pmatrix}$，$\boldsymbol{p}_3=\begin{pmatrix}-1\\0\\1\end{pmatrix}$．因为三阶方阵 A 有 3 个线性无关的特征向量，所以 A 可对角化，$P^{-1}AP=\Lambda=\begin{pmatrix}6&0&0\\0&3&0\\0&0&3\end{pmatrix}$．令 $P=(\boldsymbol{p}_1,\boldsymbol{p}_2,\boldsymbol{p}_3)=\begin{pmatrix}1&-1&-1\\1&1&0\\1&0&1\end{pmatrix}$，则 $P^{-1}=\frac{1}{3}\begin{pmatrix}1&1&1\\-1&2&-1\\-1&-1&2\end{pmatrix}$，所以 $A=P\Lambda P^{-1}=$ $\frac{1}{3}\begin{pmatrix}1&-1&-1\\1&1&0\\1&0&1\end{pmatrix}\begin{pmatrix}6&0&0\\0&3&0\\0&0&3\end{pmatrix}\begin{pmatrix}1&1&1\\-1&2&-1\\-1&-1&2\end{pmatrix}=\begin{pmatrix}4&1&1\\1&4&1\\1&1&4\end{pmatrix}$．

18. **解**：因为 f 中含变量 x_1 的平方项，所以先将含 x_1 的项归并起来，对 x_1 配方，再对其他变量依次配方，得 $f=x_1^2-x_1x_2+x_2x_3=\left(x_1-\frac{1}{2}x_2\right)^2-\frac{1}{4}x_2^2+x_2x_3-x_3^2+x_3^2=\left(x_1-\frac{1}{2}x_2\right)^2-\left(\frac{1}{2}x_2-x_3\right)^2+x_3^2$，于是二次型 f 可化成标准形 $f=y_1^2-y_2^2+y_3^2$，其中 $\begin{cases}y_1=x_1-\frac{1}{2}x_2,\\ y_2=\frac{1}{2}x_2-x_3,\\ y_3=x_3,\end{cases}$ 即 $\begin{cases}x_1=y_1+y_2+y_3,\\ x_2=2y_2+2y_3,\\ x_3=y_3,\end{cases}$ 则所求矩阵为 $\begin{pmatrix}1&1&1\\0&2&2\\0&0&1\end{pmatrix}$．

19. **解**：二次型 f 的矩阵为 $A=\begin{pmatrix}2&0&0\\0&3&2\\0&2&3\end{pmatrix}$，$A$ 的特征多项式 $|A-\lambda E|=\begin{vmatrix}2-\lambda&0&0\\0&3-\lambda&2\\0&2&3-\lambda\end{vmatrix}=(2-\lambda)\begin{vmatrix}3-\lambda&2\\2&3-\lambda\end{vmatrix}=$ $(2-\lambda)(\lambda-1)(\lambda-5)$，所以 A 的特征值为 $\lambda_1=1,\lambda_2=2,\lambda_3=5$．当 $\lambda_1=1$ 时，由 $A-E=\begin{pmatrix}1&0&0\\0&2&2\\0&2&2\end{pmatrix}\xrightarrow[\frac{1}{2}r_2]{r_3-r_2}$ $\begin{pmatrix}1&0&0\\0&1&1\\0&0&0\end{pmatrix}$，得单位特征向量 $\boldsymbol{p}_1=\frac{1}{\sqrt{2}}\begin{pmatrix}0\\-1\\1\end{pmatrix}$．当 $\lambda_2=2$ 时，由 $A-2E=\begin{pmatrix}0&0&0\\0&1&2\\0&2&1\end{pmatrix}\xrightarrow[-\frac{1}{3}r_3]{r_3-2r_2}\begin{pmatrix}0&0&0\\0&1&2\\0&0&1\end{pmatrix}\xrightarrow{r_2-2r_3,\ r_1\leftrightarrow r_2,\ r_2\leftrightarrow r_3}$ $\begin{pmatrix}0&1&0\\0&0&1\\0&0&0\end{pmatrix}$，得单位特征向量 $\boldsymbol{p}_2=\begin{pmatrix}1\\0\\0\end{pmatrix}$．当 $\lambda_3=5$ 时，由 $A-5E=\begin{pmatrix}-3&0&0\\0&-2&2\\0&2&-2\end{pmatrix}\xrightarrow{-\frac{1}{3}r_1,\ r_3+r_2,\ -\frac{1}{2}r_2}\begin{pmatrix}1&0&0\\0&1&-1\\0&0&0\end{pmatrix}$，得单位特征向量 $\boldsymbol{p}_2=\frac{1}{\sqrt{2}}\begin{pmatrix}0\\1\\1\end{pmatrix}$．令 $P=(\boldsymbol{p}_1,\boldsymbol{p}_2,\boldsymbol{p}_3)=\frac{1}{\sqrt{2}}\begin{pmatrix}0&\sqrt{2}&0\\-1&0&1\\1&0&1\end{pmatrix}$，则 P 为正交矩阵，有正交变换 $\boldsymbol{x}=P\boldsymbol{y}$，即 $\begin{pmatrix}x_1\\x_2\\x_3\end{pmatrix}=$ $\frac{1}{\sqrt{2}}\begin{pmatrix}0&\sqrt{2}&0\\-1&0&1\\1&0&1\end{pmatrix}\begin{pmatrix}y_1\\y_2\\y_3\end{pmatrix}$，可化 f 成标准形 $f=y_1^2+2y_2^2+5y_3^2$．

20. **证明**：因为 A 是 n 阶正定矩阵，则 A 是实对称矩阵，所以存在正交矩阵 P，使得 $P^{\mathrm{T}}AP=\begin{pmatrix}\lambda_1&0&0&0\\0&\lambda_2&0&0\\0&0&\lambda_3&0\\0&0&0&\lambda_4\end{pmatrix}$，且 $\lambda_i>0\,(i=1,2,3,4)$，则 $A=P\begin{pmatrix}\lambda_1&0&0&0\\0&\lambda_2&0&0\\0&0&\lambda_3&0\\0&0&0&\lambda_4\end{pmatrix}P^{-1}=P\begin{pmatrix}\sqrt{\lambda_1}&0&0&0\\0&\sqrt{\lambda_2}&0&0\\0&0&\sqrt{\lambda_3}&0\\0&0&0&\sqrt{\lambda_4}\end{pmatrix}P^{-1}P\begin{pmatrix}\sqrt{\lambda_1}&0&0&0\\0&\sqrt{\lambda_2}&0&0\\0&0&\sqrt{\lambda_3}&0\\0&0&0&\sqrt{\lambda_4}\end{pmatrix}P^{-1}=$ B^2，其中 $B=P\begin{pmatrix}\sqrt{\lambda_1}&0&0&0\\0&\sqrt{\lambda_2}&0&0\\0&0&\sqrt{\lambda_3}&0\\0&0&0&\sqrt{\lambda_4}\end{pmatrix}P^{-1}$，从而 B 与 $\begin{pmatrix}\sqrt{\lambda_1}&0&0&0\\0&\sqrt{\lambda_2}&0&0\\0&0&\sqrt{\lambda_3}&0\\0&0&0&\sqrt{\lambda_4}\end{pmatrix}$ 相似，则 B 的特征值 $\sqrt{\lambda_1}$，$\sqrt{\lambda_2}$，$\sqrt{\lambda_3}$，$\sqrt{\lambda_4}$ 均大于 0，所以 B 是正定矩阵，且 $A=B^2$，得证．

第五章　相似矩阵及二次型测试 C 卷

一、单项选择题

1. D【解析】由 λ 是 A 的一个特征值，得 $\frac{|A|}{\lambda}$ 是 A^* 的一个特征值，且 $|A^*|=|A|^{n-1}\neq 0$，所以 $\lambda|A|^{n-2}$ 是 $(A^*)^*$ 的一个特征值．故选 D．

2. D【解析】取 $A=\begin{pmatrix}1&1\\0&0\end{pmatrix}$，$R(A)=1<2$，特征值 $\lambda_1=1$，$\lambda_2=0$，且 A 相似于对角矩阵 $\Lambda=\begin{pmatrix}1&0\\0&0\end{pmatrix}$，可排除 A，B 和 C 选项．D 选项是 A 可对角化的充分必要条件．故选 D．

3. C【解析】若矩阵 A 的特征值全为负，则 $R(A)=n$，但 A 为负定矩阵，A 选项错误．若 A 的所有特征值非负，则 A 可能含有特征值 0，若含有特征值 0，则正惯性指数小于 n，A 不是正定矩阵，B 选项错误．若 A 为正定矩阵，则其特征值 $\lambda_i>0\,(i=1,2\cdots,n)$，从而 A^* 的特征值 $\frac{|A|}{\lambda_i}>0\,(i=1,2\cdots,n)$，$A^*$ 也是正定矩阵，反之也成立，C 选项正确．取 $A=\begin{pmatrix}1&5\\5&2\end{pmatrix}$，主对角线上的元素全为正，但 A 的二阶顺序主子式 $\begin{vmatrix}1&5\\5&2\end{vmatrix}=-23<0$，所以 A 不是正定矩阵，D 选项错误．故选 C．

4．B【解析】由三阶方阵 $\boldsymbol{A}$ 的特征值为0，1，2，可知 $\boldsymbol{A}$ 与 $\begin{pmatrix}0&0&0\\0&1&0\\0&0&2\end{pmatrix}$ 相似，所以 $R(\boldsymbol{A})=2$，从而 $\boldsymbol{A}$ 与 $\begin{pmatrix}1&0&0\\0&1&0\\0&0&0\end{pmatrix}$ 等价，且 $\boldsymbol{A}$ 是不可逆方阵，故 A，C 和 D 选项说法正确．$\begin{pmatrix}0&0&0\\0&1&0\\0&0&-2\end{pmatrix}$ 的特征值为0，1，-2，与 $\boldsymbol{A}$ 不相似．故选 B．

5．D【解析】由题可知，$\boldsymbol{A}$ 的特征值为-1，-2，-1，且$|\boldsymbol{A}|=-2$，所以 $\boldsymbol{A}^*$ 的特征值为2，1，2，从而二次型 $\boldsymbol{x}^{\mathrm{T}}\boldsymbol{A}^*\boldsymbol{x}$ 的正惯性指数为3．故选 D．

6．C【解析】矩阵 $\boldsymbol{A}$ 的特征多项式 $|\boldsymbol{A}-\lambda\boldsymbol{E}|=\begin{vmatrix}-\lambda&0&1\\0&1-\lambda&0\\1&0&-\lambda\end{vmatrix}=(1-\lambda)\begin{vmatrix}-\lambda&1\\1&-\lambda\end{vmatrix}=(1-\lambda)(\lambda^2-1)$，则 $\boldsymbol{A}$ 的特征值为 $\lambda_1=-1$，$\lambda_2=\lambda_3=1$．$\boldsymbol{A}$ 的特征值与 C 选项的特征值相同，所以 $\boldsymbol{A}$ 与 $\begin{pmatrix}1&0&0\\0&1&0\\0&0&-1\end{pmatrix}$ 合同．故选 C．

7．D【解析】A 选项中，一阶顺序主子式 $-1<0$，B 选项中，二阶顺序主子式 $\begin{vmatrix}1&3\\3&9\end{vmatrix}=0$，C 选项中，三阶顺序主子式 $\begin{vmatrix}1&2&3\\2&5&7\\3&7&10\end{vmatrix}=0$，故 A，B 和 C 选项都不是正定矩阵．D 选项中，三个顺序主子式 $2>0$，$\begin{vmatrix}2&-2\\-2&5\end{vmatrix}=6>0$，$\begin{vmatrix}2&-2&0\\-2&5&-1\\0&-1&2\end{vmatrix}=10>0$，D 选项是正定矩阵．故选 D．

8．A【解析】由 $\boldsymbol{A\alpha}=\boldsymbol{0}$，且 $R(\boldsymbol{A})=2$，得 $\lambda=0$ 为单特征值，$\boldsymbol{\alpha}$ 为特征值 $\lambda=0$ 对应的特征向量．由 $\boldsymbol{A\beta}=\boldsymbol{\beta}=1\cdot\boldsymbol{\beta}$，且 $\boldsymbol{\beta}$ 与 $\boldsymbol{\alpha}$ 正交，得 $\boldsymbol{\beta}$ 为特征值 $\lambda=1$ 对应的特征向量，且 $\lambda=1$ 为二重特征值．因为 $\boldsymbol{A}$ 的特征值为1，1，0，则存在可逆矩阵 $\boldsymbol{P}$，使得 $\boldsymbol{P}^{-1}\boldsymbol{AP}=\begin{pmatrix}1&0&0\\0&1&0\\0&0&0\end{pmatrix}=\boldsymbol{\Lambda}$，所以 $\boldsymbol{P}^{-1}\boldsymbol{A}^n\boldsymbol{P}=\boldsymbol{\Lambda}^n=\boldsymbol{\Lambda}$，从而 $\mathrm{tr}(\boldsymbol{A}^n)=\mathrm{tr}(\boldsymbol{\Lambda})=2$．故选 A．

二、填空题

9．2【解析】由$|2\boldsymbol{A}-\boldsymbol{E}|=0$，得 $\boldsymbol{A}$ 的一个特征值是 $\frac{1}{2}$，则 $\boldsymbol{A}^{-1}$ 必有一个特征值是2．

10．36【解析】因为方阵 $\boldsymbol{A}$ 与 $\boldsymbol{B}$ 相似，所以$|\boldsymbol{B}^2|=|\boldsymbol{A}^2|=|\boldsymbol{A}|^2=(-3)^2\times2^2=36$．

11．-2【解析】矩阵 $\boldsymbol{A}$ 的行列式等于其特征值的乘积，即$|\boldsymbol{A}|=\begin{vmatrix}1&-1&1\\2&4&a\\-3&-3&5\end{vmatrix}=6a+36=6\times2\times2$，解得 $a=-2$．

12．$a<-4$【解析】由 $f=-x_1^2+ax_2^2+(a-2)x_3^2+4x_1x_2=(x_1,x_2,x_3)\begin{pmatrix}-1&2&0\\2&a&0\\0&0&a-2\end{pmatrix}\begin{pmatrix}x_1\\x_2\\x_3\end{pmatrix}$，得 f 的矩阵为 $\boldsymbol{A}=\begin{pmatrix}-1&2&0\\2&a&0\\0&0&a-2\end{pmatrix}$．由二次型负定，得 $\boldsymbol{A}$ 的奇数阶顺序主子为负，偶数阶顺序主子为正，即 $\begin{vmatrix}-1&2\\2&a\end{vmatrix}=-a-4>0$，且 $\begin{vmatrix}-1&2&0\\2&a&0\\0&0&a-2\end{vmatrix}=(-a-4)(a-2)<0$，解得 $a<-4$．

13．$\begin{pmatrix}3&-1\\-1&2\end{pmatrix}$【解析】$f=(x_1,x_2)\begin{pmatrix}3&-4\\2&2\end{pmatrix}\begin{pmatrix}x_1\\x_2\end{pmatrix}=(3x_1+2x_2,-4x_1+2x_2)\begin{pmatrix}x_1\\x_2\end{pmatrix}=3x_1^2-2x_1x_2+2x_2^2=(x_1,x_2)\begin{pmatrix}3&-1\\-1&2\end{pmatrix}\begin{pmatrix}x_1\\x_2\end{pmatrix}$，所以 f 的矩阵为 $\begin{pmatrix}3&-1\\-1&2\end{pmatrix}$．

方法总结

设二次型 $f=\boldsymbol{x}^{\mathrm{T}}\boldsymbol{Ax}$，其中 $\boldsymbol{A}$ 不一定是二次型的矩阵，但二次型 $f=\boldsymbol{x}^{\mathrm{T}}\boldsymbol{Ax}$ 的矩阵一定是对称矩阵 $\frac{\boldsymbol{A}+\boldsymbol{A}^{\mathrm{T}}}{2}$，其证明过程如下．因为 f 为多项式，可看作一阶方阵，则 $f=f^{\mathrm{T}}=(\boldsymbol{x}^{\mathrm{T}}\boldsymbol{Ax})^{\mathrm{T}}=\boldsymbol{x}^{\mathrm{T}}\boldsymbol{A}^{\mathrm{T}}\boldsymbol{x}$，且 $f=\boldsymbol{x}^{\mathrm{T}}\boldsymbol{Ax}$，所以 $f=\frac{1}{2}(\boldsymbol{x}^{\mathrm{T}}\boldsymbol{Ax}+\boldsymbol{x}^{\mathrm{T}}\boldsymbol{A}^{\mathrm{T}}\boldsymbol{x})=\boldsymbol{x}^{\mathrm{T}}\frac{\boldsymbol{A}+\boldsymbol{A}^{\mathrm{T}}}{2}\boldsymbol{x}$．

14．$z_1^2-z_2^2$【解析】由 $f=x_1^2-2x_2^2+ax_3^2+2x_1x_2-4x_1x_3+2x_2x_3=(x_1,x_2,x_3)\begin{pmatrix}1&1&-2\\1&-2&1\\-2&1&a\end{pmatrix}\begin{pmatrix}x_1\\x_2\\x_3\end{pmatrix}$，得 f 的矩阵为 $\boldsymbol{A}=\begin{pmatrix}1&1&-2\\1&-2&1\\-2&1&a\end{pmatrix}$．由 $R(\boldsymbol{A})=2$，得$|\boldsymbol{A}|=\begin{vmatrix}1&1&-2\\1&-2&1\\-2&1&a\end{vmatrix}=-3a+3=0$，解得 $a=1$．$\boldsymbol{A}$ 的特征多项式$|\boldsymbol{A}-\lambda\boldsymbol{E}|=$

$$\begin{vmatrix}1-\lambda&1&-2\\1&-2-\lambda&1\\-2&1&1-\lambda\end{vmatrix}\xlongequal{r_3-r_1}\begin{vmatrix}1-\lambda&1&-2\\1&-2-\lambda&1\\-3+\lambda&0&3-\lambda\end{vmatrix}\xlongequal{c_1+c_3}\begin{vmatrix}-1-\lambda&1&-2\\2&-2-\lambda&1\\0&0&3-\lambda\end{vmatrix}=(3-\lambda)\begin{vmatrix}-1-\lambda&1\\2&-2-\lambda\end{vmatrix}=-\lambda(\lambda-3)(\lambda+3)$$，

则 $\boldsymbol{A}$ 的特征值为 $\lambda_1=-3$，$\lambda_2=0$，$\lambda_3=3$，所以 f 的规范形为 $f=z_1^2-z_2^2$．

三、解答题

15．**证明：**设存在一组数 k_1，k_2，使得 $k_1\boldsymbol{\alpha}+k_2\boldsymbol{A\alpha}=\boldsymbol{0}$ 成立，方程两边同时左乘矩阵 $\boldsymbol{A}$，得 $k_1\boldsymbol{A\alpha}+k_2\boldsymbol{A}^2\boldsymbol{\alpha}=\boldsymbol{0}$．因为 $\boldsymbol{A}^2\boldsymbol{\alpha}=\boldsymbol{0}$，$\boldsymbol{A\alpha}\neq\boldsymbol{0}$，所以 $k_1\boldsymbol{A\alpha}=\boldsymbol{0}$，$k_1=0$．将 $k_1=0$ 代入方程 $k_1\boldsymbol{\alpha}+k_2\boldsymbol{A\alpha}=\boldsymbol{0}$，得 $k_2\boldsymbol{A\alpha}=\boldsymbol{0}$，又 $\boldsymbol{A\alpha}\neq\boldsymbol{0}$，则 $k_2=0$，所以向量组 $\boldsymbol{\alpha}$，$\boldsymbol{A\alpha}$ 线性无关，得证．

16．**证明：**实对称矩阵 $\boldsymbol{A}$ 与 $\boldsymbol{A}-\boldsymbol{E}$ 都是 n 阶正定矩阵，则 $\boldsymbol{A}=\boldsymbol{A}^{\mathrm{T}}$，且 $\boldsymbol{A}$ 与 $\boldsymbol{A}-\boldsymbol{E}$ 的特征值 $\lambda>0$，$\lambda-1>0$．$(\boldsymbol{E}-\boldsymbol{A}^{-1})^{\mathrm{T}}=\boldsymbol{E}^{\mathrm{T}}-(\boldsymbol{A}^{-1})^{\mathrm{T}}=\boldsymbol{E}-(\boldsymbol{A}^{\mathrm{T}})^{-1}=\boldsymbol{E}-\boldsymbol{A}^{-1}$，故 $\boldsymbol{E}-\boldsymbol{A}^{-1}$ 也是对称矩阵．又 $\boldsymbol{E}-\boldsymbol{A}^{-1}$ 的特征值 $1-\frac{1}{\lambda}=\frac{\lambda-1}{\lambda}>0$，所以 $\boldsymbol{E}-\boldsymbol{A}^{-1}$ 是正定矩阵，得证．

17．**解：**$\boldsymbol{A}$ 的特征多项式$|\boldsymbol{A}-\lambda\boldsymbol{E}|=\begin{vmatrix}-\lambda&0&1\\0&-1-\lambda&0\\3&0&2-\lambda\end{vmatrix}=(-1-\lambda)\begin{vmatrix}-\lambda&1\\3&2-\lambda\end{vmatrix}=-(\lambda+1)^2(\lambda-3)$，所以 $\boldsymbol{A}$ 的特征值为 $\lambda_1=\lambda_2=-1$，$\lambda_3=3$．当 $\lambda_1=\lambda_2=-1$ 时，由 $\boldsymbol{A}+\boldsymbol{E}=\begin{pmatrix}1&0&1\\0&0&0\\3&0&3\end{pmatrix}\xrightarrow{r_3-3r_1}\begin{pmatrix}1&0&1\\0&0&0\\0&0&0\end{pmatrix}$，得特征向量 $\boldsymbol{p}_1=\begin{pmatrix}0\\1\\0\end{pmatrix}$，$\boldsymbol{p}_2=\begin{pmatrix}-1\\0\\1\end{pmatrix}$．

当 $\lambda_3=3$ 时，由 $\boldsymbol{A}-3\boldsymbol{E}=\begin{pmatrix}-3&0&1\\0&-4&0\\3&0&-1\end{pmatrix}\xrightarrow[-\frac{1}{4}r_2]{r_3+r_1,\ -\frac{1}{3}r_1}\begin{pmatrix}1&0&-\frac{1}{3}\\0&1&0\\0&0&0\end{pmatrix}$，得特征向量 $\boldsymbol{p}_3=\begin{pmatrix}\frac{1}{3}\\0\\1\end{pmatrix}$．因为三阶方阵 $\boldsymbol{A}$ 有3个线性无关的特征向量，所以方阵 $\boldsymbol{A}$ 可对角化．令 $\boldsymbol{P}=(\boldsymbol{p}_1,\boldsymbol{p}_2,\boldsymbol{p}_3)=\begin{pmatrix}0&-1&\frac{1}{3}\\1&0&0\\0&1&1\end{pmatrix}$，则 $\boldsymbol{P}^{-1}\boldsymbol{AP}=\begin{pmatrix}-1&0&0\\0&-1&0\\0&0&3\end{pmatrix}=\boldsymbol{\Lambda}$．

18．**解：**（1）因为矩阵 $\boldsymbol{A}$ 与 $\boldsymbol{B}$ 相似，所以$|\boldsymbol{A}|=|\boldsymbol{B}|$，且 $\mathrm{tr}(\boldsymbol{A})=\mathrm{tr}(\boldsymbol{B})$，即 $\begin{cases}-x=2y,\\x=3+y,\end{cases}$ 解得 $x=2$，$y=-1$．

（2）因为矩阵 $\boldsymbol{A}$ 与 $\boldsymbol{B}$ 相似，所以 $\boldsymbol{A}$ 的特征值是 $\lambda_1=2$，$\lambda_2=1$，$\lambda_3=-1$．当 $\lambda_1=2$ 时，由 $\boldsymbol{A}-2\boldsymbol{E}=\begin{pmatrix}0&0&0\\0&-2&1\\0&1&-2\end{pmatrix}$

$\xrightarrow{r_1 \leftrightarrow r_3} \begin{pmatrix} 0 & 1 & -2 \\ 0 & -2 & 1 \\ 0 & 0 & 0 \end{pmatrix} \xrightarrow[r_1+2r_2]{r_2+2r_1 \atop -\frac{1}{3}r_2} \begin{pmatrix} 0 & 1 & 0 \\ 0 & 0 & 1 \\ 0 & 0 & 0 \end{pmatrix}$，得单位特征向量 $\boldsymbol{p}_1 = \begin{pmatrix} 1 \\ 0 \\ 0 \end{pmatrix}$．当 $\lambda_2 = 1$ 时，由 $\boldsymbol{A}-\boldsymbol{E} = \begin{pmatrix} 1 & 0 & 0 \\ 0 & -1 & 1 \\ 0 & 1 & -1 \end{pmatrix} \xrightarrow[-r_2]{r_3+r_2}$ $\begin{pmatrix} 1 & 0 & 0 \\ 0 & 1 & -1 \\ 0 & 0 & 0 \end{pmatrix}$，得单位特征向量 $\boldsymbol{p}_2 = \frac{1}{\sqrt{2}}\begin{pmatrix} 0 \\ 1 \\ 1 \end{pmatrix}$．当 $\lambda_3 = -1$ 时，由 $\boldsymbol{A}+\boldsymbol{E} = \begin{pmatrix} 3 & 0 & 0 \\ 0 & 1 & 1 \\ 0 & 1 & 1 \end{pmatrix} \xrightarrow[r_3-r_2]{\frac{1}{3}r_1} \begin{pmatrix} 1 & 0 & 0 \\ 0 & 1 & 1 \\ 0 & 0 & 0 \end{pmatrix}$，得单位特征向量 $\boldsymbol{p}_3 = \frac{1}{\sqrt{2}}\begin{pmatrix} 0 \\ -1 \\ 1 \end{pmatrix}$．令 $\boldsymbol{P} = (\boldsymbol{p}_1, \boldsymbol{p}_2, \boldsymbol{p}_3) = \frac{1}{\sqrt{2}}\begin{pmatrix} \sqrt{2} & 0 & 0 \\ 0 & 1 & -1 \\ 0 & 1 & 1 \end{pmatrix}$，则 $\boldsymbol{P}$ 为正交矩阵，使得 $\boldsymbol{P}^{-1}\boldsymbol{A}\boldsymbol{P} = \boldsymbol{B}$ 成立．

19．**解**：二次型 f 的矩阵为 $\boldsymbol{A} = \begin{pmatrix} 1 & 2 & 2 \\ 2 & 1 & 2 \\ 2 & 2 & 1 \end{pmatrix}$，$\boldsymbol{A}$ 的特征多项式 $|\boldsymbol{A}-\lambda\boldsymbol{E}| = \begin{vmatrix} 1-\lambda & 2 & 2 \\ 2 & 1-\lambda & 2 \\ 2 & 2 & 1-\lambda \end{vmatrix} \overset{c_1+c_2+c_3}{=\!=\!=} \begin{vmatrix} 5-\lambda & 2 & 2 \\ 5-\lambda & 1-\lambda & 2 \\ 5-\lambda & 2 & 1-\lambda \end{vmatrix} =$ $(5-\lambda)\begin{vmatrix} 1 & 2 & 2 \\ 1 & 1-\lambda & 2 \\ 1 & 2 & 1-\lambda \end{vmatrix} \overset{r_2-r_1 \atop r_3-r_1}{=\!=\!=} (5-\lambda)\begin{vmatrix} 1 & 2 & 2 \\ 0 & -\lambda-1 & 0 \\ 0 & 0 & -\lambda-1 \end{vmatrix} = (5-\lambda)(\lambda+1)^2$，所以 $\boldsymbol{A}$ 的特征值为 $\lambda_1 = \lambda_2 = -1$，$\lambda_3 = 5$．当 $\lambda_1 =$ $\lambda_2 = -1$ 时，由 $\boldsymbol{A}-\boldsymbol{E} = \begin{pmatrix} 2 & 2 & 2 \\ 2 & 2 & 2 \\ 2 & 2 & 2 \end{pmatrix} \xrightarrow{r_2-r_1 \atop {r_3-r_1 \atop \frac{1}{2}r_1}} \begin{pmatrix} 1 & 1 & 1 \\ 0 & 0 & 0 \\ 0 & 0 & 0 \end{pmatrix}$，得特征向量 $\boldsymbol{p}_1 = \begin{pmatrix} -1 \\ 1 \\ 0 \end{pmatrix}$，$\boldsymbol{p}_2 = \begin{pmatrix} -1 \\ 0 \\ 1 \end{pmatrix}$，先正交化，取 $\boldsymbol{\eta}_1 = \boldsymbol{p}_1 =$ $\begin{pmatrix} -1 \\ 1 \\ 0 \end{pmatrix}$，则 $\boldsymbol{\eta}_2 = \boldsymbol{p}_2 - \frac{(\boldsymbol{p}_2, \boldsymbol{\eta}_1)}{(\boldsymbol{\eta}_1, \boldsymbol{\eta}_1)}\boldsymbol{\eta}_1 = \begin{pmatrix} -1 \\ 0 \\ 1 \end{pmatrix} - \frac{1}{2}\begin{pmatrix} -1 \\ 1 \\ 0 \end{pmatrix} = \frac{1}{2}\begin{pmatrix} -1 \\ -1 \\ 2 \end{pmatrix}$，再单位化得 $\boldsymbol{\xi}_1 = \frac{1}{\sqrt{2}}\begin{pmatrix} -1 \\ 1 \\ 0 \end{pmatrix}$，$\boldsymbol{\xi}_2 = \frac{1}{\sqrt{6}}\begin{pmatrix} -1 \\ -1 \\ 2 \end{pmatrix}$．当 $\lambda_3 = 5$ 时，由

$\boldsymbol{A}-5\boldsymbol{E} = \begin{pmatrix} -4 & 2 & 2 \\ 2 & -4 & 2 \\ 2 & 2 & -4 \end{pmatrix} \xrightarrow{r_1+2r_3 \atop {r_2-r_3 \atop \frac{1}{2}r_3}} \begin{pmatrix} 0 & 6 & -6 \\ 0 & -6 & 6 \\ 1 & 1 & -2 \end{pmatrix} \xrightarrow{r_1+r_2 \atop {-\frac{1}{6}r_2 \atop r_3-r_2}} \begin{pmatrix} 0 & 0 & 0 \\ 0 & 1 & -1 \\ 1 & 0 & -1 \end{pmatrix} \xrightarrow{r_1 \leftrightarrow r_3} \begin{pmatrix} 1 & 0 & -1 \\ 0 & 1 & -1 \\ 0 & 0 & 0 \end{pmatrix}$，得特征向量 $\boldsymbol{p}_3 = \begin{pmatrix} 1 \\ 1 \\ 1 \end{pmatrix}$，单位化得 $\boldsymbol{\xi}_3 = \frac{1}{\sqrt{3}}\begin{pmatrix} 1 \\ 1 \\ 1 \end{pmatrix}$．令 $\boldsymbol{P} = (\boldsymbol{\xi}_1, \boldsymbol{\xi}_2, \boldsymbol{\xi}_3) = \frac{1}{\sqrt{6}}\begin{pmatrix} -\sqrt{3} & -1 & \sqrt{2} \\ \sqrt{3} & -1 & \sqrt{2} \\ 0 & 2 & \sqrt{2} \end{pmatrix}$，则 $\boldsymbol{P}$ 为正交矩阵，有正交变换 $\boldsymbol{x} = \boldsymbol{P}\boldsymbol{y}$，即 $\begin{pmatrix} x_1 \\ x_2 \\ x_3 \end{pmatrix} = \frac{1}{\sqrt{6}}\begin{pmatrix} -\sqrt{3} & -1 & \sqrt{2} \\ \sqrt{3} & -1 & \sqrt{2} \\ 0 & 2 & \sqrt{2} \end{pmatrix}\begin{pmatrix} y_1 \\ y_2 \\ y_3 \end{pmatrix}$，可化 f 成标准形 $f = -y_1^2 - y_2^2 + 5y_3^2$．

20．**解**：(1) 二次型 f 的矩阵为 $\boldsymbol{A} = \begin{pmatrix} -3 & 2 \\ 2 & 0 \end{pmatrix}$，对于可逆的线性变换 $\boldsymbol{x} = \boldsymbol{C}_1\boldsymbol{y}$，$\boldsymbol{C}_1 = \begin{pmatrix} 1 & \frac{2}{3} \\ 0 & 1 \end{pmatrix}$，有 $\boldsymbol{C}_1^{\mathrm{T}}\boldsymbol{A}\boldsymbol{C}_1 = \begin{pmatrix} 1 & 0 \\ \frac{2}{3} & 1 \end{pmatrix}\begin{pmatrix} -3 & 2 \\ 2 & 0 \end{pmatrix}$ $\begin{pmatrix} 1 & \frac{2}{3} \\ 0 & 1 \end{pmatrix} = \begin{pmatrix} -3 & 0 \\ 0 & \frac{4}{3} \end{pmatrix}$，得标准形 I 为 $-3y_1^2 + \frac{4}{3}y_2^2$；对于 $\boldsymbol{x} = \boldsymbol{C}_2\boldsymbol{z}$，$\boldsymbol{C}_2 = \begin{pmatrix} 1 & -2 \\ 2 & 1 \end{pmatrix}$，有 $\boldsymbol{C}_2^{\mathrm{T}}\boldsymbol{A}\boldsymbol{C}_2 = \begin{pmatrix} 1 & 2 \\ -2 & 1 \end{pmatrix}\begin{pmatrix} -3 & 2 \\ 2 & 0 \end{pmatrix}\begin{pmatrix} 1 & -2 \\ 2 & 1 \end{pmatrix} =$ $\begin{pmatrix} 5 & 0 \\ 0 & -20 \end{pmatrix}$，得标准形 II 为 $5z_1^2 - 20z_2^2$．

(2) 由 $\boldsymbol{x} = \boldsymbol{C}_1\boldsymbol{y}$ 和 $\boldsymbol{x} = \boldsymbol{C}_2\boldsymbol{z}$，有 $\boldsymbol{C}_1\boldsymbol{y} = \boldsymbol{C}_2\boldsymbol{z}$，故 $\boldsymbol{y} = \boldsymbol{C}_1^{-1}\boldsymbol{C}_2\boldsymbol{z}$．令 $\boldsymbol{C} = \boldsymbol{C}_1^{-1}\boldsymbol{C}_2 = \frac{\boldsymbol{C}_1^*\boldsymbol{C}_2}{|\boldsymbol{C}_1|} = \begin{pmatrix} 1 & -\frac{2}{3} \\ 0 & 1 \end{pmatrix}\begin{pmatrix} 1 & -2 \\ 2 & 1 \end{pmatrix} = \begin{pmatrix} -\frac{1}{3} & -\frac{8}{3} \\ 2 & 1 \end{pmatrix}$，则经可逆线性变换 $\boldsymbol{y} = \boldsymbol{C}\boldsymbol{z}$，即 $\begin{pmatrix} y_1 \\ y_2 \end{pmatrix} = \begin{pmatrix} -\frac{1}{3} & -\frac{8}{3} \\ 2 & 1 \end{pmatrix}\begin{pmatrix} z_1 \\ z_2 \end{pmatrix}$，可化标准形 I 为标准形 II.

期末测试 A 卷

一、单项选择题

1．B【**解析**】当系数矩阵的秩小于未知数的个数，即 $r < n$ 时，齐次线性方程组 $\boldsymbol{Ax} = \boldsymbol{0}$ 有非零解，反之成立．故选 B.

2．A【**解析**】元素 6 的代数余子式 $A_{41} = -M_{41} = -\begin{vmatrix} 2 & 1 & 2 \\ 2 & -1 & 0 \\ -1 & 3 & -2 \end{vmatrix} = -18$．故选 A.

3．A【**解析**】若方阵 $\boldsymbol{A}$ 有 3 个不同的特征值，则 $\boldsymbol{A}$ 有 3 个线性无关的特征向量，$\boldsymbol{A}$ 可相似对角化．反之，若 $\boldsymbol{A}$ 可相似对角化，则 $\boldsymbol{A}$ 不一定有 3 个不同的特征值，可能有多重特征值．故选 A.

思路点拨

三阶方阵若有 3 个不同的特征值，则一定可以相似对角化；反之，能够相似对角化的三阶方阵可能有相同的特征值.

4．B【**解析**】(方法一) 四个选项都含有 $\boldsymbol{\alpha}_1$，$\boldsymbol{\alpha}_2$，且向量组 $\boldsymbol{\alpha}_1$，$\boldsymbol{\alpha}_2$ 线性无关，经简单计算得 $\boldsymbol{\alpha}_3 = 3\boldsymbol{\alpha}_1 + \boldsymbol{\alpha}_2$，$\boldsymbol{\alpha}_5 = 2\boldsymbol{\alpha}_1 + \boldsymbol{\alpha}_2$，可排除 A，C 和 D 选项．故选 B.

(方法二) 将向量组写成矩阵，$(\boldsymbol{\alpha}_1, \boldsymbol{\alpha}_2, \boldsymbol{\alpha}_3, \boldsymbol{\alpha}_4, \boldsymbol{\alpha}_5) = \begin{pmatrix} 1 & 0 & 3 & 1 & 2 \\ -1 & 3 & 0 & -2 & 1 \\ 2 & 1 & 7 & 2 & 5 \\ 4 & 2 & 14 & 4 & 10 \end{pmatrix} \xrightarrow{r_2+r_1 \atop {r_3-2r_1 \atop r_4-4r_1}} \begin{pmatrix} 1 & 0 & 3 & 1 & 2 \\ 0 & 3 & 3 & -1 & 3 \\ 0 & 1 & 1 & 0 & 1 \\ 0 & 2 & 2 & 0 & 2 \end{pmatrix} \xrightarrow{r_2-3r_3 \atop {r_4-2r_3 \atop r_2 \leftrightarrow r_3}}$ $\begin{pmatrix} 1 & 0 & 3 & 1 & 2 \\ 0 & 1 & 1 & 0 & 1 \\ 0 & 0 & 0 & -1 & 0 \\ 0 & 0 & 0 & 0 & 0 \end{pmatrix}$，则 $\boldsymbol{\alpha}_1$，$\boldsymbol{\alpha}_2$，$\boldsymbol{\alpha}_4$ 为该向量组的一个最大无关组．故选 B.

5．A【**解析**】$|\boldsymbol{\alpha}_1, \boldsymbol{\alpha}_2, \boldsymbol{\beta}_1 + \boldsymbol{\beta}_2| = |\boldsymbol{\alpha}_1, \boldsymbol{\alpha}_2, \boldsymbol{\beta}_1| + |\boldsymbol{\alpha}_1, \boldsymbol{\alpha}_2, \boldsymbol{\beta}_2| = m - |\boldsymbol{\alpha}_1, \boldsymbol{\beta}_2, \boldsymbol{\alpha}_2| = m - n$．故选 A.

6．D【**解析**】将向量组写成矩阵，$(\boldsymbol{\alpha}_1, \boldsymbol{\alpha}_2, \boldsymbol{\alpha}_3) = \begin{pmatrix} 1 & 1 & 5 \\ 0 & 3 & 3 \\ 0 & -1 & t \end{pmatrix} \xrightarrow[r_3+r_2]{\frac{1}{3}r_2} \begin{pmatrix} 1 & 1 & 5 \\ 0 & 1 & 1 \\ 0 & 0 & t+1 \end{pmatrix}$，因为向量组 $\boldsymbol{\alpha}_1$，$\boldsymbol{\alpha}_2$，$\boldsymbol{\alpha}_3$ 线性相关，则 $R(\boldsymbol{\alpha}_1, \boldsymbol{\alpha}_2, \boldsymbol{\alpha}_3) < 3$，所以 $t+1 = 0$，解得 $t = -1$．故选 D.

7．B【**解析**】由题可知，$\boldsymbol{A}(\boldsymbol{\alpha}_1, \boldsymbol{\alpha}_2, \boldsymbol{\alpha}_3) = (\boldsymbol{\alpha}_1, \boldsymbol{\alpha}_2, \boldsymbol{\alpha}_3)\begin{pmatrix} 2 & 0 & 1 \\ -1 & 1 & 0 \\ 0 & 1 & 1 \end{pmatrix}$，因为向量组 $\boldsymbol{\alpha}_1$，$\boldsymbol{\alpha}_2$，$\boldsymbol{\alpha}_3$ 线性无关，则矩阵 $(\boldsymbol{\alpha}_1, \boldsymbol{\alpha}_2, \boldsymbol{\alpha}_3)$ 可逆，所以 $\boldsymbol{A} = (\boldsymbol{\alpha}_1, \boldsymbol{\alpha}_2, \boldsymbol{\alpha}_3)\begin{pmatrix} 2 & 0 & 1 \\ -1 & 1 & 0 \\ 0 & 1 & 1 \end{pmatrix}(\boldsymbol{\alpha}_1, \boldsymbol{\alpha}_2, \boldsymbol{\alpha}_3)^{-1}$，从而 $|\boldsymbol{A}| = \begin{vmatrix} 2 & 0 & 1 \\ -1 & 1 & 0 \\ 0 & 1 & 1 \end{vmatrix} = 1$．故选 B.

8．A【**解析**】方程组 $\boldsymbol{Ax} = \boldsymbol{0}$ 有非零解，则 $|\boldsymbol{A}| = \begin{vmatrix} 1 & 2 & 3 \\ 0 & 4 & k \\ 1 & k & 9 \end{vmatrix} = -(k+4)(k-6) = 0$，解得 $k_1 = -4$，$k_2 = 6$（舍去）．对系数矩阵作初等变换，$\boldsymbol{A} = \begin{pmatrix} 1 & 2 & 3 \\ 0 & 4 & -4 \\ 1 & -4 & 9 \end{pmatrix} \xrightarrow{r_3-r_1,\ \frac{1}{4}r_2} \begin{pmatrix} 1 & 2 & 3 \\ 0 & 1 & -1 \\ 0 & -6 & 6 \end{pmatrix} \xrightarrow{r_3+6r_2} \begin{pmatrix} 1 & 2 & 3 \\ 0 & 1 & -1 \\ 0 & 0 & 0 \end{pmatrix}$，$R(\boldsymbol{A}) = 2$，则 $R(\boldsymbol{A}^*) = 1$．因为 $\boldsymbol{A}^*\boldsymbol{A} = |\boldsymbol{A}|\boldsymbol{E} = \boldsymbol{O}$，所以 $\boldsymbol{A}$ 的列向量为方程组 $\boldsymbol{A}^*\boldsymbol{x} = \boldsymbol{0}$ 的解，则所求解可为 $\begin{pmatrix} x_1 \\ x_2 \\ x_3 \end{pmatrix} = c_1\begin{pmatrix} 1 \\ 0 \\ 1 \end{pmatrix} + c_2\begin{pmatrix} 2 \\ 4 \\ -4 \end{pmatrix}(c \in \mathbb{R})$．故选 A.

二、填空题

9. $\begin{pmatrix} 4 & 2 \\ -3 & 1 \end{pmatrix}$ **【解析】**求二阶方阵的伴随矩阵，可简述为“主对调，副换号”，从而 $\boldsymbol{A}^* = \begin{pmatrix} 4 & 2 \\ -3 & 1 \end{pmatrix}$.

10. 3 **【解析】**由 $\boldsymbol{A}\boldsymbol{\alpha}_i = i\boldsymbol{\alpha}_i \ (i=1,2,3)$，得方阵 $\boldsymbol{A}$ 的非零特征值是 1，2，3，则方阵一定可对角化，且相似于对角矩阵 $\boldsymbol{\Lambda} = \begin{pmatrix} 1 & 0 & 0 \\ 0 & 2 & 0 \\ 0 & 0 & 3 \end{pmatrix}$，所以 $R(\boldsymbol{A}) = 3$.

11. $\begin{pmatrix} 0 & 0 & 0 \\ -1 & 1 & -1 \\ 0 & 0 & 0 \end{pmatrix}$ **【解析】**由 $2\boldsymbol{CA} - 2\boldsymbol{AB} = \boldsymbol{C} - \boldsymbol{B}$，得 $\boldsymbol{C}(2\boldsymbol{A} - \boldsymbol{E}) = (2\boldsymbol{A} - \boldsymbol{E})\boldsymbol{B}$，因为 $|2\boldsymbol{A} - \boldsymbol{E}| = \begin{vmatrix} 0 & 1 & 0 \\ -1 & 0 & 0 \\ 0 & 0 & 1 \end{vmatrix} = 1 \neq 0$，则矩阵 $2\boldsymbol{A} - \boldsymbol{E}$ 可逆，所以 $\boldsymbol{C} = (2\boldsymbol{A} - \boldsymbol{E})\boldsymbol{B}(2\boldsymbol{A} - \boldsymbol{E})^{-1} = \begin{pmatrix} 0 & 1 & 0 \\ -1 & 0 & 0 \\ 0 & 0 & 1 \end{pmatrix}\begin{pmatrix} 1 & 1 & 1 \\ 0 & 0 & 0 \\ 0 & 0 & 0 \end{pmatrix}\begin{pmatrix} 0 & 1 & 0 \\ -1 & 0 & 0 \\ 0 & 0 & 1 \end{pmatrix}^{-1} = \begin{pmatrix} 0 & 1 & 0 \\ -1 & 0 & 0 \\ 0 & 0 & 1 \end{pmatrix}\begin{pmatrix} 1 & 1 & 1 \\ 0 & 0 & 0 \\ 0 & 0 & 0 \end{pmatrix}$ $\begin{pmatrix} 0 & -1 & 0 \\ 1 & 0 & 0 \\ 0 & 0 & 1 \end{pmatrix} = \begin{pmatrix} 0 & 0 & 0 \\ -1 & 1 & -1 \\ 0 & 0 & 0 \end{pmatrix}$.

12. $(2,0,1)$ **【解析】**由题可知，$(\boldsymbol{\beta}_1, \boldsymbol{\beta}_2, \boldsymbol{\beta}_3) = (\boldsymbol{\alpha}_1, \boldsymbol{\alpha}_2, \boldsymbol{\alpha}_3)\begin{pmatrix} 1 & 2 & 1 \\ 0 & 1 & 2 \\ 0 & 0 & 1 \end{pmatrix}$，向量 $\boldsymbol{\gamma} = 3\boldsymbol{\alpha}_1 + 2\boldsymbol{\alpha}_2 + \boldsymbol{\alpha}_3 = (\boldsymbol{\alpha}_1, \boldsymbol{\alpha}_2, \boldsymbol{\alpha}_3)\begin{pmatrix} 3 \\ 2 \\ 1 \end{pmatrix} =$ $(\boldsymbol{\beta}_1, \boldsymbol{\beta}_2, \boldsymbol{\beta}_3)\begin{pmatrix} 1 & 2 & 1 \\ 0 & 1 & 2 \\ 0 & 0 & 1 \end{pmatrix}^{-1}\begin{pmatrix} 3 \\ 2 \\ 1 \end{pmatrix} = (\boldsymbol{\beta}_1, \boldsymbol{\beta}_2, \boldsymbol{\beta}_3)\begin{pmatrix} 1 & -2 & 3 \\ 0 & 1 & -2 \\ 0 & 0 & 1 \end{pmatrix}\begin{pmatrix} 3 \\ 2 \\ 1 \end{pmatrix} = (\boldsymbol{\beta}_1, \boldsymbol{\beta}_2, \boldsymbol{\beta}_3)\begin{pmatrix} 2 \\ 0 \\ 1 \end{pmatrix}$，所以向量 $\boldsymbol{\gamma}$ 在基 $\boldsymbol{\beta}_1, \boldsymbol{\beta}_2, \boldsymbol{\beta}_3$ 下的坐标为 $(2,0,1)$.

13. $-\sqrt{2} < t < \sqrt{2}$ **【解析】**由 $f = 2x_1^2 + x_2^2 + 4x_3^2 + 2x_1x_2 + 2tx_2x_3 = (x_1, x_2, x_3)\begin{pmatrix} 2 & 1 & 0 \\ 1 & 1 & t \\ 0 & t & 4 \end{pmatrix}\begin{pmatrix} x_1 \\ x_2 \\ x_3 \end{pmatrix}$，得 f 的矩阵为 $\boldsymbol{A} = \begin{pmatrix} 2 & 1 & 0 \\ 1 & 1 & t \\ 0 & t & 4 \end{pmatrix}$. 若二次型正定，则 $\boldsymbol{A}$ 的各阶顺序主子式全为正，即 $\begin{vmatrix} 2 & 1 & 0 \\ 1 & 1 & t \\ 0 & t & 4 \end{vmatrix} = 4 - 2t^2 > 0$，解得 $-\sqrt{2} < t < \sqrt{2}$.

14. $\begin{pmatrix} \frac{1}{5} & 0 & 0 & 0 \\ \frac{3}{10} & -\frac{1}{2} & 0 & 0 \\ 0 & 0 & \frac{7}{2} & \frac{1}{2} \\ 0 & 0 & -1 & 0 \end{pmatrix}$ **【解析】**令矩阵 $\boldsymbol{A}_1 = \begin{pmatrix} 5 & 0 \\ 3 & -2 \end{pmatrix}$，$\boldsymbol{A}_2 = \begin{pmatrix} 0 & -1 \\ 2 & 7 \end{pmatrix}$，则 $\boldsymbol{A} = \begin{pmatrix} \boldsymbol{A}_1 & \boldsymbol{O} \\ \boldsymbol{O} & \boldsymbol{A}_2 \end{pmatrix}$ 为分块对角矩阵. 因为 $|\boldsymbol{A}_1| = \begin{vmatrix} 5 & 0 \\ 3 & -2 \end{vmatrix} = -10 \neq 0$，$|\boldsymbol{A}_2| = \begin{vmatrix} 0 & -1 \\ 2 & 7 \end{vmatrix} = 2 \neq 0$，则矩阵 $\boldsymbol{A}_1$，$\boldsymbol{A}_2$ 均可逆，$\boldsymbol{A}_1^{-1} = \begin{pmatrix} \frac{1}{5} & 0 \\ \frac{3}{10} & -\frac{1}{2} \end{pmatrix}$，$\boldsymbol{A}_2^{-1} = \begin{pmatrix} \frac{7}{2} & \frac{1}{2} \\ -1 & 0 \end{pmatrix}$，所以 $\boldsymbol{A}^{-1} = \begin{pmatrix} \boldsymbol{A}_1^{-1} & \boldsymbol{O} \\ \boldsymbol{O} & \boldsymbol{A}_2^{-1} \end{pmatrix} = \begin{pmatrix} \frac{1}{5} & 0 & 0 & 0 \\ \frac{3}{10} & -\frac{1}{2} & 0 & 0 \\ 0 & 0 & \frac{7}{2} & \frac{1}{2} \\ 0 & 0 & -1 & 0 \end{pmatrix}$.

三、解答题

15. **解：**由行列式的性质，得原式 $\xlongequal{c_1+c_2+c_3+c_4} \begin{vmatrix} 16 & 5 & 3 & 1 \\ 16 & 3 & 1 & 7 \\ 16 & 1 & 7 & 5 \\ 16 & 7 & 5 & 3 \end{vmatrix} = 16\begin{vmatrix} 1 & 5 & 3 & 1 \\ 1 & 3 & 1 & 7 \\ 1 & 1 & 7 & 5 \\ 1 & 7 & 5 & 3 \end{vmatrix} \xlongequal[\substack{r_3 - r_1 \\ r_4 - r_1}]{r_2 - r_1} 16\begin{vmatrix} 1 & 5 & 3 & 1 \\ 0 & -2 & -2 & 6 \\ 0 & -4 & 4 & 4 \\ 0 & 2 & 2 & 2 \end{vmatrix} \xlongequal[r_4 + r_2]{r_3 - 2r_2} 16\begin{vmatrix} 1 & 5 & 3 & 1 \\ 0 & -2 & -2 & 6 \\ 0 & 0 & 8 & -8 \\ 0 & 0 & 0 & 8 \end{vmatrix} =$ $-2\,048$.

16. **证明：**$\boldsymbol{A}$ 为 n 阶可逆方阵，则 $|\boldsymbol{A}| \neq 0$. 令矩阵 $\boldsymbol{P} = \boldsymbol{E}(i, j)$，$\boldsymbol{PA} = \boldsymbol{B}$ 相当于将 $\boldsymbol{A}$ 的第 i 行和第 j 行对换后得到矩阵 $\boldsymbol{B}$，则 $|\boldsymbol{B}| = |\boldsymbol{PA}| = |\boldsymbol{E}(i, j)\boldsymbol{A}| = -|\boldsymbol{E}||\boldsymbol{A}| = -|\boldsymbol{A}| \neq 0$，所以矩阵 $\boldsymbol{B}$ 可逆，得证.

17. **证明：**（方法一）设存在一组数 k_1，k_2，k_3 使得 $k_1(\boldsymbol{\alpha}_1 + 2\boldsymbol{\alpha}_2) + k_2(-\boldsymbol{\alpha}_1 + \boldsymbol{\alpha}_2 - 3\boldsymbol{\alpha}_3) + k_3(3\boldsymbol{\alpha}_1 + 7\boldsymbol{\alpha}_3) = \boldsymbol{0}$，即 $(k_1 - k_2 + 3k_3)\boldsymbol{\alpha}_1 + (2k_1 + k_2)\boldsymbol{\alpha}_2 + (-3k_2 + 7k_3)\boldsymbol{\alpha}_3 = \boldsymbol{0}$，又向量组 $\boldsymbol{\alpha}_1$，$\boldsymbol{\alpha}_2$，$\boldsymbol{\alpha}_3$ 线性无关，则 $\begin{cases} k_1 - k_2 + 3k_3 = 0, \\ 2k_1 + k_2 = 0, \\ -3k_2 + 7k_3 = 0, \end{cases}$ 该方程组系数矩阵的行列式 $\begin{vmatrix} 1 & -1 & 3 \\ 2 & 1 & 0 \\ 0 & -3 & 7 \end{vmatrix} = 3 \neq 0$，故方程组只有零解，即 $k_1 = k_2 = k_3 = 0$，从而向量组 $\boldsymbol{\alpha}_1 + 2\boldsymbol{\alpha}_2$，$\boldsymbol{\alpha}_2 + 2\boldsymbol{\alpha}_3$，$\boldsymbol{\alpha}_3 + \boldsymbol{\alpha}_1$ 线性无关，得证.

（方法二）$(\boldsymbol{\alpha}_1 + 2\boldsymbol{\alpha}_2, -\boldsymbol{\alpha}_1 + \boldsymbol{\alpha}_2 - 3\boldsymbol{\alpha}_3, 3\boldsymbol{\alpha}_1 + 7\boldsymbol{\alpha}_3) = (\boldsymbol{\alpha}_1, \boldsymbol{\alpha}_2, \boldsymbol{\alpha}_3)\begin{pmatrix} 1 & -1 & 3 \\ 2 & 1 & 0 \\ 0 & -3 & 7 \end{pmatrix}$，因为 $\begin{vmatrix} 1 & -1 & 3 \\ 2 & 1 & 0 \\ 0 & -3 & 7 \end{vmatrix} = 3 \neq 0$，则矩阵 $\begin{pmatrix} 1 & -1 & 3 \\ 2 & 1 & 0 \\ 0 & -3 & 7 \end{pmatrix}$ 可逆，所以 $R(\boldsymbol{\alpha}_1 + 2\boldsymbol{\alpha}_2, -\boldsymbol{\alpha}_1 + \boldsymbol{\alpha}_2 - 3\boldsymbol{\alpha}_3, 3\boldsymbol{\alpha}_1 + 7\boldsymbol{\alpha}_3) = R(\boldsymbol{\alpha}_1, \boldsymbol{\alpha}_2, \boldsymbol{\alpha}_3) = 3$，从而向量组 $\boldsymbol{\alpha}_1 + 2\boldsymbol{\alpha}_2$，$\boldsymbol{\alpha}_2 + 2\boldsymbol{\alpha}_3$，$\boldsymbol{\alpha}_3 + \boldsymbol{\alpha}_1$ 线性无关，得证.

18. **解：**增广矩阵 $(\boldsymbol{A}, \boldsymbol{b}) = \left(\begin{array}{cccc|c} 1 & -1 & -1 & -3 & -2 \\ 1 & -1 & 1 & 5 & 4 \\ -4 & 4 & 1 & 0 & -1 \end{array}\right) \xrightarrow[r_3 + 4r_1]{r_2 - r_1} \left(\begin{array}{cccc|c} 1 & -1 & -1 & -3 & -2 \\ 0 & 0 & 2 & 8 & 6 \\ 0 & 0 & -3 & -12 & -9 \end{array}\right) \xrightarrow{\substack{\frac{1}{2}r_2 \\ r_1 + r_2 \\ r_3 + 3r_2}} \left(\begin{array}{cccc|c} 1 & -1 & 0 & 1 & 1 \\ 0 & 0 & 1 & 4 & 3 \\ 0 & 0 & 0 & 0 & 0 \end{array}\right)$，$R(\boldsymbol{A}) = R(\boldsymbol{A}, \boldsymbol{b}) = 2 < 4$，则方程组有无限多解，其同解方程组为 $\begin{cases} x_1 - x_2 + x_4 = 1, \\ x_3 + 4x_4 = 3, \end{cases}$ 即 $\begin{cases} x_1 = x_2 - x_4 + 1, \\ x_3 = -4x_4 + 3, \end{cases}$ 其中 x_2，x_4 为自由未知数，令 $x_2 = c_1$，$x_4 = c_2$，于是方程组的通解为 $\begin{pmatrix} x_1 \\ x_2 \\ x_3 \\ x_4 \end{pmatrix} = c_1\begin{pmatrix} 1 \\ 1 \\ 0 \\ 0 \end{pmatrix} + c_2\begin{pmatrix} -1 \\ 0 \\ -4 \\ 1 \end{pmatrix} + \begin{pmatrix} 1 \\ 0 \\ 3 \\ 0 \end{pmatrix} (c_1, c_2 \in \mathbb{R})$.

19. **解：**二次型 f 的矩阵为 $\boldsymbol{A} = \begin{pmatrix} 2 & 0 & 4 \\ 0 & 6 & 0 \\ 4 & 0 & 2 \end{pmatrix}$，$\boldsymbol{A}$ 的特征多项式 $|\boldsymbol{A} - \lambda\boldsymbol{E}| = \begin{vmatrix} 2-\lambda & 0 & 4 \\ 0 & 6-\lambda & 0 \\ 4 & 0 & 2-\lambda \end{vmatrix} = (6-\lambda)\begin{vmatrix} 2-\lambda & 4 \\ 4 & 2-\lambda \end{vmatrix} =$ $-(\lambda+2)(\lambda-6)^2$，所以 $\boldsymbol{A}$ 的特征值为 $\lambda_1 = -2$，$\lambda_2 = \lambda_3 = 6$. 当 $\lambda_1 = -2$ 时，由 $\boldsymbol{A} + 2\boldsymbol{E} = \begin{pmatrix} 4 & 0 & 4 \\ 0 & 8 & 0 \\ 4 & 0 & 4 \end{pmatrix} \xrightarrow{\substack{r_3 - r_1 \\ \frac{1}{4}r_1 \\ \frac{1}{8}r_2}} \begin{pmatrix} 1 & 0 & 1 \\ 0 & 1 & 0 \\ 0 & 0 & 0 \end{pmatrix}$，

得单位特征向量 $\boldsymbol{p}_1=\frac{1}{\sqrt{2}}\begin{pmatrix}-1\\0\\1\end{pmatrix}$．当 $\lambda_2=\lambda_3=6$ 时，由 $\boldsymbol{A}-6\boldsymbol{E}=\begin{pmatrix}-4&0&4\\0&0&0\\4&0&-4\end{pmatrix}\xrightarrow[-\frac{1}{4}r_1]{r_3+r_1}\begin{pmatrix}1&0&-1\\0&0&0\\0&0&0\end{pmatrix}$，得单位特征向量

$\boldsymbol{p}_2=\begin{pmatrix}0\\1\\0\end{pmatrix}$，$\boldsymbol{p}_3=\frac{1}{\sqrt{2}}\begin{pmatrix}1\\0\\1\end{pmatrix}$．令 $\boldsymbol{P}=(\boldsymbol{p}_1,\boldsymbol{p}_2,\boldsymbol{p}_3)=\frac{1}{\sqrt{2}}\begin{pmatrix}-1&0&1\\0&\sqrt{2}&0\\1&0&1\end{pmatrix}$，则 $\boldsymbol{P}$ 为正交矩阵，有正交变换 $\boldsymbol{x}=\boldsymbol{P}\boldsymbol{y}$，即

$\begin{pmatrix}x_1\\x_2\\x_3\end{pmatrix}=\frac{1}{\sqrt{2}}\begin{pmatrix}-1&0&1\\0&\sqrt{2}&0\\1&0&1\end{pmatrix}\begin{pmatrix}y_1\\y_2\\y_3\end{pmatrix}$，可将 f 化成标准形 $f=-2y_1^2+6y_2^2+6y_3^2$．

20．解：（1）由题可知，$\boldsymbol{\alpha}_{n-1}=\begin{pmatrix}x_{n-1}\\y_{n-1}\\z_{n-1}\end{pmatrix}$．由方程组得 $\begin{pmatrix}x_n\\y_n\\z_n\end{pmatrix}=\begin{pmatrix}-2&0&2\\0&-2&-2\\-6&-3&3\end{pmatrix}\begin{pmatrix}x_{n-1}\\y_{n-1}\\z_{n-1}\end{pmatrix}$，且 $\boldsymbol{\alpha}_n=\boldsymbol{A}\boldsymbol{\alpha}_{n-1}$，所以矩阵 $\boldsymbol{A}=\begin{pmatrix}-2&0&2\\0&-2&-2\\-6&-3&3\end{pmatrix}$．

（2）由 $|\boldsymbol{A}-\lambda\boldsymbol{E}|=\begin{vmatrix}-2-\lambda&0&2\\0&-2-\lambda&-2\\-6&-3&3-\lambda\end{vmatrix}=(-2-\lambda)\begin{vmatrix}-2-\lambda&-2\\-3&3-\lambda\end{vmatrix}-6\begin{vmatrix}0&2\\-2-\lambda&-2\end{vmatrix}=-\lambda(\lambda-1)(\lambda+2)$，解得 $\lambda_1=-2$，

$\lambda_2=0$，$\lambda_3=1$．当 $\lambda_1=-2$ 时，由 $\boldsymbol{A}+2\boldsymbol{E}=\begin{pmatrix}0&0&2\\0&0&-2\\-6&-3&5\end{pmatrix}\xrightarrow[\substack{-\frac{1}{6}r_3\\ r_1\leftrightarrow r_3}]{\substack{r_1+r_2\\ -\frac{1}{2}r_2}}\begin{pmatrix}1&\frac{1}{2}&-\frac{5}{6}\\0&0&1\\0&0&0\end{pmatrix}\xrightarrow{r_1+\frac{5}{6}r_2}\begin{pmatrix}1&\frac{1}{2}&0\\0&0&1\\0&0&0\end{pmatrix}$，得特征向量

$\boldsymbol{p}_1=\begin{pmatrix}1\\-2\\0\end{pmatrix}$．当 $\lambda_2=0$ 时，由 $\boldsymbol{A}=\begin{pmatrix}-2&0&2\\0&-2&-2\\-6&-3&3\end{pmatrix}\xrightarrow[-\frac{1}{2}r_2]{\substack{r_3-3r_1\\ -\frac{1}{2}r_1}}\begin{pmatrix}1&0&-1\\0&1&1\\0&-3&-3\end{pmatrix}\xrightarrow{r_3+3r_2}\begin{pmatrix}1&0&-1\\0&1&1\\0&0&0\end{pmatrix}$，得特征向量 $\boldsymbol{p}_2=\begin{pmatrix}1\\-1\\1\end{pmatrix}$．当

$\lambda_3=1$ 时，由 $\boldsymbol{A}-\boldsymbol{E}=\begin{pmatrix}-3&0&2\\0&-3&-2\\-6&-3&2\end{pmatrix}\xrightarrow{r_3-2r_1}\begin{pmatrix}-3&0&2\\0&-3&-2\\0&-3&-2\end{pmatrix}\xrightarrow[-\frac{1}{3}r_2]{\substack{r_3-r_2\\ -\frac{1}{3}r_1}}\begin{pmatrix}1&0&-\frac{2}{3}\\0&1&\frac{2}{3}\\0&0&0\end{pmatrix}$，得特征向量 $\boldsymbol{p}_3=\begin{pmatrix}-2\\2\\-3\end{pmatrix}$．所以存在

可逆矩阵 $\boldsymbol{P}=(\boldsymbol{p}_1,\boldsymbol{p}_2,\boldsymbol{p}_3)=\begin{pmatrix}1&1&-2\\-2&-1&2\\0&1&-3\end{pmatrix}$，使得 $\boldsymbol{P}^{-1}\boldsymbol{A}\boldsymbol{P}=\boldsymbol{\Lambda}=\begin{pmatrix}-2&&\\&0&\\&&1\end{pmatrix}$，故 $\boldsymbol{A}=\boldsymbol{P}\boldsymbol{\Lambda}\boldsymbol{P}^{-1}$，则 $\boldsymbol{A}^n=(\boldsymbol{P}\boldsymbol{\Lambda}\boldsymbol{P}^{-1})^n=$

$\boldsymbol{P}\boldsymbol{\Lambda}^n\boldsymbol{P}^{-1}=\begin{pmatrix}1&1&-2\\-2&-1&2\\0&1&-3\end{pmatrix}\begin{pmatrix}(-2)^n&&\\&0&\\&&1\end{pmatrix}\begin{pmatrix}-1&-1&0\\6&3&-2\\2&1&-1\end{pmatrix}=\begin{pmatrix}(-1)^{n+1}2^n-4&(-1)^{n+1}2^n-2&2\\(-1)^n2^{n+1}+4&(-1)^n2^{n+1}+2&-2\\-6&-3&3\end{pmatrix}$，$\begin{pmatrix}x_n\\y_n\\z_n\end{pmatrix}=\boldsymbol{A}\begin{pmatrix}x_{n-1}\\y_{n-1}\\z_{n-1}\end{pmatrix}=\boldsymbol{A}^2$

$\begin{pmatrix}x_{n-2}\\y_{n-2}\\z_{n-2}\end{pmatrix}=\boldsymbol{A}^n\begin{pmatrix}x_0\\y_0\\z_0\end{pmatrix}=\begin{pmatrix}(-1)^{n+1}2^n-4&(-1)^{n+1}2^n-2&2\\(-1)^n2^{n+1}+4&(-1)^n2^{n+1}+2&-2\\-6&-3&3\end{pmatrix}\begin{pmatrix}-1\\0\\2\end{pmatrix}=\begin{pmatrix}(-2)^n+8\\(-2)^{n+1}-8\\12\end{pmatrix}$．

期末测试 B 卷

一、单项选择题

1．D【解析】若齐次线性方程组的通解中含有两个自由未知数，则 $R(\boldsymbol{A})=3-2=1$，故有 $\frac{a_1}{b_1}=\frac{a_2}{b_2}=\frac{a_3}{b_3}$．故选 D．

2．A【解析】$2A_{21}-4A_{22}+2A_{23}$ 即为第 3 行元素乘第 2 行元素的代数余子式，根据行列式展开法则的推论可知，$2A_{21}-4A_{22}+2A_{23}=0$．故选 A．

3．D【解析】由方程 $\boldsymbol{A}\boldsymbol{X}+\boldsymbol{E}=\boldsymbol{A}^2+\boldsymbol{X}$，得 $(\boldsymbol{A}-\boldsymbol{E})\boldsymbol{X}=\boldsymbol{A}^2-\boldsymbol{E}=(\boldsymbol{A}-\boldsymbol{E})(\boldsymbol{A}+\boldsymbol{E})$．因为 $|\boldsymbol{A}-\boldsymbol{E}|=\begin{vmatrix}-2&1\\2&0\end{vmatrix}=-2\neq0$，所以矩阵 $\boldsymbol{A}-\boldsymbol{E}$ 可逆，$\boldsymbol{X}=\boldsymbol{A}+\boldsymbol{E}=\begin{pmatrix}-1&1\\2&1\end{pmatrix}+\begin{pmatrix}1&0\\0&1\end{pmatrix}=\begin{pmatrix}0&1\\2&2\end{pmatrix}$．故选 D．

4．A【解析】令 $\boldsymbol{A}_1=\begin{pmatrix}-1&0\\1&1\end{pmatrix}$，$\boldsymbol{A}_2=\begin{pmatrix}2&1\\3&0\end{pmatrix}$，则 $\boldsymbol{A}=\begin{pmatrix}\boldsymbol{O}&\boldsymbol{A}_1\\\boldsymbol{A}_2&\boldsymbol{O}\end{pmatrix}$ 为分块对角矩阵，所以 $|\boldsymbol{A}|=(-1)^{2\times2}|\boldsymbol{A}_1||\boldsymbol{A}_2|=\begin{vmatrix}-1&0\\1&1\end{vmatrix}\begin{vmatrix}2&1\\3&0\end{vmatrix}=-1\times(-3)=3$．故选 A．

5．C【解析】方阵 $\boldsymbol{A}$ 的特征多项式 $|\boldsymbol{A}-\lambda\boldsymbol{E}|=\begin{vmatrix}3-\lambda&4\\4&-3-\lambda\end{vmatrix}=\lambda^2-25$，则 $\boldsymbol{A}$ 的特征值为 $\lambda_1=-5$，$\lambda_2=5$，与方阵 $\boldsymbol{B}$ 的特征值相同，所以 $\boldsymbol{A}$ 与 $\boldsymbol{B}$ 相似且合同．故选 C．

6．C【解析】若 λ 是方阵 $\boldsymbol{A}$ 的特征向量 $\boldsymbol{\alpha}$ 对应的特征值，则 $\boldsymbol{A}\boldsymbol{\alpha}=\lambda\boldsymbol{\alpha}$，$\begin{pmatrix}4&a\\-a&2\end{pmatrix}\begin{pmatrix}-1\\1\end{pmatrix}=\begin{pmatrix}-4+a\\a+2\end{pmatrix}=\lambda\begin{pmatrix}-1\\1\end{pmatrix}$，即 $-4+a=-\lambda$，$a+2=\lambda$，解得 $a=1$．故选 C．

7．C【解析】由 $\boldsymbol{A}^2-\boldsymbol{A}=2\boldsymbol{E}$ 可知，矩阵 $\boldsymbol{A}$ 的特征值 λ 满足 $\lambda^2-\lambda=2$，解得 $\lambda=2$ 或 -1．又 $|\boldsymbol{A}|=2$，所以 $\boldsymbol{A}$ 的特征值为 2，-1，-1，从而二次型的规范形为 $z_1^2-z_2^2-z_3^2$．故选 C．

8．A【解析】由向量组 $\boldsymbol{\alpha}_2$，$\boldsymbol{\alpha}_3$，$\boldsymbol{\alpha}_4$ 线性无关，且 $\boldsymbol{\alpha}_1=2\boldsymbol{\alpha}_2+\boldsymbol{\alpha}_3$，得 $R(\boldsymbol{A})=3$，从而齐次线性方程组 $\boldsymbol{A}\boldsymbol{x}=\boldsymbol{0}$ 的基础解系中含有 1 个非零解向量．又 $(\boldsymbol{\alpha}_1,\boldsymbol{\alpha}_2,\boldsymbol{\alpha}_3,\boldsymbol{\alpha}_4)\begin{pmatrix}1\\-2\\-1\\0\end{pmatrix}=\boldsymbol{0}$，所以 $\boldsymbol{\xi}=\begin{pmatrix}1\\-2\\-1\\0\end{pmatrix}$ 为方程组 $\boldsymbol{A}\boldsymbol{x}=\boldsymbol{0}$ 的基础解系，于是方程组 $\boldsymbol{A}\boldsymbol{x}=\boldsymbol{0}$ 的通解为 $\begin{pmatrix}x_1\\x_2\\x_3\\x_4\end{pmatrix}=c\begin{pmatrix}1\\-2\\-1\\0\end{pmatrix}(c\in\mathbb{R})$．由 $\boldsymbol{\beta}=\boldsymbol{\alpha}_1+\boldsymbol{\alpha}_2+\boldsymbol{\alpha}_3+\boldsymbol{\alpha}_4$，得 $(\boldsymbol{\alpha}_1,\boldsymbol{\alpha}_2,\boldsymbol{\alpha}_3,\boldsymbol{\alpha}_4)\begin{pmatrix}1\\1\\1\\1\end{pmatrix}=\boldsymbol{\beta}$，所以方程组 $\boldsymbol{A}\boldsymbol{x}=\boldsymbol{\beta}$ 的特解为 $\begin{pmatrix}1\\1\\1\\1\end{pmatrix}$，于是方程组 $\boldsymbol{A}\boldsymbol{x}=\boldsymbol{\beta}$ 的通解为 $\begin{pmatrix}x_1\\x_2\\x_3\\x_4\end{pmatrix}=c\begin{pmatrix}1\\-2\\-1\\0\end{pmatrix}+\begin{pmatrix}1\\1\\1\\1\end{pmatrix}(c\in\mathbb{R})$．故选 A．

二、填空题

9．$-\frac{2}{3}$【解析】由 $|3\boldsymbol{A}+2\boldsymbol{E}|=0$，得特征值 λ 满足方程 $3\lambda+2=0$，解得 $\lambda=-\frac{2}{3}$，所以 $\boldsymbol{A}$ 必有一个特征值是 $-\frac{2}{3}$．

10．-3【解析】由行列式的性质，得 $\begin{vmatrix}a_{13}+a_{11}&2a_{12}&-a_{13}\\a_{23}+a_{21}&2a_{22}&-a_{23}\\a_{33}+a_{31}&2a_{32}&-a_{33}\end{vmatrix}=\begin{vmatrix}a_{13}&2a_{12}&-a_{13}\\a_{23}&2a_{22}&-a_{23}\\a_{33}&2a_{32}&-a_{33}\end{vmatrix}+\begin{vmatrix}a_{11}&2a_{12}&-a_{13}\\a_{21}&2a_{22}&-a_{23}\\a_{31}&2a_{32}&-a_{33}\end{vmatrix}=0-2\begin{vmatrix}a_{11}&a_{12}&a_{13}\\a_{21}&a_{22}&a_{23}\\a_{31}&a_{32}&a_{33}\end{vmatrix}=6$，解得 $\begin{vmatrix}a_{11}&a_{12}&a_{13}\\a_{21}&a_{22}&a_{23}\\a_{31}&a_{32}&a_{33}\end{vmatrix}=-3$．

11．2【解析】由 $\boldsymbol{A}=(\boldsymbol{\alpha}_1,\boldsymbol{\alpha}_2,\boldsymbol{\alpha}_3)$ 为正交矩阵，得 $(\boldsymbol{\alpha}_1,\boldsymbol{\alpha}_1)=1$，$(\boldsymbol{\alpha}_2,\boldsymbol{\alpha}_3)=0$，所以 $2\boldsymbol{\alpha}_1^{\mathrm{T}}\boldsymbol{\alpha}_1-3\boldsymbol{\alpha}_2^{\mathrm{T}}\boldsymbol{\alpha}_3=2(\boldsymbol{\alpha}_1,\boldsymbol{\alpha}_1)-3(\boldsymbol{\alpha}_2,\boldsymbol{\alpha}_3)=2$．

12．-2【解析】$|-\boldsymbol{A}^{-1}\boldsymbol{A}^*|=(-1)^3|\boldsymbol{A}^{-1}||\boldsymbol{A}^*|=-|\boldsymbol{A}|^{-1}|\boldsymbol{A}|^2=-|\boldsymbol{A}|=-2$．

13．1【解析】由向量组 $\boldsymbol{\alpha}_1$，$\boldsymbol{\alpha}_2$，$\boldsymbol{\alpha}_3$ 线性无关，$\boldsymbol{\alpha}_4=\boldsymbol{\alpha}_1+\boldsymbol{\alpha}_2+\boldsymbol{\alpha}_3$，得 $R(\boldsymbol{A})=3$，所以 $R(\boldsymbol{A}^*)=1$．

14．$a\geqslant0$【解析】由题可知，$\boldsymbol{A}^{\mathrm{T}}=\boldsymbol{A}$，则 $\boldsymbol{A}$ 可相似对角化，且 $\boldsymbol{A}$ 的特征值为实数，即存在正交矩阵 $\boldsymbol{Q}$，使得

$Q^{\mathrm{T}}AQ=\begin{pmatrix}\lambda_1 & \\ & \lambda_2\end{pmatrix}=\Lambda$，从而 $A=Q\Lambda Q^{\mathrm{T}}$．又对任意实向量 α，β，有 $(\alpha^{\mathrm{T}}A\beta)^2\leqslant\alpha^{\mathrm{T}}A\alpha\beta^{\mathrm{T}}A\beta$，即 $(\alpha^{\mathrm{T}}Q\Lambda Q^{\mathrm{T}}\beta)^2\leqslant$ $\alpha^{\mathrm{T}}Q\Lambda Q^{\mathrm{T}}\alpha\beta^{\mathrm{T}}Q\Lambda Q^{\mathrm{T}}\beta$，令 $Q^{\mathrm{T}}\alpha=\alpha_1=\begin{pmatrix}a_1\\a_2\end{pmatrix}$，$Q^{\mathrm{T}}\beta=\beta_1=\begin{pmatrix}b_1\\b_2\end{pmatrix}$，则 $(\alpha_1^{\mathrm{T}}\Lambda\beta_1)^2\leqslant\alpha_1^{\mathrm{T}}\Lambda\alpha_1\beta_1^{\mathrm{T}}\Lambda\beta_1$，即 $(\lambda_1a_1b_1+\lambda_2a_2b_2)^2\leqslant$ $(\lambda_1a_1^2+\lambda_2a_2^2)(\lambda_1b_1^2+\lambda_2b_2^2)$，整理得 $\lambda_1\lambda_2(a_1b_2-a_2b_1)^2\geqslant0$，所以 $\lambda_1\lambda_2\geqslant0$，从而 $|A|=\begin{vmatrix}a+1 & a\\ a & a\end{vmatrix}=a\geqslant0$．

三、解答题

15．**解**：由 $B=(E+A)^{-1}(E-A)$，得 $B+E=(E+A)^{-1}(E-A)+E$，方程两边同时左乘 $E+A$，得 $(E+A)(B+E)=(E-A)+(E+A)$，即 $(E+A)(B+E)=2E$，所以 $B+E$ 可逆，且 $(B+E)^{-1}=\dfrac{E+A}{2}$．

16．**解**：根据行列式展开法则，将行列式按第1行展开，得原式 $D_n\xlongequal{\text{按第1行展开}}3D_{n-1}-\begin{vmatrix}2&1&0&\cdots&0&0\\0&3&1&\cdots&0&0\\0&2&3&\cdots&0&0\\\vdots&\vdots&\vdots&&\vdots&0\\0&0&0&\cdots&3&1\\0&0&0&\cdots&2&3\end{vmatrix}=3D_{n-1}-2D_{n-2}$．

当 $n>2$ 时，可得递推公式 $D_n=3D_{n-1}-2D_{n-2}$，则有 $D_n-2D_{n-1}=D_{n-1}-2D_{n-2}=\cdots=D_2-2D_1=\begin{vmatrix}3&1\\2&3\end{vmatrix}-2\times3=1$，即 $D_n=2D_{n-1}+1$，变形得：$\dfrac{D_n+1}{D_{n-1}+1}=2$，$\dfrac{D_{n-1}+1}{D_{n-2}+1}=2$，$\dfrac{D_{n-2}+1}{D_{n-3}+1}=2$，…，$\dfrac{D_2+1}{D_1+1}=2$，将这些等式累乘可得 $\dfrac{D_n+1}{D_1+1}=2^{n-1}$，所以 $D_n=2^{n-1}(D_1+1)-1=2^{n+1}-1$．

17．**解**：将向量组写成矩阵，$(\alpha_1,\alpha_2,\alpha_3,\alpha_4)=\begin{pmatrix}1&2&-1&6\\0&2&1&8\\1&0&-1&0\\-1&1&1&3\end{pmatrix}\xrightarrow{\substack{r_3-r_1\\r_4+r_1}}\begin{pmatrix}1&2&-1&6\\0&2&1&8\\0&-2&0&-6\\0&3&0&9\end{pmatrix}\xrightarrow{\substack{r_1-r_2\\r_3+r_2\\r_4-\frac{3}{2}r_2}}\begin{pmatrix}1&0&-2&-2\\0&2&1&8\\0&0&1&2\\0&0&-\frac{3}{2}&-3\end{pmatrix}$ $\xrightarrow{\substack{r_1+2r_3\\r_2-r_3\\r_4+\frac{3}{2}r_3}}\begin{pmatrix}1&0&0&2\\0&2&0&6\\0&0&1&2\\0&0&0&0\end{pmatrix}\xrightarrow{\frac{1}{2}r_2}\begin{pmatrix}1&0&0&2\\0&1&0&3\\0&0&1&2\\0&0&0&0\end{pmatrix}$，则 α_1，α_2，α_3 为该向量组的一个最大无关组，且 $\alpha_4=2\alpha_1+3\alpha_2+2\alpha_3$．

18．**解**：方阵 A 的特征多项式 $|A-\lambda E|=\begin{vmatrix}1-\lambda&0&0\\0&2-\lambda&1\\0&-4&-2-\lambda\end{vmatrix}=(1-\lambda)\begin{vmatrix}2-\lambda&1\\-4&-2-\lambda\end{vmatrix}=\lambda^2(1-\lambda)$，所以 A 的特征值为 $\lambda_1=\lambda_2=0$，$\lambda_3=1$．当 $\lambda_1=\lambda_2=0$ 时，由 $A=\begin{pmatrix}1&0&0\\0&2&1\\0&-4&-2\end{pmatrix}\xrightarrow{\substack{r_3+2r_2\\\frac{1}{2}r_2}}\begin{pmatrix}1&0&0\\0&1&\frac{1}{2}\\0&0&0\end{pmatrix}$，得特征向量 $p=\begin{pmatrix}0\\-\frac{1}{2}\\1\end{pmatrix}$，此时特征值的重数大于其对应的特征向量的个数，所以方阵 A 不可对角化．

19．**解**：方程组的系数行列式 $|A|=\begin{vmatrix}1&1&1\\a&b&c\\a^2&b^2&c^2\end{vmatrix}=(c-a)(c-b)(b-a)$．

（1）当 $a\neq b\neq c$ 时，$|A|\neq0$，方程组只有零解，即 $x_1=x_2=x_3=0$．

（2）当 $a=b\neq c$ 时，系数矩阵 $A=\begin{pmatrix}1&1&1\\a&a&c\\a^2&a^2&c^2\end{pmatrix}\xrightarrow{\substack{r_3-ar_2\\r_2-ar_1}}\begin{pmatrix}1&1&1\\0&0&c-a\\0&0&c(c-a)\end{pmatrix}\xrightarrow{\substack{\frac{r_2}{c-a},\frac{r_3}{c-a}\\r_1-r_2\\r_3-cr_2}}\begin{pmatrix}1&1&0\\0&0&1\\0&0&0\end{pmatrix}$，其同解方程组为 $\begin{cases}x_1=-x_2,\\x_3=0.\end{cases}$ 取 $x_2=1$，得方程组的基础解系 $\xi_1=\begin{pmatrix}-1\\1\\0\end{pmatrix}$，于是方程组 $Ax=0$ 的通解为 $\begin{pmatrix}x_1\\x_2\\x_3\end{pmatrix}=c_1\xi_1=c_1\begin{pmatrix}-1\\1\\0\end{pmatrix}(c_1\in\mathbb{R})$．当 $a=c\neq b$ 时，系数矩阵 $A=\begin{pmatrix}1&1&1\\a&b&a\\a^2&b^2&a^2\end{pmatrix}\xrightarrow{\substack{r_3-ar_2\\r_2-ar_1}}\begin{pmatrix}1&1&1\\0&b-a&0\\0&b(b-a)&0\end{pmatrix}\xrightarrow{\substack{\frac{r_2}{b-a},\frac{r_3}{b-a}\\r_1-r_2\\r_3-br_2}}\begin{pmatrix}1&0&1\\0&1&0\\0&0&0\end{pmatrix}$，其同解方程组为 $\begin{cases}x_1=-x_3,\\x_2=0.\end{cases}$ 取 $x_3=1$，得方程组的基础解系 $\xi_2=\begin{pmatrix}-1\\0\\1\end{pmatrix}$，于是方程组 $Ax=0$ 的通解为 $\begin{pmatrix}x_1\\x_2\\x_3\end{pmatrix}=c_2\xi_2=c_2\begin{pmatrix}-1\\0\\1\end{pmatrix}(c_2\in\mathbb{R})$．当 $b=c\neq a$ 时，系数矩阵 $A=\begin{pmatrix}1&1&1\\a&b&b\\a^2&b^2&b^2\end{pmatrix}\xrightarrow{\substack{r_3-br_2\\r_2-br_1}}\begin{pmatrix}1&1&1\\a-b&0&0\\a(a-b)&0&0\end{pmatrix}\xrightarrow{\substack{\frac{r_2}{a-b},\frac{r_3}{a-b}\\r_1-r_2\\r_3-ar_2\\r_1\leftrightarrow r_2}}\begin{pmatrix}1&0&0\\0&1&1\\0&0&0\end{pmatrix}$，其同解方程组为 $\begin{cases}x_1=0,\\x_2=-x_3.\end{cases}$ 取 $x_3=1$，得方程组的基础解系 $\xi_3=\begin{pmatrix}0\\-1\\1\end{pmatrix}$，于是方程组 $Ax=0$ 的通解为 $\begin{pmatrix}x_1\\x_2\\x_3\end{pmatrix}=c_3\xi_3=c_3\begin{pmatrix}0\\-1\\1\end{pmatrix}(c_3\in\mathbb{R})$．当 $a=b=c$ 时，系数矩阵 $A=\begin{pmatrix}1&1&1\\a&a&a\\a^2&a^2&a^2\end{pmatrix}\xrightarrow{\substack{r_3-ar_2\\r_2-ar_1}}\begin{pmatrix}1&1&1\\0&0&0\\0&0&0\end{pmatrix}$，其同解方程为 $x_1=-x_2-x_3$．取 $x_2=\begin{pmatrix}1\\0\end{pmatrix}$，$x_3=\begin{pmatrix}0\\1\end{pmatrix}$，得方程组的基础解系 $\xi_4=\begin{pmatrix}-1\\1\\0\end{pmatrix}$，$\xi_5=\begin{pmatrix}-1\\0\\1\end{pmatrix}$，于是方程组 $Ax=0$ 的通解为 $\begin{pmatrix}x_1\\x_2\\x_3\end{pmatrix}=c_4\xi_4+c_5\xi_5=c_4\begin{pmatrix}-1\\1\\0\end{pmatrix}+c_5\begin{pmatrix}-1\\0\\1\end{pmatrix}$ $(c_4,c_5\in\mathbb{R})$．

20．**解**：（1）由题可知，$R(A)=R(B)$．对矩阵 A，B 分别作初等行变换，$A=\begin{pmatrix}1&2&a\\1&3&0\\2&7&-a\end{pmatrix}\xrightarrow{\substack{r_2-r_1\\r_3-2r_1}}\begin{pmatrix}1&2&a\\0&1&-a\\0&3&-3a\end{pmatrix}$ $\xrightarrow{r_3-3r_2}\begin{pmatrix}1&2&a\\0&1&-a\\0&0&0\end{pmatrix}$，$R(A)=2$，$B=\begin{pmatrix}1&a&2\\0&1&1\\-1&1&1\end{pmatrix}\xrightarrow{r_3+r_1}\begin{pmatrix}1&a&2\\0&1&1\\0&a+1&3\end{pmatrix}\xrightarrow{r_3-(a+1)r_2}\begin{pmatrix}1&a&2\\0&1&1\\0&0&2-a\end{pmatrix}$，由 $R(B)=2$，得 $a=2$．

（2）由（1）可知矩阵 $A=\begin{pmatrix}1&2&2\\1&3&0\\2&7&-2\end{pmatrix}$，$B=\begin{pmatrix}1&2&2\\0&1&1\\-1&1&1\end{pmatrix}$．令 $P=(x_1,x_2,x_3)$，$B=(\beta_1,\beta_2,\beta_3)$，由 $AP=B$，得方程组 $Ax_i=\beta_i\ (i=1,2,3)$．对 (A,B) 进行初等行变换，$(A,B)=\left(\begin{array}{ccc|ccc}1&2&2&1&2&2\\1&3&0&0&1&1\\2&7&-2&-1&1&1\end{array}\right)\xrightarrow{\substack{r_2-r_1\\r_3-2r_1}}$ $\left(\begin{array}{ccc|ccc}1&2&2&1&2&2\\0&1&-2&-1&-1&-1\\0&3&-6&-3&-3&-3\end{array}\right)\xrightarrow{\substack{r_1-2r_2\\r_3-3r_2}}\left(\begin{array}{ccc|ccc}1&0&6&3&4&4\\0&1&-2&-1&-1&-1\\0&0&0&0&0&0\end{array}\right)$，方程组 $Ax_1=\beta_1$ 的通解为 $x_1=c_1\begin{pmatrix}-6\\2\\1\end{pmatrix}+\begin{pmatrix}3\\-1\\0\end{pmatrix}(c_1\in\mathbb{R})$，方程组 $Ax_2=\beta_2$ 的通解为 $x_2=c_2\begin{pmatrix}-6\\2\\1\end{pmatrix}+\begin{pmatrix}4\\-1\\0\end{pmatrix}(c_2\in\mathbb{R})$，方程组 $Ax_3=\beta_3$ 的通解为 $x_3=c_3\begin{pmatrix}-6\\2\\1\end{pmatrix}+\begin{pmatrix}4\\-1\\0\end{pmatrix}(c_3\in\mathbb{R})$，故 $AP=B$ 的解为 $P=\begin{pmatrix}-6c_1+3&-6c_2+4&-6c_3+4\\2c_1-1&2c_2-1&2c_3-1\\c_1&c_2&c_3\end{pmatrix}(c_1,c_2,c_3\in\mathbb{R})$．又 $|P|=\begin{vmatrix}-6c_1+3&-6c_2+4&-6c_3+4\\2c_1-1&2c_2-1&2c_3-1\\c_1&c_2&c_3\end{vmatrix}=c_3-c_2$，

所以满足 $\boldsymbol{AP}=\boldsymbol{B}$ 的可逆矩阵 $\boldsymbol{P}=\begin{pmatrix}-6c_1+3 & -6c_2+4 & -6c_3+4\\ 2c_1-1 & 2c_2-1 & 2c_3-1\\ c_1 & c_2 & c_3\end{pmatrix}(c_1,\ c_2,\ c_3\in\mathbb{R})$，其中 $c_2\neq c_3$．

期末测试 C 卷

一、单项选择题

1．A【解析】根据行列式的定义，行列式展开后包含 x^2 的项有 $-2x^2+3x^2$，则 x^2 的系数为 1．故选 A．

2．B【解析】方程 $\boldsymbol{ABC}=\boldsymbol{E}$ 两边同时左乘 $\boldsymbol{A}^{-1}$，右乘 $\boldsymbol{C}^{-1}$，得 $\boldsymbol{B}=\boldsymbol{A}^{-1}\boldsymbol{C}^{-1}$，所以 $\boldsymbol{B}^{-1}=(\boldsymbol{A}^{-1}\boldsymbol{C}^{-1})^{-1}=\boldsymbol{CA}$．故选 B．

3．B【解析】因为 $\boldsymbol{A\alpha}=\lambda\boldsymbol{\alpha}$，则 $-3\boldsymbol{A\alpha}=-3\lambda\boldsymbol{\alpha}$，所以 $\boldsymbol{\alpha}$ 是矩阵 $-3\boldsymbol{A}$ 的特征值 -3λ 对应的特征向量．因为 $\boldsymbol{A}^*\boldsymbol{\alpha}=\lambda^{-1}\boldsymbol{A}^*\lambda\boldsymbol{\alpha}=\lambda^{-1}\boldsymbol{A}^*\boldsymbol{A\alpha}=\lambda^{-1}|\boldsymbol{A}|\boldsymbol{\alpha}$，所以 $\boldsymbol{\alpha}$ 是矩阵 $\boldsymbol{A}^*$ 的特征值 $\lambda^{-1}|\boldsymbol{A}|$ 对应的特征向量．因为 $(\boldsymbol{A}+\boldsymbol{E})^2\boldsymbol{\alpha}=(\boldsymbol{A}^2+2\boldsymbol{A}+\boldsymbol{E})\boldsymbol{\alpha}=(\lambda^2+2\lambda+1)\boldsymbol{\alpha}$，所以 $\boldsymbol{\alpha}$ 是矩阵 $(\boldsymbol{A}+\boldsymbol{E})^2$ 的特征值 $\lambda^2+2\lambda+1$ 对应的特征向量．故选 B．

4．A【解析】令 $\boldsymbol{B}=(\boldsymbol{\alpha}_1,\boldsymbol{\alpha}_2,\cdots,\boldsymbol{\alpha}_s)$，则 $\boldsymbol{AB}=(\boldsymbol{A\alpha}_1,\boldsymbol{A\alpha}_2,\cdots,\boldsymbol{A\alpha}_s)$，若向量组 $\boldsymbol{\alpha}_1,\boldsymbol{\alpha}_2,\cdots,\boldsymbol{\alpha}_s$ 线性相关，则 $R(\boldsymbol{\alpha}_1,\boldsymbol{\alpha}_2,\cdots,\boldsymbol{\alpha}_s)=R(\boldsymbol{B})<s$，从而 $R(\boldsymbol{AB})\leqslant R(\boldsymbol{B})<s$，所以 $\boldsymbol{A\alpha}_1,\boldsymbol{A\alpha}_2,\cdots,\boldsymbol{A\alpha}_s$ 线性相关．故选 A．

5．D【解析】二次型 $f=\boldsymbol{x}^{\mathrm{T}}\boldsymbol{Ax}$ 正定等价于对于任意 n 维非零列向量 $\boldsymbol{x}$，均有 $\boldsymbol{x}^{\mathrm{T}}\boldsymbol{Ax}>0$，反之，若存在非零列向量 $\boldsymbol{x}$，使得 $\boldsymbol{x}^{\mathrm{T}}\boldsymbol{Ax}\leqslant 0$，则二次型不正定．A 选项中，若 $\boldsymbol{x}=\begin{pmatrix}1\\1\\1\end{pmatrix}$，则 $f_1=0$，二次型不正定．B 选项中，若 $\boldsymbol{x}=\begin{pmatrix}-1\\1\\1\end{pmatrix}$，则 $f_2=0$，二次型不正定．C 选项中，若 $\boldsymbol{x}=\begin{pmatrix}1\\-1\\1\\1\end{pmatrix}$，则 $f_3=0$，二次型不正定．D 选项中，由 $f_4=(x_1+x_2)^2+(x_2+x_3)^2+(x_3+x_4)^2+(x_4-x_1)^2=2x_1^2+2x_2^2+2x_3^2+2x_4^2+2x_1x_2+2x_2x_3+2x_3x_4-2x_1x_4=(x_1,x_2,x_3,x_4)\begin{pmatrix}2&1&0&-1\\1&2&1&0\\0&1&2&1\\-1&0&1&2\end{pmatrix}\begin{pmatrix}x_1\\x_2\\x_3\\x_4\end{pmatrix}$，得 f_4 的矩阵 $\boldsymbol{A}=\begin{pmatrix}2&1&0&-1\\1&2&1&0\\0&1&2&1\\-1&0&1&2\end{pmatrix}$，$\boldsymbol{A}$ 的各阶顺序主子式 $2>0$，$\begin{vmatrix}2&1\\1&2\end{vmatrix}=3>0$，$\begin{vmatrix}2&1&0\\1&2&1\\0&1&2\end{vmatrix}=4>0$，$\begin{vmatrix}2&1&0&-1\\1&2&1&0\\0&1&2&1\\-1&0&1&2\end{vmatrix}=4>0$，二次型正定．故选 D．

6．D【解析】若 $\boldsymbol{\alpha}$ 是 n 维非零向量，无论 $\boldsymbol{A}$ 是否满秩，都有 $R\begin{pmatrix}\boldsymbol{A}&\boldsymbol{\alpha}\\\boldsymbol{\alpha}^{\mathrm{T}}&\boldsymbol{0}\end{pmatrix}=R(\boldsymbol{A})$，所以不能确定 $\boldsymbol{Ax}=\boldsymbol{\alpha}$ 解的情况，A 和 B 选项错误．方程组 $\begin{pmatrix}\boldsymbol{A}&\boldsymbol{\alpha}\\\boldsymbol{\alpha}^{\mathrm{T}}&\boldsymbol{0}\end{pmatrix}\begin{pmatrix}\boldsymbol{x}\\\boldsymbol{y}\end{pmatrix}=\boldsymbol{0}$ 有 $n+1$ 个未知数，$R\begin{pmatrix}\boldsymbol{A}&\boldsymbol{\alpha}\\\boldsymbol{\alpha}^{\mathrm{T}}&\boldsymbol{0}\end{pmatrix}=R(\boldsymbol{A})\leqslant n<n+1$，所以该方程组必有非零解．故选 D．

7．C【解析】设 λ_3 是 $\boldsymbol{A}$ 的另一个特征值，因为 $\boldsymbol{A}$，$\boldsymbol{B}$ 相似，则 $|\boldsymbol{A}|=|\boldsymbol{B}|=2$，且 $|\boldsymbol{A}|=\lambda_1\lambda_2\lambda_3=2$，所以 $\lambda_3=1$．$|\boldsymbol{A}+\boldsymbol{E}|=(\lambda_1+1)(\lambda_2+1)(\lambda_3+1)=12$，$|(2\boldsymbol{B})^*|=||2\boldsymbol{B}|(2\boldsymbol{B})^{-1}|=|2^2|\boldsymbol{B}|\boldsymbol{B}^{-1}|=|4\boldsymbol{B}^*|=4^3|\boldsymbol{B}^*|=64|\boldsymbol{B}|^2=256$，故 $\begin{vmatrix}(\boldsymbol{A}+\boldsymbol{E})^{-1}&\boldsymbol{O}\\\boldsymbol{O}&(2\boldsymbol{B}^*)\end{vmatrix}=|(\boldsymbol{A}+\boldsymbol{E})^{-1}||2\boldsymbol{B}^*|=|\boldsymbol{A}+\boldsymbol{E}|^{-1}|2\boldsymbol{B}^*|=\dfrac{64}{3}$．故选 C．

8．D【解析】若 $\boldsymbol{P}^{-1}\boldsymbol{AP}=\begin{pmatrix}1&0&0\\0&4&0\\0&0&4\end{pmatrix}$，$\boldsymbol{P}=(\boldsymbol{\alpha}_1,\boldsymbol{\alpha}_2,\boldsymbol{\alpha}_3)$，则有 $\boldsymbol{AP}=\boldsymbol{P}\begin{pmatrix}1&0&0\\0&4&0\\0&0&4\end{pmatrix}$，即 $\boldsymbol{A}(\boldsymbol{\alpha}_1,\boldsymbol{\alpha}_2,\boldsymbol{\alpha}_3)=(\boldsymbol{\alpha}_1,\boldsymbol{\alpha}_2,\boldsymbol{\alpha}_3)\begin{pmatrix}1&0&0\\0&4&0\\0&0&4\end{pmatrix}$，满足 $(\boldsymbol{A\alpha}_1,\boldsymbol{A\alpha}_2,\boldsymbol{A\alpha}_3)=(\boldsymbol{\alpha}_1,4\boldsymbol{\alpha}_2,4\boldsymbol{\alpha}_3)$，因为 $\boldsymbol{\alpha}_1$，$\boldsymbol{\alpha}_2$，$\boldsymbol{\alpha}_3$ 分别是特征值1，4，4 对应的特征向量，且 $\boldsymbol{P}$ 可逆，所以向量组 $\boldsymbol{\alpha}_1$，$\boldsymbol{\alpha}_2$，$\boldsymbol{\alpha}_3$ 线性无关．因为 $\boldsymbol{\alpha}_3$ 是特征值 $\lambda_2=4$ 对应的特征向量，所以 $-\boldsymbol{\alpha}_3$ 仍是特征值 $\lambda_2=4$ 对应的特征向量，A 选项可能为 $\boldsymbol{P}$．$\boldsymbol{\alpha}_2$，$\boldsymbol{\alpha}_3$ 是特征值 $\lambda_2=4$ 对应的特征向量，则 $\boldsymbol{\alpha}_2-\boldsymbol{\alpha}_3$ 和 $\boldsymbol{\alpha}_3+\boldsymbol{\alpha}_2$ 仍是特征值 $\lambda_2=4$ 对应的特征向量，B 和 C 选项可能为 $\boldsymbol{P}$．$\boldsymbol{\alpha}_1$ 和 $\boldsymbol{\alpha}_2$ 分别是特征值 $\lambda_1=1$ 和 $\lambda_2=4$ 对应的特征向量，则 $\boldsymbol{\alpha}_1+\boldsymbol{\alpha}_2$ 不再是 $\boldsymbol{A}$ 的特征向量，D 选项不可能为 $\boldsymbol{P}$．故选 D．

思路点拨

本题应用了特征向量的性质．① 若 $\boldsymbol{\alpha}_1,\boldsymbol{\alpha}_2,\cdots,\boldsymbol{\alpha}_m$ 都是 $\boldsymbol{A}$ 对应于同一特征值 λ 的特征向量，且 $k_1\boldsymbol{\alpha}_1+k_2\boldsymbol{\alpha}_2+\cdots+k_m\boldsymbol{\alpha}_m\neq\boldsymbol{0}$，则 $k_1\boldsymbol{\alpha}_1+k_2\boldsymbol{\alpha}_2+\cdots+k_m\boldsymbol{\alpha}_m$ 仍是 $\boldsymbol{A}$ 对应于特征值 λ 的特征向量；② 若 λ_1，λ_2 是 $\boldsymbol{A}$ 的两个不同的特征值，$\boldsymbol{\alpha}_1$，$\boldsymbol{\alpha}_2$ 是 $\boldsymbol{A}$ 对应于特征值 λ_1，λ_2 的特征向量，则 $\boldsymbol{\alpha}_1+\boldsymbol{\alpha}_2$ 不再是 $\boldsymbol{A}$ 的特征向量．

二、填空题

9．6【解析】$t(4321567)=0+1+2+3+0+0+0=6$．

10．$\begin{pmatrix}1&0&0\\-3&\frac{1}{4}&0\\-2&-\frac{3}{2}&1\end{pmatrix}$【解析】$\boldsymbol{A}^2=\begin{pmatrix}1&0&0\\4&2&0\\6&2&1\end{pmatrix}\begin{pmatrix}1&0&0\\4&2&0\\6&2&1\end{pmatrix}=\begin{pmatrix}1&0&0\\12&4&0\\20&6&1\end{pmatrix}$，因为 $|\boldsymbol{A}^2|=\begin{vmatrix}1&0&0\\12&4&0\\20&6&1\end{vmatrix}=4\neq 0$，所以 $\boldsymbol{A}^2$ 可逆，

$$(\boldsymbol{A}^2,\boldsymbol{E})=\left(\begin{array}{ccc|ccc}1&0&0&1&0&0\\12&4&0&0&1&0\\20&6&1&0&0&1\end{array}\right)\xrightarrow[r_3-20r_1]{r_2-12r_1}\left(\begin{array}{ccc|ccc}1&0&0&1&0&0\\0&4&0&-12&1&0\\0&6&1&-20&0&1\end{array}\right)\xrightarrow[r_3-6r_2]{\frac{1}{4}r_2}\left(\begin{array}{ccc|ccc}1&0&0&1&0&0\\0&1&0&-3&\frac{1}{4}&0\\0&0&1&-2&-\frac{3}{2}&1\end{array}\right)$$

所以 $(\boldsymbol{A}^2)^{-1}=\begin{pmatrix}1&0&0\\-3&\frac{1}{4}&0\\-2&-\frac{3}{2}&1\end{pmatrix}$．

11．$-\dfrac{3}{4}$【解析】因为方阵 $\boldsymbol{A}$ 与 $\boldsymbol{B}$ 相似，所以 $\begin{cases}\operatorname{tr}(\boldsymbol{A})=\operatorname{tr}(\boldsymbol{B}),\\|\boldsymbol{A}|=|\boldsymbol{B}|,\end{cases}$ 即 $\begin{cases}m+4=n+2,\\3(m-1)=-3n,\end{cases}$ 解得 $\begin{cases}m=-\dfrac{1}{2},\\n=\dfrac{3}{2},\end{cases}$ 所以 $mn=-\dfrac{3}{4}$．

12．3【解析】将向量组写成矩阵，

$$(\boldsymbol{\alpha}_1,\boldsymbol{\alpha}_2,\boldsymbol{\alpha}_3,\boldsymbol{\alpha}_4)=\begin{pmatrix}1&2&5&2\\3&-1&1&6\\1&-1&-1&2\\-1&4&7&-3\end{pmatrix}\xrightarrow[\substack{r_3-r_1\\r_4+r_1}]{r_2-3r_1}\begin{pmatrix}1&2&5&2\\0&-7&-14&0\\0&-3&-6&0\\0&6&12&-1\end{pmatrix}\xrightarrow[\substack{r_4-6r_2\\r_3\leftrightarrow r_4}]{\substack{-\frac{1}{7}r_2\\r_3+3r_2}}\begin{pmatrix}1&2&5&2\\0&1&2&0\\0&0&0&-1\\0&0&0&0\end{pmatrix}$$

$R(\boldsymbol{\alpha}_1,\boldsymbol{\alpha}_2,\boldsymbol{\alpha}_3,\boldsymbol{\alpha}_4)=3$，所以由 $\boldsymbol{\alpha}_1$，$\boldsymbol{\alpha}_2$，$\boldsymbol{\alpha}_3$，$\boldsymbol{\alpha}_4$ 生成的向量空间的维数是 3．

13．$\begin{pmatrix}x_1\\x_2\\x_3\end{pmatrix}=\begin{pmatrix}0\\0\\1\end{pmatrix}$【解析】由 $A_{ij}=a_{ij}$，得 $\boldsymbol{A}^*=\boldsymbol{A}^{\mathrm{T}}$，所以 $\begin{pmatrix}x_1\\x_2\\x_3\end{pmatrix}=\boldsymbol{A}^{-1}\begin{pmatrix}0\\0\\1\end{pmatrix}=\dfrac{\boldsymbol{A}^*}{|\boldsymbol{A}|}\begin{pmatrix}0\\0\\1\end{pmatrix}=\boldsymbol{A}^{\mathrm{T}}\begin{pmatrix}0\\0\\1\end{pmatrix}=\begin{pmatrix}a_{31}\\a_{32}\\1\end{pmatrix}$．又 $|\boldsymbol{A}|=a_{31}A_{31}+a_{32}A_{32}+a_{33}A_{33}=a_{31}^2+a_{32}^2+1=1$，解得 $a_{31}=0$，$a_{32}=0$，故方程组的解为 $\begin{pmatrix}x_1\\x_2\\x_3\end{pmatrix}=\begin{pmatrix}0\\0\\1\end{pmatrix}$．

14. 80【解析】由方阵 $\boldsymbol{A}$ 的各行元素之和都为10，得 $\boldsymbol{A}\begin{pmatrix}1\\1\\1\end{pmatrix}=\begin{pmatrix}10\\10\\10\end{pmatrix}=10\begin{pmatrix}1\\1\\1\end{pmatrix}$，方程两边同时左乘 $\boldsymbol{A}^*$，得 $\boldsymbol{A}^*\boldsymbol{A}\begin{pmatrix}1\\1\\1\end{pmatrix}=|\boldsymbol{A}|\begin{pmatrix}1\\1\\1\end{pmatrix}=10\boldsymbol{A}^*\begin{pmatrix}1\\1\\1\end{pmatrix}$．由 $\boldsymbol{A}^*$ 的各行元素之和都为8，得 $\boldsymbol{A}^*\begin{pmatrix}1\\1\\1\end{pmatrix}=\begin{pmatrix}8\\8\\8\end{pmatrix}=8\begin{pmatrix}1\\1\\1\end{pmatrix}$，所以 $|\boldsymbol{A}|\begin{pmatrix}1\\1\\1\end{pmatrix}=10\boldsymbol{A}^*\begin{pmatrix}1\\1\\1\end{pmatrix}=80\begin{pmatrix}1\\1\\1\end{pmatrix}$，从而 $|\boldsymbol{A}|=80$．

三、解答题

15．**解**：因为 $|\boldsymbol{A}|=\begin{vmatrix}1&0&0\\1&1&3\\0&1&-1\end{vmatrix}=-4\neq 0$，$|\boldsymbol{C}|=\begin{vmatrix}1&0&1\\0&1&0\\0&0&1\end{vmatrix}=1\neq 0$，则矩阵 $\boldsymbol{A}$ 和 $\boldsymbol{C}$ 可逆，又 $\boldsymbol{B}=\boldsymbol{A}^{-1}\boldsymbol{C}\boldsymbol{A}^{-1}$，所以 $\boldsymbol{B}$ 也是可逆矩阵，且 $\boldsymbol{B}^{-1}=\boldsymbol{A}\boldsymbol{C}^{-1}\boldsymbol{A}=\begin{pmatrix}1&0&0\\1&1&3\\0&1&-1\end{pmatrix}\begin{pmatrix}1&0&-1\\0&1&0\\0&0&1\end{pmatrix}\begin{pmatrix}1&0&0\\1&1&3\\0&1&-1\end{pmatrix}=\begin{pmatrix}1&-1&1\\2&3&1\\1&0&4\end{pmatrix}$，又 $|\boldsymbol{B}|=\dfrac{|\boldsymbol{C}|}{|\boldsymbol{A}|^2}=\dfrac{1}{16}$，所以 $\boldsymbol{B}^*=|\boldsymbol{B}|\boldsymbol{B}^{-1}=\dfrac{1}{16}\begin{pmatrix}1&-1&1\\2&3&1\\1&0&4\end{pmatrix}$．

16．**解**：设 $x_1\boldsymbol{\alpha}_1+x_2\boldsymbol{\alpha}_2+x_3\boldsymbol{\alpha}_3=\boldsymbol{\beta}$，得方程组 $\begin{cases}(k+1)x_1+x_2+x_3=0,\\x_1+(k+1)x_2+x_3=k,\\x_1+x_2+(k+1)x_3=k^2,\end{cases}$ 其增广矩阵 $(\boldsymbol{A},\boldsymbol{\beta})=\left(\begin{array}{ccc|c}k+1&1&1&0\\1&k+1&1&k\\1&1&k+1&k^2\end{array}\right)$

$$\xrightarrow{r_1\leftrightarrow r_3}\left(\begin{array}{ccc|c}1&1&k+1&k^2\\1&k+1&1&k\\k+1&1&1&0\end{array}\right)\xrightarrow[r_3-(k+1)r_1]{r_2-r_1}\left(\begin{array}{ccc|c}1&1&k+1&k^2\\0&k&-k&k-k^2\\0&-k&-k^2-2k&-k^3-k^2\end{array}\right)\xrightarrow{r_3+r_2}\left(\begin{array}{ccc|c}1&1&k+1&k^2\\0&k&-k&k(1-k)\\0&0&-k(k+3)&-k(k^2+2k-1)\end{array}\right).$$

（1）若向量 $\boldsymbol{\beta}$ 可由向量组 $\boldsymbol{\alpha}_1$，$\boldsymbol{\alpha}_2$，$\boldsymbol{\alpha}_3$ 线性表示，且表示式唯一，则 $R(\boldsymbol{A})=R(\boldsymbol{A},\boldsymbol{\beta})=3$，可得 $k\neq 0$ 且 $k\neq -3$．

（2）若向量 $\boldsymbol{\beta}$ 可由向量组 $\boldsymbol{\alpha}_1$，$\boldsymbol{\alpha}_2$，$\boldsymbol{\alpha}_3$ 线性表示，但表示式不唯一，则 $R(\boldsymbol{A})=R(\boldsymbol{A},\boldsymbol{\beta})=2<3$，可得 $k=0$，此时增广矩阵 $(\boldsymbol{A},\boldsymbol{\beta})\sim\left(\begin{array}{ccc|c}1&1&1&0\\0&0&0&0\\0&0&0&0\end{array}\right)$，其同解方程组为 $x_1=-x_2-x_3$，取 $x_2=\begin{pmatrix}1\\0\end{pmatrix}$，$x_3=\begin{pmatrix}0\\1\end{pmatrix}$，得对应齐次线性方程组的基础解系 $\boldsymbol{\xi}_1=\begin{pmatrix}-1\\1\\0\end{pmatrix}$，$\boldsymbol{\xi}_2=\begin{pmatrix}-1\\0\\1\end{pmatrix}$；取 $x_2=x_3=0$，得原方程组的一个特解为 $\boldsymbol{\eta}=\begin{pmatrix}0\\0\\0\end{pmatrix}$，于是方程组的通解为

$\begin{pmatrix}x_1\\x_2\\x_3\end{pmatrix}=c_1\boldsymbol{\xi}_1+c_2\boldsymbol{\xi}_2+\boldsymbol{\eta}=c_1\begin{pmatrix}-1\\1\\0\end{pmatrix}+c_2\begin{pmatrix}-1\\0\\1\end{pmatrix}(c_1,\ c_2\in\mathbb{R})$，所以 $\boldsymbol{\beta}=(-c_1-c_2)\boldsymbol{\alpha}_1+c_1\boldsymbol{\alpha}_2+c_2\boldsymbol{\alpha}_3$，$c_1$，$c_2\in\mathbb{R}$．

（3）若向量 $\boldsymbol{\beta}$ 不可由向量组 $\boldsymbol{\alpha}_1$，$\boldsymbol{\alpha}_2$，$\boldsymbol{\alpha}_3$ 线性表示，则 $R(\boldsymbol{A})<R(\boldsymbol{A},\boldsymbol{\beta})$，可得 $k=-3$．

17．**证明**：因为 $\boldsymbol{\alpha}_1$，$\boldsymbol{\alpha}_2$ 是 $\boldsymbol{Ax}=\boldsymbol{0}$ 的基础解系，所以 $\boldsymbol{A}(\boldsymbol{\alpha}_1+\boldsymbol{\alpha}_2)=\boldsymbol{A}\boldsymbol{\alpha}_1+\boldsymbol{A}\boldsymbol{\alpha}_2=\boldsymbol{0}$，$\boldsymbol{A}(3\boldsymbol{\alpha}_1+\boldsymbol{\alpha}_2)=3\boldsymbol{A}\boldsymbol{\alpha}_1+\boldsymbol{A}\boldsymbol{\alpha}_2=\boldsymbol{0}$，即 $\boldsymbol{\alpha}_1+\boldsymbol{\alpha}_2$，$3\boldsymbol{\alpha}_1+\boldsymbol{\alpha}_2$ 是 $\boldsymbol{Ax}=\boldsymbol{0}$ 的解．设存在一组数 k_1，k_2 使得 $k_1(\boldsymbol{\alpha}_1+\boldsymbol{\alpha}_2)+k_2(3\boldsymbol{\alpha}_1+\boldsymbol{\alpha}_2)=\boldsymbol{0}$，即 $(k_1+3k_2)\boldsymbol{\alpha}_1+(k_1+k_2)\boldsymbol{\alpha}_2=\boldsymbol{0}$．又 $\boldsymbol{\alpha}_1$，$\boldsymbol{\alpha}_2$ 是 $\boldsymbol{Ax}=\boldsymbol{0}$ 的基础解系，则向量组 $\boldsymbol{\alpha}_1$，$\boldsymbol{\alpha}_2$ 线性无关，所以 $\begin{cases}k_1+3k_2=0,\\k_1+k_2=0,\end{cases}$ 解得 $k_1=k_2=0$，从而向量组 $\boldsymbol{\alpha}_1+\boldsymbol{\alpha}_2$，$3\boldsymbol{\alpha}_1+\boldsymbol{\alpha}_2$ 线性无关．综上，$\boldsymbol{\alpha}_1+\boldsymbol{\alpha}_2$，$3\boldsymbol{\alpha}_1+\boldsymbol{\alpha}_2$ 也是 $\boldsymbol{Ax}=\boldsymbol{0}$ 的基础解系，得证．

18．**解**：n 阶行列式 D 的所有元素的代数余子式之和为 $A_{11}+A_{12}+\cdots+A_{1n}+A_{21}+A_{22}+\cdots+A_{2n}+\cdots+A_{n1}+A_{n2}+\cdots+A_{nn}=$

$$\begin{vmatrix}1&1&1&\cdots&1&1\\0&2&2&\cdots&2&2\\0&0&3&\cdots&3&3\\\vdots&\vdots&\vdots&&\vdots&\vdots\\0&0&0&\cdots&n-1&n-1\\0&0&0&\cdots&0&n\end{vmatrix}+\begin{vmatrix}1&1&1&\cdots&1&1\\1&1&1&\cdots&1&1\\0&0&3&\cdots&3&3\\\vdots&\vdots&\vdots&&\vdots&\vdots\\0&0&0&\cdots&n-1&n-1\\0&0&0&\cdots&0&n\end{vmatrix}+\begin{vmatrix}1&1&1&\cdots&1&1\\0&2&2&\cdots&2&2\\1&1&1&\cdots&1&1\\\vdots&\vdots&\vdots&&\vdots&\vdots\\0&0&0&\cdots&n-1&n-1\\0&0&0&\cdots&0&n\end{vmatrix}+\cdots+\begin{vmatrix}1&1&1&\cdots&1&1\\0&2&2&\cdots&2&2\\0&0&3&\cdots&3&3\\\vdots&\vdots&\vdots&&\vdots&\vdots\\0&0&0&\cdots&n-1&n-1\\1&1&1&\cdots&1&1\end{vmatrix}=$$

$$\begin{vmatrix}1&1&1&\cdots&1&1\\0&2&2&\cdots&2&2\\0&0&3&\cdots&3&3\\\vdots&\vdots&\vdots&&\vdots&\vdots\\0&0&0&\cdots&n-1&n-1\\0&0&0&\cdots&0&n\end{vmatrix}=n!.$$

19．**解**：由方阵 $\boldsymbol{A}$ 的第一行元素 a，b，c 不全为0，得 $R(\boldsymbol{A})\geqslant 1$，又 $\boldsymbol{AB}=\boldsymbol{O}$，则 $R(\boldsymbol{A})+R(\boldsymbol{B})\leqslant 3$，所以 $R(\boldsymbol{B})\leqslant 2$．对矩阵 $\boldsymbol{B}$ 作初等行变换，$\boldsymbol{B}=\begin{pmatrix}1&2&3\\2&4&6\\3&6&k\end{pmatrix}\xrightarrow[r_3-3r_1]{r_2-2r_1}\begin{pmatrix}1&2&3\\0&0&0\\0&0&k-9\end{pmatrix}$．当 $k\neq 9$ 时，$R(\boldsymbol{B})=2$，$R(\boldsymbol{A})=1$．由 $\boldsymbol{AB}=\boldsymbol{O}$，得 $\boldsymbol{A}\begin{pmatrix}1\\2\\3\end{pmatrix}=\boldsymbol{0}$，$\boldsymbol{A}\begin{pmatrix}2\\4\\6\end{pmatrix}=\boldsymbol{0}$，$\boldsymbol{A}\begin{pmatrix}3\\6\\k\end{pmatrix}=\boldsymbol{0}$．由于向量组 $\begin{pmatrix}1\\2\\3\end{pmatrix}$，$\begin{pmatrix}3\\6\\k\end{pmatrix}$ 线性无关，故方程组的基础解系为 $\boldsymbol{\xi}_1=\begin{pmatrix}1\\2\\3\end{pmatrix}$，$\boldsymbol{\xi}_2=\begin{pmatrix}3\\6\\k\end{pmatrix}$，于是方程组 $\boldsymbol{Ax}=\boldsymbol{0}$ 的通解为 $\begin{pmatrix}x_1\\x_2\\x_3\end{pmatrix}=c_1\boldsymbol{\xi}_1+c_2\boldsymbol{\xi}_2=c_1\begin{pmatrix}1\\2\\3\end{pmatrix}+c_2\begin{pmatrix}3\\6\\k\end{pmatrix}(c_1,\ c_2\in\mathbb{R})$．当 $k=9$ 时，$R(\boldsymbol{B})=1$，$R(\boldsymbol{A})=1$ 或2．当 $R(\boldsymbol{A})=1$ 时，不妨设 $a\neq 0$，则 $\boldsymbol{A}=\begin{pmatrix}a&b&c\\0&0&0\\0&0&0\end{pmatrix}\xrightarrow{\frac{1}{a}r_1}\begin{pmatrix}1&\frac{b}{a}&\frac{c}{a}\\0&0&0\\0&0&0\end{pmatrix}$，其同解方程组为 $x_1=-\dfrac{b}{a}x_2-\dfrac{c}{a}x_3$．取 $x_2=\begin{pmatrix}1\\0\end{pmatrix}$，$x_3=\begin{pmatrix}0\\1\end{pmatrix}$，得方程组的基础解系 $\boldsymbol{\xi}_3=\begin{pmatrix}-\frac{b}{a}\\1\\0\end{pmatrix}$，$\boldsymbol{\xi}_4=\begin{pmatrix}-\frac{c}{a}\\0\\1\end{pmatrix}$，于是方程组 $\boldsymbol{Ax}=\boldsymbol{0}$ 的通解为 $\begin{pmatrix}x_1\\x_2\\x_3\end{pmatrix}=c_3\boldsymbol{\xi}_3+c_4\boldsymbol{\xi}_4=c_3\begin{pmatrix}-\frac{b}{a}\\1\\0\end{pmatrix}+c_4\begin{pmatrix}-\frac{c}{a}\\0\\1\end{pmatrix}(c_3,\ c_4\in\mathbb{R})$．当 $R(\boldsymbol{A})=2$ 时，由 $\boldsymbol{AB}=\boldsymbol{O}$，得 $\boldsymbol{A}\begin{pmatrix}1\\2\\3\end{pmatrix}=\boldsymbol{0}$，$\boldsymbol{A}\begin{pmatrix}2\\4\\6\end{pmatrix}=\boldsymbol{0}$，$\boldsymbol{A}\begin{pmatrix}3\\6\\9\end{pmatrix}=\boldsymbol{0}$，则方程组的基础解系 $\boldsymbol{\xi}_5=\begin{pmatrix}1\\2\\3\end{pmatrix}$，于是方程组 $\boldsymbol{Ax}=\boldsymbol{0}$ 的通解为 $\begin{pmatrix}x_1\\x_2\\x_3\end{pmatrix}=c_5\boldsymbol{\xi}_5=c_5\begin{pmatrix}1\\2\\3\end{pmatrix}(c_5\in\mathbb{R})$．

20．**解**：（1）二次型 f 的矩阵为 $\boldsymbol{A}=\begin{pmatrix}1&1&-1\\1&a&0\\-1&0&a\end{pmatrix}$．设正交变换 $\boldsymbol{x}=\boldsymbol{Py}$ 可将二次型 f 化成标准型 $f=\lambda_1y_1^2+\lambda_2y_2^2+\lambda_3y_3^2$，其中 λ_1，λ_2，λ_3 是 $\boldsymbol{A}$ 的三个特征值，不妨设 $\lambda_3=\max\{\lambda_1,\lambda_2,\lambda_3\}$，由 $x_1^2+x_2^2+x_3^2=1$，得 $\boldsymbol{x}^{\mathrm{T}}\boldsymbol{x}=1$，即 $(\boldsymbol{Py})^{\mathrm{T}}(\boldsymbol{Py})=\boldsymbol{y}^{\mathrm{T}}\boldsymbol{P}^{\mathrm{T}}\boldsymbol{Py}=\boldsymbol{y}^{\mathrm{T}}\boldsymbol{y}=1$，即 $y_1^2+y_2^2+y_3^2=1$，所以二次型 $f=\lambda_1y_1^2+\lambda_2y_2^2+\lambda_3y_3^2\leqslant\lambda_3(y_1^2+y_2^2+y_3^2)=\lambda_3$，可知二次型的最大值为其最大特征值，所以 $\boldsymbol{A}$ 的最大特征值是3．$\boldsymbol{A}$ 的特征多项式 $|\boldsymbol{A}-\lambda\boldsymbol{E}|=\begin{vmatrix}1-\lambda&1&-1\\1&a-\lambda&0\\-1&0&a-\lambda\end{vmatrix}\overset{r_3+r_2}{=\!=}$

$\begin{vmatrix}1-\lambda & 1 & -1\\ 1 & a-\lambda & 0\\ 0 & a-\lambda & a-\lambda\end{vmatrix}=(a-\lambda)\begin{vmatrix}1-\lambda & 1 & -1\\ 1 & a-\lambda & 0\\ 0 & 1 & 1\end{vmatrix}\xlongequal{c_2-c_3}(a-\lambda)\begin{vmatrix}1-\lambda & 2 & -1\\ 1 & a-\lambda & 0\\ 0 & 0 & 1\end{vmatrix}=(a-\lambda)\begin{vmatrix}1-\lambda & 2\\ 1 & a-\lambda\end{vmatrix}=(a-\lambda)(\lambda^2-a\lambda-$ $\lambda-2+a)$，因为 $a\neq 3$，所以 $\lambda_3=3$ 是方程 $\lambda^2-a\lambda-\lambda-2+a=0$ 的根，代入得 $4-2a=0$，解得 $a=2$.

（2）由（1）知二次型 f 的矩阵 $\boldsymbol{A}=\begin{pmatrix}1 & 1 & -1\\ 1 & 2 & 0\\ -1 & 0 & 2\end{pmatrix}$，$|\boldsymbol{A}-\lambda\boldsymbol{E}|=(2-\lambda)(\lambda^2-3\lambda)$，所以 $\boldsymbol{A}$ 的特征值为 $\lambda_1=0$，$\lambda_2=2$，$\lambda_3=3$.

当 $\lambda_1=0$ 时，由 $\boldsymbol{A}=\begin{pmatrix}1 & 1 & -1\\ 1 & 2 & 0\\ -1 & 0 & 2\end{pmatrix}\xrightarrow[r_3+r_1]{r_2-r_1}\begin{pmatrix}1 & 1 & -1\\ 0 & 1 & 1\\ 0 & 1 & 1\end{pmatrix}\xrightarrow[r_3-r_2]{r_1-r_2}\begin{pmatrix}1 & 0 & -2\\ 0 & 1 & 1\\ 0 & 0 & 0\end{pmatrix}$，得单位特征向量 $\boldsymbol{p}_1=\frac{1}{\sqrt{6}}\begin{pmatrix}2\\ -1\\ 1\end{pmatrix}$. 当 $\lambda_2=2$ 时，由 $\boldsymbol{A}-2\boldsymbol{E}=\begin{pmatrix}-1 & 1 & -1\\ 1 & 0 & 0\\ -1 & 0 & 0\end{pmatrix}\xrightarrow[r_3+r_2]{r_1+r_2}\begin{pmatrix}0 & 1 & -1\\ 1 & 0 & 0\\ 0 & 0 & 0\end{pmatrix}\xrightarrow{r_1\leftrightarrow r_2}\begin{pmatrix}1 & 0 & 0\\ 0 & 1 & -1\\ 0 & 0 & 0\end{pmatrix}$，得单位特征向量 $\boldsymbol{p}_2=\frac{1}{\sqrt{2}}\begin{pmatrix}0\\ 1\\ 1\end{pmatrix}$. 当 $\lambda_3=3$ 时，由 $\boldsymbol{A}-3\boldsymbol{E}=\begin{pmatrix}-2 & 1 & -1\\ 1 & -1 & 0\\ -1 & 0 & -1\end{pmatrix}\xrightarrow[r_3+r_2]{r_1+2r_2}\begin{pmatrix}0 & -1 & -1\\ 1 & -1 & 0\\ 0 & -1 & -1\end{pmatrix}\xrightarrow[\substack{-r_1\\ r_1\leftrightarrow r_2}]{\substack{r_2-r_1\\ r_3-r_1}}\begin{pmatrix}1 & 0 & 1\\ 0 & 1 & 1\\ 0 & 0 & 0\end{pmatrix}$，得单位特征向量 $\boldsymbol{p}_3=\frac{1}{\sqrt{3}}\begin{pmatrix}-1\\ -1\\ 1\end{pmatrix}$. 令 $\boldsymbol{P}=(\boldsymbol{p}_1,\boldsymbol{p}_2,$ $\boldsymbol{p}_3)=\frac{1}{\sqrt{6}}\begin{pmatrix}2 & 0 & -\sqrt{2}\\ -1 & \sqrt{3} & -\sqrt{2}\\ 1 & \sqrt{3} & \sqrt{2}\end{pmatrix}$，则 $\boldsymbol{P}$ 为正交矩阵，有正交变换 $\boldsymbol{x}=\boldsymbol{P}\boldsymbol{y}$，即 $\begin{pmatrix}x_1\\ x_2\\ x_3\end{pmatrix}=\frac{1}{\sqrt{6}}\begin{pmatrix}2 & 0 & -\sqrt{2}\\ -1 & \sqrt{3} & -\sqrt{2}\\ 1 & \sqrt{3} & \sqrt{2}\end{pmatrix}\begin{pmatrix}y_1\\ y_2\\ y_3\end{pmatrix}$，可化 f 成标准形 $f=0y_1^2+2y_2^2+3y_3^2$.